DES
DÉFINITIONS
GÉOMÉTRIQUES
ET DES
DÉFINITIONS EMPIRIQUES

THÈSE PRÉSENTÉE A LA FACULTÉ DES LETTRES DE PARIS

PAR

LOUIS LIARD

Ancien élève de l'École normale, Licencié ès-sciences naturelles,
Agrégé de philosophie.

PARIS

LIBRAIRIE PHILOSOPHIQUE DE LADRANGE

RUE SAINT-ANDRÉ-DES-ARTS, 41

1873

DES

DÉFINITIONS GÉOMÉTRIQUES

ET

DES DÉFINITIONS EMPIRIQUES.

POITIERS. — TYPOGRAPHIE DE A. DUPRÉ.

A MONSIEUR

J. LACHELIER

MAÎTRE DE CONFÉRENCES A L'ÉCOLE NORMALE SUPÉRIEURE

HOMMAGE

D'UN ÉLÈVE

RECONNAISSANT ET DÉVOUÉ.

INTRODUCTION.

DE LA DÉFINITION EN GÉNÉRAL.

Le matériel de nos jugements se compose de représentations individuelles et d'idées générales. On décrit les représentations ; on définit les idées.

Décrire, c'est déterminer la circonscription d'un individu ; définir, c'est déterminer la circonscription d'une idée. La description se fait par l'accident, et la définition par l'essence.

Qu'est-ce que l'accident ? qu'est-ce que l'essence ?

L'accident est chose variable ; c'est tantôt un rapport fortuit et passager. Tout individu occupe dans l'espace et le temps une place déterminée, mais non pas invariable ; de là naissent entre lui et les choses circonvoisines, antérieures et postérieures, des relations qui changent quand il se déplace. Cet ensemble de relations particulières est un accident, car l'individu y entre et en sort sans cesser d'être le même individu. C'est tantôt une modification accessoire qui n'altère pour ainsi dire que la surface de l'être qui la subit, sans entamer le fond ; c'est, d'une manière plus générale, tout ce qui arrive aux êtres par un concours fortuit de circonstances extérieures.

L'essence est, au contraire, chose invariable : c'est l'ensemble des caractères intimes qui persistent au milieu du changement des relations et des modifications accidentelles ; c'est, par suite, ce que l'être possède en lui-même, ce qui ne peut cesser de lui appartenir sans qu'il cesse aussitôt d'exister.

Les noms communs sont, dans le langage, les signes des essences, et des combinaisons plus ou moins complexes de noms communs, de noms propres et d'adjectifs, les signes des accidents. Il en résulte qu'une chose doit toujours être désignée par le même nom, tant que les changements qu'elle subit n'en détruisent pas l'essence. On a voulu conclure de là que l'essence des choses n'était que la signification de leurs noms. « Suivant Porphyre, dit M. Stuart Mill, en altérant » une propriété qui n'est pas de l'essence de la chose, » on y établit simplement une différence ; on la fait » ἀλλοῖον ; mais en altérant une propriété qui est de » son essence, on la fait une autre chose, ἄλλο.— » Pour un logicien moderne, il est évident que le » changement qui rend la chose différente seulement, » et le changement qui en fait une chose autre ne se » distinguent qu'en ce que, dans le premier cas, la » chose, bien que changée, est encore appelée du » même nom. Ainsi, de la glace pilée dans un mortier, » mais toujours appelée glace, est ἀλλοῖον ; faites-la » fondre, elle devient ἄλλο, une autre chose, de l'eau. » Mais la chose est, dans les deux cas, la même, c'est-

» à-dire composée des mêmes particules de matière ;
» et on ne peut pas changer une chose quelconque de
» manière qu'elle cesse, en un sens, d'être ce qu'elle
» était. La seule identité qu'on puisse lui ôter est
» uniquement celle du nom. Quand la chose cesse
» d'être appelée glace, elle devient une autre chose.
» Son essence qui la constitue glace a disparu, tan-
» dis que, tant qu'elle continue d'être appelée ainsi,
» rien n'a disparu que quelques-uns de ses acci-
» dents (1). »

Ce passage contient plusieurs confusions qu'il importe de dissiper. D'abord, l'exemple sur lequel on s'appuie est habilement choisi pour engendrer l'équivoque ; on abuse d'une richesse de la langue, qui a deux noms différents pour désigner deux choses qui ne diffèrent que par accident. L'eau, qu'elle soit solide ou liquide, est essentiellement une combinaison d'oxygène et d'hydrogène ; pour devenir *autre chose*, il faudrait qu'elle perdît quelqu'un de ses éléments constitutifs ou qu'elle en reçût de nouveaux ; la glace compacte et la glace liquéfiée ne diffèrent donc pas en essence ; l'eau, en passant de l'état solide à l'état liquide, est toujours de l'eau, de même qu'un Européen, s'il venait à changer de couleur, ne cesserait pas pour cela d'être homme. — En second lieu, la signification des mots, quelque part qu'y ait la convention, n'est pas absolument arbitraire. Un mot est à la fois un son et un signe ; comme son, il n'a aucun sens et n'est

____

(1) *Système de logique*, liv. I, ch. VI, *trad. Peisse.*

attaché à rien ; comme signe, il est uni à demeure à une chose ; sa signification est l'énoncé des propriétés invariables de la chose désignée ; aussi tout changement dans la chose n'entraîne-t-il pas un changement de nom. L'accident ne porte pas atteinte à l'essence ; le nom de la chose demeure ; mais si l'essence est détruite, le nom disparaît. Le langage suit la réalité, et la réalité ne suit pas le langage ; autrement il suffirait de faire varier le sens des mots pour changer les attributs des choses. Il faut donc retourner les propositions de M. Stuart Mill, et dire : une chose cesse d'être appelée du même nom quand elle devient autre chose ; elle continue d'être appelée du même nom quand rien n'a disparu d'elle, si ce n'est quelques-uns de ses accidents. Par conséquent, quand nous parlons d'essence, nous ne sommes pas dupes des conventions du langage.

Des caractères de l'accident et de l'essence dérivent les caractères des propositions accidentelles et des propositions essentielles.

Toute proposition accidentelle est particulière. L'accident est une relation et une modification fortuite et passagère ; que le sujet change de place, qu'il soit soustrait à l'action de la cause extérieure qui le modifie par hasard, et l'accident disparaît ; la proposition par laquelle on l'unit au sujet est donc vraie seulement d'un seul individu, dans un point de l'espace et dans un instant de la durée.

Toute proposition essentielle est, au contraire, universelle. L'essence est intérieure au sujet, et elle le constitue ; quelques déplacements que subisse le sujet, il la porte partout avec lui ; s'il pouvait en être un instant dépouillé, il cesserait d'exister. La proposition par laquelle on affirme du sujet un de ses attributs essentiels est donc vraie dans tout l'espace et dans tout le temps, ou, pour mieux dire, abstraction faite de l'espace et du temps.

La proposition accidentelle implique l'existence du sujet. Puisque l'accident dérive de relations particulières et dans l'espace et dans le temps, si l'on considère simplement un sujet possible, on ne saurait en affirmer aucun accident, puisqu'on ignore quelles en seront les relations dans l'espace et dans le temps.

La possibilité du sujet suffit au contraire à la proposition essentielle. Puisque l'essence, une fois dégagée des accidents qui l'environnaient chez les individus, sort de l'espace et du temps et devient l'attribut d'une proposition universelle, elle peut être affirmée non-seulement des sujets réels, mais encore d'une multitude indéfinie de sujets possibles.

C'est par une synthèse que nous lions l'attribut au sujet dans la proposition accidentelle. Si l'expérience ne m'avait révélé les relations du sujet donné avec les sujets circonvoisins, j'en ignorerais les accidents.

C'est par une analyse que nous détachons d'une idée générale l'attribut essentiel que nous en affirmons ensuite ; le sujet est un tout complexe, formé par une synthèse antérieure, et nous en faisons sortir les attributs que nous y avons enveloppés.

Il suit de là que la proposition accidentelle est contingente, et la proposition essentielle nécessaire. Un sujet étant donné, il n'implique pas contradiction qu'il n'ait pas telle ou telle relation particulière ; au contraire , il implique contradiction qu'il n'ait pas tel ou tel attribut essentiel, puisque l'ensemble de ces attributs est le sujet lui-même.

La somme des attributs accidentels d'un sujet est la description de ce sujet; la somme de ses attributs essentiels en est la définition.

On remarquera que la description implique la définition , de même que l'accident implique l'essence. On décrit les individus; mais l'individu réalise une certaine essence dans un point de l'espace et dans un instant de la durée ; la description est donc l'ensemble des particularités qui s'attachent à l'essence aussitôt que celle-ci s'individualise. Mais , si l'essence est en acte dans l'individu, la définition est seulement en puissance dans la description. La couche des accidents décrits a pour support l'essence ; mais, par là même, ils la dérobent à nos regards , et, pour l'apercevoir, il faut faire tomber cette enveloppe fortuite et variable. Par conséquent, aucun des attributs compris dans la description ne saurait entrer dans la définition.

L'ensemble des attributs essentiels d'un sujet en constitue la compréhension. La définition consiste donc à énoncer la compréhension d'une idée.

La logique pure ne s'inquiète pas de savoir comment sont formées les idées ; qu'elles soient le résultat d'une synthèse *a priori* ou d'une synthèse empirique, qu'elles soient faites d'un seul jet, pour ainsi dire, ou de pièces rapportées successivement les unes aux autres, peu importe ; elle ne voit en elles que des alliances permanentes d'éléments, exprimées chacune par un seul nom et réalisées dans un nombre indéfini d'individus.

Les deux caractères que la logique considère dans les idées générales sont l'extension et la compréhension.

L'extension d'une idée est égale à la somme des sujets individuels desquels cette idée peut être affirmée ; nous savons déjà que la compréhension de cette même idée est égale à la somme des attributs qui peuvent en être affirmés. Pour déterminer l'extension d'une idée, il faut additionner les sujets de toutes les propositions dont elle est l'attribut commun ; pour en déterminer la compréhension, il faut additionner les attributs de toutes les propositions essentielles dont elle est le sujet.

L'extension est indéfinie, puisque l'idée générale est vraie non-seulement d'êtres existants, mais encore d'êtres possibles, et que la possibilité n'a pas de limites. La compréhension, au contraire, est finie, puisqu'elle est un contenu, et que tout contenu est limité. Par conséquent, s'il faut renoncer à déterminer d'une manière précise et définitive l'extension d'une idée, on peut toujours en déterminer la compréhension ; il suffit pour cela de l'épuiser par l'analyse. Soit, par exemple, l'idée d'homme ; je la décompose, et j'y trouve contenus les attributs suivants : être, animal, vertébré, mammifère, bimane. L'ensemble de ces attributs est la compréhension ou la définition de l'idée d'homme.

Il suit de là que l'attribut de la définition est égal en extension au sujet, et qu'une telle proposition peut être convertie, sans qu'il soit besoin d'apporter quelque restriction à l'attribut. Si l'homme est l'être animal, vertébré, mammifère et bimane, tout être animal, vertébré, mammifère et bimane est homme.

De là résultent encore les deux règles fondamentales de la définition :

1° La définition doit convenir à tout le défini ;

2° La définition doit convenir au seul défini.

Il est aisé de voir que la seconde règle est une conséquence de la première. Plusieurs individus peuvent avoir même essence sans se confondre, car ils se distingueront toujours par leurs relations particulières, par leur situation dans l'espace et dans le temps, et par l'effort individuel que fait chacun d'eux pour réaliser l'essence commune à tous. Mais deux idées générales ne sauraient avoir même compréhension sans se fondre immédiatement en une seule. Comment la pensée les distinguerait-elle l'une de l'autre, puisqu'elles sont dépourvues d'accidents ? Il n'existe donc pas dans l'entendement humain deux idées générales de même compréhension. Dès lors, si j'ai fait sortir de l'idée à définir tous les attributs qu'elle contient, leur somme lui appartient en propre et ne convient qu'à elle.

Distinctes les unes des autres, les différentes idées ne sont pourtant pas absolument isolées ; nous n'en voyons pas le lien tant que nous ne les avons pas définies ; mais, quand l'analyse en a fait sortir tous les attributs, nous constatons que tous ces attributs, moins un, ont une extension qui déborde de plus en plus les limites de l'idée définie. L'idée d'homme se résout dans les attributs bimane, mammifère, vertébré, animal et être. Homme et bimane ont même extension; mais mammifère a une plus grande extension que bimane; vertébré, une plus grande extension que mammifère; animal, une plus grande extension que vertébré, et enfin être, une plus grande extension qu'animal. Ainsi, dans une idée, l'un des attributs est un principe de distinction, tandis que les autres sont les principes d'une communauté de plus en plus vaste.

Maintenant, si nous voulons comprendre la nature de la définition, il nous faut rechercher comment un attribut peut se restreindre de façon à entrer dans une idée d'extension moindre que lui.

Etre est l'attribut le plus général de tous ceux qui sont contenus dans l'idée d'homme, mais c'est aussi le moins déterminé; en y accouplant les trois attributs moins généraux animal, végétal et minéral, j'y trace trois circonscriptions qui s'en partagent l'étendue entière; de même, en accouplant à l'idée d'animal les attributs moins généraux de vertébré, de mollusque, d'articulé et de rayonné, j'en divise l'étendue totale en quatre portions; de même, en liant à l'idée de vertébré les attributs moins généraux de mammifère, d'oiseau, de batracien, de reptile et de poisson, dans la circonscription mammifère, je détermine cinq circonscriptions de moindre étendue; enfin, dans la circonscription mammifère, je découpe une portion exactement égale à l'extension de l'idée d'homme, en joignant l'attribut bimane à l'attribut mammifère. Il y a donc des provinces dans le royaume universel, des départements dans ces provinces, des circonscriptions dans ces départements, et l'habitant de la circonscription est aussi habitant du département, de la province et du royaume.

Ces restrictions graduelles de l'extension, qui parviennent à faire tenir l'attribut le plus général dans le sujet le moins étendu, ne sont pas, comme on pourrait le croire, l'œuvre d'une addition arithmétique des attributs, mais le résultat d'un enveloppement progressif qui rassemble et condense dans le sujet des attributs plus étendus que lui ; et si nous développons le tout ainsi formé, nous en verrons sortir les divers éléments dans l'ordre de la généralité croissante. Ainsi, de bimane sort l'attribut mammifère ; de mammifère, l'attribut vertébré ; de vertébré, l'attribut animal ; d'animal, l'attribut être.

Puisque les éléments des idées sont inclus les uns dans les autres, et que les moins généraux supposent les plus généraux, on peut simplifier la formule de la définition sans l'altérer. J'ai défini l'homme un être, animal, vertébré, mammifère et bimane. Si mammifère implique vertébré, animal et être, je puis réduire ma définition à ces termes plus simples : l'homme est un mammifère bimane. C'est ce que les logiciens expriment en disant que la définition se fait *per genus et differentiam*.

En logique, les genres sont des idées générales « tellement communes, qu'elles s'étendent à d'autres idées qui sont encore universelles. » Les espèces sont « ces idées communes qui sont sous une plus commune et plus générale (1). » Ainsi l'idée de mammifère est un genre, puisqu'elle s'étend aux idées moins générales, mais encore universelles de bimane, quadrumane, etc. Au contraire, bimane et quadrumane sont des espèces du genre mammifère, puisque, tout en étant universelles, elles sont comprises sous l'idée plus générale de mammifère; la différence, c'est l'attribut qui s'unit à l'attribut générique pour constituer l'espèce.

Une espèce est donc constituée par deux attributs : l'un qui lui est commun avec plusieurs autres espèces, l'autre qui lui est propre et la distingue des autres espèces du même genre. La définition est donc complète, qui énonce le caractère spécifique et le caractère générique du défini, c'est-à-dire qui se fait *per genus et differentiam*. Si l'on ne se proposait, en définissant une idée, que de la distinguer de toutes les autres, il suffirait d'en indiquer la différence spécifique ; mais définir, ce n'est pas seulement attacher à chaque idée une marque distinctive, c'est, comme nous l'avons vu, en tracer les limites. Le genre doit donc entrer dans la définition, puisqu'il est en quelque sorte l'étoffe commune sur laquelle sont décrites les circonscriptions des différentes espèces.

On doit conclure de là que toutes les idées ne peuvent être définies. La définition s'arrête en haut devant le genre suprême, qui couvre de son universelle éten-

---

(1) *Logique de Port-Royal*, 1ʳᵉ part., ch. VII.

due toutes les classes de moindre extension ; l'être n'a qu'un attribut, l'existence. En bas, les individus ne sauraient être définis, car ils n'ont pas entre eux de différences spécifiques, et ils ne se distinguent que par des accidents fortuits et éphémères. La définition se meut entre ces deux extrêmes.

Telle est, en peu de mots, la théorie logique de la définition. Rien n'est plus simple. Mais la logique formelle suppose résolues plusieurs questions de la plus haute importance. D'où nous viennent les éléments de nos idées ? comment se combinent-ils pour former ces systèmes que nous décomposons ensuite ? quel lien les enchaîne ? ce lien est-il accidentel ou nécessaire ? sommes-nous autorisés à croire à la permanence des totalités dont il unit les parties ?

Tant que ces questions n'ont pas reçu de réponse, la définition est un pur jeu de l'esprit. On en connaît peut-être le mécanisme, mais on en ignore à coup sûr la nature, la valeur et le rôle.

C'est cette nature, cette valeur et ce rôle que nous voudrions déterminer dans les deux sciences où les définitions passent pour occuper une place importante, c'est-à-dire dans la géométrie et dans les sciences naturelles.

CHAPITRE I.

ORIGINE DES NOTIONS GÉOMÉTRIQUES.

Examen de la théorie empirique : les notions géométriques ne sont le résultat ni de l'expérience brute, ni de l'abstraction, ni de la généralisation. — Examen de la théorie idéaliste : les notions géométriques ne sont pas l'œuvre de la pensée pure; elles supposent une matière, l'espace. — La géométrie à n dimensions. — L'hyperespace. — Interprétation de la géométrie non euclidienne.

Géométrie veut dire mesure de la terre; l'étymologie du mot, à défaut de témoignages historiques précis, nous apprend que la science de l'étendue fut d'abord un art empirique. Que cet art soit né, comme le raconte Hérodote, du besoin qu'éprouvèrent les Égyptiens de retrouver les limites de leurs champs effacées par les inondations du Nil, ou qu'il y ait, plus vraisemblablement, comme le pense Montucla, « une » certaine géométrie que la nature accorde à tous les » hommes, et dont l'origine est aussi ancienne que » celle des arts (1), » il est permis de croire que les premiers arpenteurs considérèrent seulement les formes naturelles. Mais, selon la judicieuse remarque de Kant (2), une révolution profonde ne tarda pas à s'opé-

---

(1) *Histoire des mathématiques*, liv. I.
(2) *Critique de la raison pure*, préface de la seconde édition.

rer dans la géométrie, qui la fit passer de l'état d'art à l'état de science. Les plus anciens des travaux géométriques qui nous soient parvenus sont postérieurs à cette révolution, car ils portent l'empreinte d'une spéculation déjà fort avancée, et ils témoignent de l'emploi de procédés supérieurs à ceux de l'empirisme naissant. Il n'est personne aujourd'hui qui méconnaisse l'existence de cette révolution féconde dont l'histoire ne nous fait pas connaître l'auteur; mais on discute encore pour savoir quel en fut le caractère essentiel. De là différentes théories sur l'origine des notions géométriques.

Suivant une école fort nombreuse de philosophes et de géomètres, ces notions dérivent de l'expérience et de l'abstraction travaillant sur une matière expérimentale. L'esprit ne saurait créer de toutes pièces, avec ses seules ressources, ni les données fondamentales de la géométrie, telles que les idées d'étendue, de forme en général et de situation, ni les formes particulières. L'existence de l'étendue et des trois dimensions de l'espace est un fait que je n'aurais jamais imaginé si j'étais réduit à la pure conscience de moi-même. L'existence de la ligne droite, du triangle, du cercle, sont encore des faits de même nature qu'un être dépourvu de sens ne connaîtra jamais. Il y a dans toute figure des éléments dont on ne saurait trouver l'origine que dans l'expérience, à savoir le continu, la limite et la forme de ce continu, l'extériorité de la figure par rapport à la pensée, l'extériorité des diverses parties de la figure par rapport les unes aux

autres. Toute forme, en un mot, est la forme de quelque chose, et la forme nous est donnée avec l'objet qui en est revêtu. Mais un objet naturel est un tissu de propriétés diverses que jamais nous ne considérons ensemble. L'œuvre intellectuelle consiste à séparer les unes des autres ces propriétés de différente nature, qui deviennent alors les objets de sciences différentes. C'est ainsi que le géomètre considère la forme des corps, sans tenir aucun compte des autres propriétés sensibles en compagnie desquelles elle nous est primitivement révélée. C'est cette abstraction qui constitue scientifiquement la géométrie, en rendant la démonstration possible : « Deux grandeurs géométriques, de
» quelque espèce qu'elles soient, sont dites égales
» lorsqu'on peut transporter l'une des deux en ne
» changeant rien en elle, de manière qu'elle coïncide
» complétement avec l'autre. Cette translation offrirait
» des difficultés et même des impossibilités dans le
» cas des corps solides, si l'on n'avait pas fait abstrac-
» tion de leurs propriétés matérielles, et particulière-
» ment de leur impénétrabilité (1). »

Un nouveau progrès de l'abstraction consiste à isoler les unes des autres les propriétés géométriques elles-mêmes. A parler rigoureusement, il n'y a pas de surface sans épaisseur, de ligne sans largeur, de point sans longueur ; mais, dans l'étude des formes géométriques, le savant considère la surface, la ligne et le point sans tenir compte de l'épaisseur, de la largeur

---

(1) Duhamel, *Des Méthodes dans les sciences de raisonnement*, 2e partie.

et de la longueur dont la surface, la ligne et le point ne sauraient être dépouillés en réalité. De même encore, dans une forme déterminée, il considère telle ou telle propriété en négligeant les propriétés collatérales. La géométrie est donc la science des formes matérielles, vidées par l'abstraction de la matière qu'elles contiennent réellement.

Faut-il accepter cette théorie ? — Remarquons d'abord que l'abstraction proprement dite se borne à isoler les unes des autres les qualités que l'expérience nous montre réunies dans un même objet, et qu'elle ne saurait les modifier en aucune façon. Un corps est devant moi ; je puis en éliminer par la pensée toutes les propriétés physiques et chimiques, et n'en conserver que le moule ; mais le moule vide a la même forme que le moule plein. Qu'elle soit plongée dans « l'onde colorée de la perception, » ou dégagée des qualités sensibles qui l'accompagnent, une figure est toujours identique à elle-même. Or chacun sait que les corps naturels sont loin de se plier aux formes pures et inflexibles de la géométrie ; dans la nature extérieure, aucune ligne n'est absolument droite, aucun cercle n'a des rayons absolument égaux, aucun triangle rectiligne n'a trois angles rigoureusement équivalents à deux angles droits ; la ligne droite des géomètres s'étend, au contraire, avec une rigidité parfaite d'un point à un autre ; les rayons de leur cercle sont rigoureusement égaux, et les trois angles de leurs triangles plans sont absolument équivalents à deux angles droits. Dira-t-on que l'abstraction, détachant la forme des propriétés physiques et chimiques, en a rectifié les contours? c'est alors supposer l'existence de modèles idéaux auxquels nous rapportons les formes réelles, pour en corriger les imperfections. Mais s'il en est ainsi, la notion du triangle, du cercle parfaits est antérieure à la perception des triangles et des cercles réels, et à quoi sert alors cette purification des formes matérielles, puisque les formes corrigées font double emploi avec les formes correctes ?

En second lieu, l'abstraction ne crée rien. Les propriétés abstraites ne sont pas réelles, en ce sens que le monde n'est pas un chaos de qualités solitaires, flottant comme dans le vide ; mais elles sont réelles, en cet autre sens qu'avant d'être isolées les unes des autres, elles faisaient partie de touts naturels ; par conséquent, l'abstraction ne fournit qu'autant que fournit l'expérience. Or, d'une part, le nombre des formes géométriques réalisées par les corps est très-restreint, et, d'autre part, le nombre des figures géométriques possibles est indéfini. S'il est probable que les spéculations des premiers géomètres ne portèrent que sur les formes des corps, il est hors de doute que l'esprit humain était en possession d'un autre procédé que l'abstraction, lorsqu'il comprit que la liste des figures géométriques, courbes, surfaces, solides, n'était jamais close (1). Si donc l'abstraction est la source

---

(1) Quand Platon, Dinostrate, Nicomède, Dioclès inventèrent les sections coniques, la quadratrice, la conchoïde et la cissoïde, sans

unique des notions géométriques, pour découvrir une forme nouvelle il me faut attendre une révélation de l'expérience. Mais je sens en moi un pouvoir créateur sans limites, dont les œuvres devancent et dépassent les résultats de l'observation. Les sens ne m'ont pas encore montré un polygone régulier de dix mille côtés, et pourtant je ne laisse pas de concevoir cette figure avec une clarté parfaite. Il faut donc ou bien restreindre la géométrie à l'étude des seules formes réelles, ce que les géomètres ne souffriront pas, ou bien reconnaître aux notions géométriques une autre origine que l'expérience. On sait, en outre, que la quantité géométrique est infiniment variable, qu'une ligne donnée, par exemple, peut être accrue au-delà de toute limite assignable. Les objets de l'expérience, quelque grands qu'on les suppose, sont toujours finis; et l'on ne soutiendra pas que l'abstraction, en dégageant les formes de la combinaison de propriétés sensibles dont elles étaient un élément, puisse les étendre tout à coup au-delà des limites de la plus vaste expérience. Le nombre infini des figures possibles et des accroissements de la grandeur finie est donc un signe manifeste de l'insuffisance des théories qui veulent faire dériver les notions géométriques de l'expérience et de l'abstraction.

On demande enfin ce que devient, avec une pareille théorie, la certitude de la démonstration. Nous recher-

___

soupçonner peut-être la fécondité inépuisable du procédé générateur des figures géométriques, ils le possédaient cependant, et ne se bornaient pas à abstraire les formes réelles.

cherons plus tard quels sont les principes du raisonnement géométrique ; mais, sans qu'il soit besoin d'entrer
ici dans une discussion prématurée, nul n'ignore que
philosophes et géomètres sont unanimes pour accorder un rôle à la définition dans la démonstration. Si
les notions, objets des définitions, sont des résultats
de l'expérience, les propositions démontrées n'auront
qu'une valeur empirique. Je puis, en mesurant un
triangle, reconnaître que la somme de ses trois angles
est égale à deux angles droits ; mais qui m'assure que
tous les triangles sont dans ce cas ? qui me garantit la
similitude parfaite de toutes les figures de ce genre ?
Est-ce l'expérience ? mais les triangles réels sont loin
d'être de forme absolument semblable. Est-ce l'abstraction ? mais, l'abstraction étant impuissante à modifier les propriétés qu'elle isole, les formes abstraites
présenteront les mêmes différences que les formes
réelles ; par conséquent, les propriétés constatées dans
une figure auront toujours un caractère particulier.

Une modification, en apparence importante, a été
faite par M. Stuart Mill à la théorie que nous venons
d'examiner. Après avoir déclaré que « nous pensons
» toujours aux objets tels que nous les avons vus et
» touchés, et avec toutes les propriétés qui leur appar-
» tiennent naturellement, » mais que, « pour la con-
» venance scientifique, nous les feignons dépouillés de
» toute propriété, excepté celles qui sont essentielles à
» notre recherche et en vue desquelles nous voulons
» les considérer, » le logicien anglais ajoute que les
définitions géométriques doivent être considérées

» comme nos premières et nos plus évidentes généra-
» lisations relatives aux lignes et à toutes les figures
» telles qu'elles existent (1). » Pour expliquer l'origine des notions géométriques, M. Stuart Mill, outre
l'abstraction, fait donc intervenir la généralisation. On
pensera peut-être que la chose n'est pas nécessaire,
puisque ces deux procédés sont si intimement unis
qu'ils s'accompagnent presque toujours, et que la propriété abstraite devient générale aussitôt qu'elle a été
dégagée du groupe de qualités dont elle faisait partie.
Pourtant l'abstraction peut aller sans la généralisation,
car la propriété abstraite n'est qu'une propriété particulière, détachée d'une combinaison individuelle; et pour
que l'esprit en fasse un attribut commun à toute une
classe d'objets, il faut qu'entre eux il ait saisi quelque
ressemblance. Puis donc que généraliser est un acte
de l'esprit postérieur à abstraire, nous sommes autorisés à voir dans les paroles de M. Stuart Mill rapportées plus haut une théorie distincte de la théorie
exposée au début de ce chapitre.

Une distinction est d'abord nécessaire : on généralise des rapports observés entre des faits; on généralise des caractères et des idées. Je vois qu'à une
même température les volumes d'une masse donnée
de gaz sont en raison inverse des variations de la
pression supportée par ce gaz. Généralisant ce rapport
de succession, je dis : toutes les fois que la pression
supportée par une masse donnée de gaz variera, le

---

(1) *Système de logique*, liv. II, ch. v.

volume occupé par ce gaz variera dans un rapport inverse ; de la succession empirique, je passe ainsi à la succession rationnelle ; je m'élève du fait à la loi. Les définitions, qui, d'après M. Stuart Mill, sont les premières généralisations de l'expérience, ne sauraient être des généralisations de cette espèce ; elles n'énoncent pas en effet des relations découvertes entre deux ou plusieurs faits. Dans la définition, le sujet est identique à l'attribut ; le premier est l'expression abrégée du second, et le second, la formule analytique du premier. Mais on généralise aussi des idées. Un homme est devant moi : c'est un groupe individuel de propriétés ; je les détache l'une de l'autre par abstraction. La combinaison de ces propriétés ne pouvait être affirmée que du sujet soumis à mon examen ; mais chacune de ces propriétés constitutives, une fois sortie de la combinaison individuelle, peut être affirmée d'un nombre indéfini de sujets semblables ; de particulière, l'idée est devenue générale. Or, la forme étendue est une de ces propriétés données primitivement dans l'intuition totale ; une fois abstraite et généralisée, on peut l'affirmer non-seulement de l'être individuel duquel on l'a extraite, mais d'un nombre illimité d'êtres semblables, quels que soient le lieu et le temps où ils apparaîtront. Voilà comment les notions de triangle, de cercle ou de toute autre forme, particulières à l'origine, deviennent les éléments des propositions générales de la géométrie.

Personne ne contestera l'existence des idées générales ; elles entrent comme sujet et comme attribut dans presque tous nos jugements. Mais pour décider si les notions géométriques sont « nos premières et nos plus évidentes généralisations de l'expérience, » nous devons nous demander quelle est au juste l'œuvre de la généralisation. Elle augmente indéfiniment l'extension de l'idée, mais elle n'en modifie pas la compréhension ; elle l'étend, telle que l'abstraction la fournit, à tous les individus d'une même espèce. Mais nous savons que l'abstration dégage la propriété de la combinaison dont elle faisait partie, sans la modifier en rien ; par conséquent, le contenu d'une idée ne varie pas quand celle-ci, de particulière, devient générale. Il résulte de là que l'idée généralisée de triangle ou de cercle ne diffère pas de la représentation sensible d'un triangle ou d'un cercle individuel. Mais M. Stuart Mill reconnaît lui-même « qu'il n'y a » dans l'espace ni dans la nature aucun objet exacte- » ment conforme aux définitions de la géométrie (1). » Alors, ou bien la géométrie a pour objet des formes pures et rigides, et la généralisation des données expérimentales ne peut en expliquer la parfaite rectitude, ou bien elle porte sur les formes des objets matériels, et la généralisation est inutile.

La généralisation des idées particulières entraîne implicitement une proposition générale. L'abstraction, en isolant les unes des autres les propriétés d'un individu, n'aurait aucun résultat scientifique ; tout au plus servirait-elle à la connaissance des objets indi-

---

(1) *Système de logique*, liv. II, ch. v.

viduels. Mais en étendant à tous les individus d'une même espèce les caractères extraits de quelques-uns d'entre eux, nous passons du jugement empirique au jugement scientifique ; les individus situés dans un point déterminé de l'espace, et se manifestant à un instant particulier du temps, disparaissent à nos yeux; nous ne voyons plus que des propriétés sans rapport avec l'espace et le temps. Mais ces idées générales sont un matériel qu'il faut mettre en œuvre ; isolées les unes des autres, elles forment une fantasmagorie ondoyante et sans ordre. Et que nous servirait, si les choses restaient ainsi, d'avoir substitué aux intuitions précises des sens ces fantômes voltigeant dans le vide ? Mais en même temps que l'esprit extrait une qualité d'une combinaison particulière, il en extrait un rapport; en même temps qu'il généralise une idée, il généralise une relation. Les êtres naturels sont, comme nous le verrons plus tard, un tissu de propriétés combinées entre elles et subordonnées les unes aux autres, de telle sorte que, l'une étant donnée, l'autre est donnée en même temps. Aussi nos idées générales forment-elles des couples dont les termes sont indissolublement unis, sans quoi la généralisation serait un jeu de l'esprit se dupant lui-même, et non une œuvre de la pensée. Par exemple, j'ai dégagé de quelques individus soumis à mon observation les caractères propres à leur espèce ; j'étends à tous les individus possibles de cette même espèce les résultats de l'expérience ; l'idée ainsi généralisée, sous peine de rester un être de raison sans emploi scientifique, im-

plique que, les caractères de l'espèce étant donnés, les
caractères du genre, de la classe, de l'embranchement
sont aussi donnés; de telle sorte que les premiers sont
les indices infaillibles des seconds, et qu'il me suffit
de constater la présence des uns pour être assuré que
les autres ne sont pas absents. L'idée générale renferme
donc implicitement une relation constante entre les
caractères qu'elle exprime et d'autres caractères sous-
entendus.

Peut-il en être ainsi des notions géométriques, expérimentales à l'origine, et généralisées ensuite ? Je
vois un corps dont la surface plane est terminée par
une ligne dont tous les points sont également distants
d'un point fixe ; j'abstrais cette forme, et, dit-on, je
la généralise. Qu'est-ce que généraliser ? c'est étendre
à tous les individus d'une même espèce le caractère
constaté dans quelques-uns d'entre eux. A quels
objets étendrai-je la propriété d'avoir une surface plane
terminée par une circonférence ? aux cercles apparem-
ment, puisqu'il n'y a aucune relation familière entre
les propriétés physiques ou chimiques et la forme géométrique d'un corps. J'aboutis donc à une proposition
de cette sorte : les corps terminés par une surface plane
circulaire seront toujours terminés par une surface
plane circulaire, et je demande ce que la généralisation a ajouté à l'expérience. On se ferait peut-être illusion sur l'inanité du résultat en songeant que les propriétés géométriques sont tellement unies entre elles,
que la présence de l'une dénote la présence des autres,
et on pourrait croire que généraliser les notions géomé-

triques expérimentales, c'est affirmer une liaison constante entre telle et telle propriété. Mais ce serait confondre la notion d'une propriété avec la notion d'une
figure, le théorème avec la définition. L'aire du triangle
plan s'obtient en multipliant sa base par la moitié de
sa hauteur : voilà un théorème; le triangle rectiligne
est une portion du plan limitée par trois lignes droites :
voilà une définition. Le théorème énonce une relation entre une figure et une propriété géométrique ;
la définition nous fait connaître l'essence d'une forme
déterminée. Quand on dit que les définitions sont des
généralisations de l'expérience, il s'agit de la généralisation non pas de rapports découverts entre des grandeurs différentes, mais des notions de figure et de
forme.

Il résulte de ce qui précède qu'après la généralisation
nous sommes toujours en présence de figures impar-
faites, non rectifiées, et que nous ne sommes pas plus
assurés qu'auparavant de la similitude rigoureuse de
toutes les figures de même espèce. On doit donc déclarer illusoire la nécessité attribuée d'ordinaire aux jugements mathématiques, ou bien faire de ceux-ci des généralisations de l'expérience. Le premier parti est inac-
ceptable, car il est la négation de la science ; le second
peut d'abord faire illusion et séduire. « Les sciences
» mathématiques, a-t-on dit, sont des sciences d'ex-
» périence et d'observation, uniquement fondées sur
» l'induction des faits particuliers, de même que l'as-
» tronomie, la mécanique, l'optique et la chimie (1). »

______

(1) Dr Beddoes. *Observat. sur la nat. de l'évid. démonstrat.*

Mais, sous peine de faire rentrer l'*a priori* que l'on voulait proscrire à tout jamais, on s'aperçoit vite qu'une telle généralisation n'a aucune valeur apodictique. Je crois que la somme des trois angles d'un triangle rectiligne est équivalente à deux angles droits sur la foi d'une expérience répétée, et parce que je ne puis concevoir le contraire de cette proposition sans faire violence à un souvenir habituel et sans défigurer une image familière tracée dans mon esprit par une observation de chaque jour. Mais le passé est-il donc une garantie infaillible de l'avenir ? Qui m'assure, si je ne crois pas à l'existence d'un ordre universel, que demain je ne trouverai pas le monde bouleversé et les figures de la veille altérées ? et même, si, contraint de rendre à l'*a priori* ses droits méconnus, je fais reposer ma croyance à la similitude constante des figures de même espèce sur la croyance rationnelle à l'existence de l'ordre dans l'univers, les rapports empiriques généralisés ne vaudront pas pour l'avenir. L'induction étend à tous les êtres de même espèce les rapports observés dans quelques cas particuliers ; or aucune des formes matérielles n'est absolument parfaite ; par conséquent, pour que les propositions généralisées fussent d'une application constante, il faudrait que les formes futures reproduisissent exactement les incorrections des formes observées.

Entre ces deux extrêmes qui sont, l'un, une négation ouverte, et l'autre, une négation dissimulée de la science géométrique, M. Stuart Mill a pris un moyen terme : « Le caractère de nécessité assigné aux vé-

» rités mathématiques , et même la certitude parti-
» culière qu'on leur attribue, sont une illusion, laquelle
» ne se maintient qu'en supposant que ces vérités se
» rapportent à des objets et à des propriétés d'objets
» purement imaginaires (1); » et pour tirer de ces
principes hypothétiques des assertions applicables à la
réalité, nous feignons que les notions géométriques
correspondent aux choses, bien qu'en fait elles n'y
correspondent pas rigoureusement (2). Il y aurait donc
une science des formes pures et une application de
cette science à la réalité sensible. Mais cette substitution des formes pures et rigides aux figures incorrectes
et variables, que l'abstraction et la généralisation
réunies sont impuissantes à expliquer, est précisément
l'indice d'une intervention créatrice de l'esprit à l'origine de la géométrie. Ce n'est donc pas l'expérience
et ses auxiliaires accoutumés qui transformèrent la
mesure de la terre en science de l'étendue.

Une théorie diamétralement opposée à la théorie
empirique est celle qui voudrait faire sortir les notions
géométriques de la pure action de la pensée. Toute
démonstration géométrique, a-t-on dit, est « comme
un acte de perpétuel dédain relativement à l'espace. »
L'objet de la géométrie, comme celui de toute autre
science, « se ramène à des déterminations de la pensée
» et de l'activité; c'est quelque chose de rationnel et
» de dynamique, irréductible à la quantité pure (3). »

____

(1) *Système de logique,* liv. II, ch. v.
(2) Ibid.
(3) A. Fouillée : *La Philos. de Platon,* 3e part., liv. I, chap. II.

Nous sommes loin de contester que, dans la genèse des notions géométriques, le principe actif et fécond ne soit l'esprit lui-même; mais on ne doit pas conclure de là que la seule action de penser suffit à engendrer les notions mathématiques. Toute opération d'arithmétique ou d'algèbre revient, en dernière analyse, à une addition de parties identiques. L'esprit possède le pouvoir de faire varier indéfiniment les grandeurs données, qui, par elles-mêmes, n'opposent aucun obstacle aux opérations dont elles sont l'objet; en ce sens l'esprit est indépendant de l'espace et de la quantité; mais pourtant cet espace, cette quantité indéterminés sont la matière sans laquelle l'activité mentale serait inféconde. Que cette matière disparaisse, et la moindre opération arithmétique ou géométrique est désormais impossible. L'unité de la conscience nous fait concevoir l'unité numérique; mais si une matière multiple n'est pas donnée à la pensée, nous serons à tout jamais confinés dans cette unité isolée, incapable de se doubler ou de se diviser elle-même; jamais nous ne formerons le nombre 2, le plus simple des nombres. D'où nous viendraient, en effet, les idées de la duplication et de la pluralité? Dira-t-on que nous les trouvons dans la conscience de nos différents pouvoirs intérieurs, ou dans celle de nos divers états psychologiques? Mais comment ces pouvoirs distincts nous seraient-ils révélés si des objets divers ne les sollicitaient à sortir du sommeil de la puissance? comment aurions-nous conscience d'une succession d'états intérieurs si la pensée ne se portait sur des objets distincts ? Réduits à la possibilité abstraite de la pensée, ou, si l'on aime mieux, à la conscience pure de l'unité spirituelle, il nous serait absolument impossible de penser la pluralité. Et même, pour parler en toute rigueur, comme l'unité n'a de sens que comme contraire d'une pluralité, dans cet état imaginaire nous pourrions avoir la conscience d'un être un, sans avoir la notion de l'unité ; à plus forte raison n'aurions-nous pas la plus simple des notions géométriques. Soit, par exemple, la notion d'une ligne ; elle renferme plusieurs choses étrangères au pur fait de penser : d'abord l'extériorité de la ligne par rapport à l'esprit ; puis une pluralité de parties juxtaposées dont nous ne trouvons pas le type dans l'unité de notre pensée, supposée abstraite de toute pluralité extérieure. Quand il s'agit de nombres, nous pouvons faire toutes les opérations de l'arithmétique sans sortir de nous-mêmes, à la condition qu'une pluralité d'états successifs soit donnée à la conscience ; mais toute notion géométrique, si élémentaire qu'on la suppose, implique une représentation objective. Que la génération des figures soit le résultat d'un acte intellectuel, c'est ce que nous constaterons bientôt ; mais cette figure, engendrée par mon esprit, est quelque chose hors de moi ; c'est une détermination d'un espace qui m'est extérieur. Réduits à la pure action de penser, en supposant même donnée à la conscience une succession d'états intérieurs, nous pourrions, à la rigueur, créer l'arithmétique et l'algèbre, en un mot la science de la quantité discrète, mais jamais nous n'engendrerions la science

de la quantité continue, c'est-à-dire la géométrie.
L'espace est aussi indispensable au géomètre que le
marbre au statuaire.

On pourrait invoquer en faveur d'une origine purement intellectuelle de la géométrie les récents progrès
et l'extension nouvelle de cette science. La géométrie,
telle que nous l'ont transmise les anciens, telle que
l'ont transformée les modernes auteurs de l'analyse, ne
considérait que les lignes, les surfaces et les solides.
Tant qu'elle n'était pas sortie de l'espace à trois dimensions, on pouvait soutenir avec vraisemblance que l'intuition de la quantité continue étalée hors de nous était
indispensable aux spéculations géométriques ; mais
voilà que, par une révolution profonde, et dont les résultats peuvent encore à peine être prévus, le domaine
de cette science s'est élargi dans tous les sens; la géométrie des lignes, des surfaces, des solides n'est plus
qu'un fragment d'une géométrie universelle, qui ne
s'astreint pas à la seule considération des trois dimensions de notre étendue sensible, mais qui raisonne sur
quatre, cinq, et n dimensions ; voilà qu'à l'espace
s'est ajouté l'hyperespace ; voilà que le contraire de
vérités vraies dans notre espace a été démontré (1).
N'est-ce pas une preuve que c'est seulement par
occasion, et non par suite d'une nécessité invincible ,

---

(1) Le onzième axiome d'Euclide est le suivant : Deux droites perpendiculaires à une troisième ne se rencontrent jamais, quelque loin
qu'on les prolonge. Voici la seizième proposition de Lobatchewski :
« Toutes les droites tracées par un même point dans le plan peuvent
» se distribuer, par rapport à une droite donnée dans ce plan, en

que l'esprit, en créant la géométrie, s'attache à l'intuition de l'espace?

Nous ferons remarquer d'abord que la prétendue géométrie à 4, à 5, à n dimensions est une extension de l'analyse algébrique, et non pas de la géométrie proprement dite. Dans la géométrie analytique, une équation à deux variables représente une ligne ; une équation à trois variables, une surface; si je fais entrer dans les équations 4, 5, n variables, et que je les traite par les procédés ordinaires de l'algèbre, j'appellerai cette analyse, plus complexe que l'analyse ordinaire, géométrie à 4, à 5, à n dimensions, bien qu'elle ne soit pas susceptible d'une interprétation géométrique ; mais c'est seulement pour ne pas compliquer le langage que je conserve, par analogie, le nom de géométrie, qui ne s'applique rigoureusement qu'à l'analyse à 2 et à 3 variables. Ainsi parle Sylvester, un de ceux qui les premiers ont conçu cette pseudo-géométrie, qui ne saurait recevoir d'interprétation géométrique (1).

La conception de l'hyperespace est différente ; mais nous allons voir qu'elle implique une induction impossible sans l'intuition de l'espace à trois dimensions.

Supposons un être linéaire astreint à se mouvoir,

» deux classes, savoir: en droites *qui coupent* la droite donnée, et en » droites *qui ne la coupent pas*. La droite qui forme la limite commune de ces deux classes est dite *parallèle* à la droite donnée. » Il résulte de là que les parallèles, au sens euclidien du mot, peuvent se rencontrer, et se rencontrent en effet.

(1) Dans un récent mémoire publié dans les *Comptes rendus de l'Académie des sciences* (1872), M. Jordan considère la géométrie à plus de trois dimensions comme une pure extension de l'analyse algébrique.

sans se déformer, sur une ligne, c'est-à-dire sur un espace à une dimension. Il est évident qu'un tel être n'aurait que la notion de l'avant et de l'arrière; mais il ne serait pas réduit à suivre toujours la ligne droite; il pourrait se déplacer sur toutes les lignes dont une portion quelconque peut être superposée à une autre portion quelconque sans duplicature, c'est-à-dire sur les lignes de courbure constante. Mais la science des espaces à une dimension qu'il peut parcourir lui serait interdite; en effet, on ne saurait la faire qu'en se plaçant au point de vue d'un espace à deux dimensions.

Supposons maintenant un être superficiel astreint à se mouvoir, sans se déformer, sur une surface, c'est-à-dire sur un espace à deux dimensions; il est encore évident qu'un tel être n'aurait que la notion de l'avant et de l'arrière, du gauche et du droit. Mais il est plusieurs surfaces sur lesquelles il pourrait se déplacer sans déformation. On en connaît trois; ce sont les surfaces de courbure constante, la sphère, le plan et la surface pseudo-sphérique, qui sont telles qu'une portion quelconque peut en être superposée à une autre portion quelconque sans duplicature ni déchirure; seulement l'être superficiel que nous imaginons ici ne saurait faire la géométrie de ces surfaces; il faut, pour cela, se placer au point de vue d'un espace à trois dimensions.

Dans l'espace où nous nous mouvons, nous ne percevons que trois dimensions; mais est-ce en vertu d'une nécessité des choses ou de notre nature? ne sommes-nous pas dans une situation analogue à celle de l'être linéaire ou de l'être superficiel, qui ne sauraient percevoir qu'une ou deux dimensions, par suite des conditions imposées à leur déplacement ? ne peut-on pas concevoir un hyperespace dans lequel serait notre espace, comme les lignes sont dans la surface, et les surfaces dans l'espace à trois dimensions ? De plus, de même qu'il existe plusieurs lignes et plusieurs surfaces sur lesquelles l'être linéaire et l'être superficiel peuvent se mouvoir sans déformation, ne peut-on pas, en se plaçant au point de vue d'un espace à quatre dimensions, concevoir et étudier plusieurs espaces à trois dimensions, jouissant de propriétés communes, que l'on appellerait, par analogie, espaces de courbure constante, et parmi lesquels l'espace physique dont nous faisons la géométrie, et qui est défini par l'axiome de la ligne droite et par le postulatum d'Euclide, serait analogue au plan dans les surfaces de courbure constante ? — On le voit, c'est par une généralisation progressive de la géométrie à une, à deux, à trois dimensions, qui suppose l'intuition de l'espace, que l'on s'élève à la conception d'une géométrie plus générale, qui se refuse à toute représentation objective.

Pour ce qui est de la géométrie, en apparence paradoxale, de Lobatchewski, nous ferons observer d'abord que son auteur ne se passe nullement de l'espace. Il commence par poser quinze propositions sur les lignes droites, les triangles rectilignes et les triangles sphériques, qui peuvent être démontrées sans

l'intervention du célèbre postulatum d'Euclide (1);
puis, quand il aborde ses théorèmes originaux, il se
sert de figures et fait, par conséquent, appel à la faculté d'intuition aussi bien que les géomètres eucli-
diens. Ce sont ces théorèmes originaux qui semblent
de nature à dérouter les philosophes et à justifier pleinement la thèse que nous combattons. En fait, la
géométrie euclidienne est réalisée autour de nous;
mais le contraire du postulat sur lequel elle repose est
géométriquement possible; si, dans notre espace physique, deux droites perpendiculaires à une troisième
ne se rencontrent pas, on peut concevoir qu'elles se
rencontrent, et que, par suite, la somme des trois
angles d'un triangle ne soit pas égale à deux angles
droits. Mais les récents travaux d'un profond géomètre
italien ont répandu la lumière sur cette obscure question, et autorisent à voir dans la géométrie non euclidienne, géométriquement interprétée, une extension de la géométrie euclidienne (2).

---

(1) *Études géométriques sur la théorie des parallèles*, trad. par
Hoüel. — Bolyai admet, de même, certaines propositions vraies dans
son système et dans celui d'Euclide ; il dit en propres termes : « Tous
» les résultats que nous énoncerons sans désigner expressément si
» c'est dans le système Σ (géométrie qui repose sur la vérité de
» l'axiome XI d'Euclide) ou dans le système S (système fondé sur
» l'hypothèse contraire) qu'ils ont lieu, devront être considérés comme
» énoncés d'une manière absolue, c'est-à-dire qu'ils seront donnés
» comme vrais, soit qu'on se place dans le système Σ ou dans le sys-
» tème S. » (*La sci. absolue de l'espace, indépendante de la vérité et de
la fausseté de l'ax. XI d'Euclide*, par Jean Bolyai, p. 30.)

(2) E. Beltrami, *Essai d'interprétation de la géométrie non euclidienne*, traduit par J. Hoüel ; *Annales scientifiques de l'école normale
sup.*, tome VI, année 1869.

Euclide ne considère que le plan parmi les surfaces. La géométrie plane a pour point de départ le postulat suivant : une ligne droite est déterminée par deux de ses points. Mais cette propriété appartient aussi aux lignes géodésiques tracées sur les surfaces de courbure constante ; et de même que, dans le plan, on ne peut mener qu'une seule ligne droite d'un point à un autre, de même, sur ces surfaces, d'un point à un autre, on ne peut mener qu'une ligne géodésique (1). Si maintenant on remarque que le critérium fondamental des démonstrations de la géométrie consiste dans la *superposition des figures égales*, et que l'on peut aussi superposer sans déchirure ni duplicature, à l'aide de simples flexions, une portion quelconque d'une surface de courbure constante à une autre portion quelconque de la même surface, on comprendra aisément qu'il existe une géométrie générale, dont la géométrie plane n'est en quelque sorte qu'un cas particulier, et dont les démonstrations s'étendent à toutes les surfaces de courbure constante, c'est-à-dire à la sphère, dont le rayon de courbure est positif, à la pseudo-sphère, dont le rayon de courbure est négatif, et au plan, dont le rayon de courbure est nul.

Mais l'analogie de ces trois surfaces n'est pas absolument complète ; chacune d'elles a ses caractères par-

____

(1) Cette règle, que nous énonçons d'une manière générale, souffre des exceptions pour les surfaces de courbure constante positive. Ainsi, sur la sphère, on peut mener une multitude de lignes géodésiques égales entre deux points diamétralement opposés. C'est là un cas de ces exceptions spécifiques dont nous signalons plus loin l'existence.

ticuliers et en quelque sorte spécifiques ; de là, certains théorèmes propres, les uns à la surface sphérique, les autres au plan, les autres enfin à la surface pseudo-sphérique. C'est là ce qui permet de comprendre les paradoxes apparents de Lobatchewski. Ainsi, dans le plan, deux droites perpendiculaires à une troisième ne se rencontrent pas ; la somme des trois angles d'un triangle est égale à deux angles droits ; mais, sur la surface sphérique, deux droites perpendiculaires à une troisième se rencontrent , et la somme des trois angles d'un triangle varie entre deux et six angles droits. « C'est ainsi, dit M. Beltrami, » que certains résultats qui semblent incompatibles » avec l'hypothèse du plan peuvent devenir conciliables avec celle d'une surface de l'espèce en question, et recevoir par là une explication non moins » simple que satisfaisante (1). »

---

(1) Dans un autre mémoire, le même auteur s'exprime ainsi : « Si » l'on appelle *parallèles* deux lignes géodésiques convergentes vers un » même point à l'infini, on voit que, par un point, on peut mener deux » lignes géodésiques distinctes, parallèles à une ligne géodésique donnée ; que ces deux parallèles sont également inclinées de part et » d'autre sur la ligne géodésique menée normalement du même point » à la ligne donnée ; ce résultat s'accorde pleinement avec celui qui » forme la base de la *géométrie non euclidienne...* La possibilité de » sa construction, au moyen de la synthèse ordinaire (en la limitant à » l'espace de trois dimensions), dépend, en premier lieu, de ce que, » comme on l'a démontré, dans les espaces de courbure constante » (positive et négative), toute figure *peut* être changée de position » sans subir aucune altération dans la grandeur et dans la disposition » mutuelle de ses éléments contigus, *possibilité* d'où dépend *l'existence* » *des figures égales*, et, par suite, la validité du *principe de superposi-* » *tion*. En second lieu, dans les espaces de courbure constante néga- » tive, les lignes géodésiques sont caractérisées, comme la droite

Par conséquent, l'existence de la géométrie *imaginaire* ne fait que fortifier, loin de l'infirmer, la conclusion à laquelle nous étions parvenus plus haut, à
savoir que l'esprit, pour créer la géométrie, a besoin
d'une matière, et que cette matière est l'espace.

» euclidienne, par la propriété d'être déterminées sans ambiguïté, par
» *deux* de leurs points seulement, de sorte que *l'axiome de la droite* a
» lieu pour ces lignes. Et pareillement, les surfaces de premier ordre
» sont caractérisées, comme le plan euclidien, par la propriété d'être
» déterminées par *trois* de leurs points seulement, de sorte que pour
» ces surfaces a lieu *l'axiome du plan...* La planimétrie non eucli-
» dienne n'est autre chose que la géométrie des surfaces de courbure
» constante négative. » (E. Beltrami, *Théorie fondamentale des
espaces de courbure constante*, trad. par J. Hoüel. — *Ann. scient. de
l'École normale sup.*, t. VI, an. 1869.)

CHAPITRE II.

ORIGINE DES NOTIONS GÉOMÉTRIQUES (SUITE).

Principes des notions géométriques : espace, esprit, mouvement. — Génération des lignes, des surfaces, des volumes. — Passage de la géométrie élémentaire à la géométrie analytique. — L'infini géométrique. — L'imagination en géométrie.

L'espace indéfini, homogène, indifférent par lui-même à toutes les déterminations, mais capable de les recevoir toutes, telle est la matière de la géométrie. Les anciens géomètres, si soucieux de la rigueur logique, l'avaient bien compris : de là ces demandes qu'ils inscrivaient en tête de leurs traités. « Je demande, » dit Euclide avant de formuler ses théorèmes, de » pouvoir : 1° mener une ligne droite d'un point quel- » conque à un autre point quelconque ; 2° prolonger » indéfiniment, suivant sa direction, une ligne droite » finie ; 3° décrire un cercle d'un point quelconque » comme centre, et avec une distance quelconque. » Cela ne revient-il pas à dire : donnez-moi l'espace indéfini, homogène, et pouvant recevoir toutes les déterminations, et je crée la géométrie ? Comment, en effet, mener une ligne droite d'un point quelconque à un autre point quelconque, si l'espace qui sépare ces deux points opposait quelque obstacle à la construction, c'est-à-dire s'il n'était pas indifférent à toute détermination particulière ? comment prendre un point quelconque pour centre d'un cercle, et une distance quelconque pour rayon, si la même construction ne pouvait être répétée identiquement en tout lieu, c'est-à-dire si l'espace n'était pas homogène ? comment enfin prolonger indéfiniment, suivant sa direction, une ligne droite finie, si l'espace n'était pas toujours là pour recevoir le nombre illimité des accroissements successifs de la grandeur donnée, c'est-à-dire s'il n'était pas lui-même indéfini ? La quatrième demande, que quelques géomètres modernes ont cru devoir ajouter aux trois postulata d'Euclide, n'implique pas autre chose : « Nous demanderons qu'une figure invariable » de forme puisse être transportée d'une manière » quelconque dans son plan et dans l'espace (1). »

Telle est la matière de la géométrie. Mais cet espace indéterminé ne se déterminera pas lui-même ; cette matière illimitée ne s'imposera pas à elle-même des limites ; ce principe passif ne sortira pas lui-même de l'inertie. Pour que la géométrie soit, il faut l'intervention d'une cause déterminante, d'un principe actif, capable de tailler un nombre indéfini de figures dans cette étoffe immense. Cette cause active, c'est l'esprit.

Espace indéfini, indéterminé d'une part, activité spirituelle d'autre part, voilà déjà deux des facteurs de la géométrie. La question est maintenant de savoir comment l'esprit agira sur l'espace, comment le prin-

____

(1) Hoüel, *Es. crit. sur les princ. fondam. de la géom. élém.*

cipe actif déterminera la matière passive. Si nous examinons séparément chacun de ces deux facteurs, nous ne trouvons aucun passage de l'un à l'autre. Nous nous représentons l'espace comme un solide tendu à l'infini dans tous les sens, et pouvant recevoir toutes les figures; d'autre part, l'esprit a pour fonction essentielle de lier selon certains rapports des éléments variés, c'est-à-dire d'imposer l'unité à une multiplicité donnée. Ces éléments, dont la pensée forme des couples, ne sont pas le fruit de l'expérience brute ; ils ont déjà subi, quand elle les met en œuvre, une élaboration préparatoire ; ce ne sont plus des représentations purement expérimentales, mais des idées générales et abstraites, desquelles un travail préliminaire a fait disparaître la particularité, propre de l'expérience, impropre à la pensée. On conçoit aisément de quelle manière le passage s'établit entre la pensée et ces notions ainsi purifiées ; les idées générales, distinctes les unes des autres, sont fournies successivement à l'esprit ; l'acte intellectuel consiste à faire de cette pluralité, en elle-même incohérente, des totalités coordonnées. Mais l'espace, bien que divers et multiple en puissance, est un et continu en acte ; on ne saurait dire que les déterminations en sont données à la pensée comme le sont les idées générales dans la connaissance expérimentale ; ce serait en effet supposer la question résolue, puisqu'il s'agit de savoir comment l'action intellectuelle impose à l'espace indéterminé et passif les déterminations qu'il peut recevoir. La pensée a donc d'abord à créer véritablement une multiplicité. Comment ces deux termes hétérogènes entreront-ils en rapport ? il faut entre eux un intermédiaire qui participe à la fois de l'un et de l'autre, qui soit un comme la pensée, et multiple en puissance comme l'espace, de telle sorte qu'en se réalisant, il réalise la multiplicité virtuelle de l'espace. Cet intermédiaire, ce sera le mouvement.

Donnez-moi la matière et le mouvement, disait Descartes, et je créerai le monde. De même, le mathématicien pourrait dire : donnez-moi l'espace et le mouvement, et je créerai la géométrie. Toute notion géométrique implique à la fois unité, pluralité et continuité. Toute figure est une ; mais elle est composée de parties ; mais ces parties sont unies entre elles de manière à former un tout continu et indissoluble. De même, le mouvement implique à la fois unité, pluralité et continuité. Il est un par sa racine, qui est l'âme ; il est multiple par ses points d'application, qui sont dans l'espace ; mais en même temps il est continu, précisément parce qu'il est une synthèse de l'unité et de la multiplicité ; il n'est donc pas étonnant qu'il soit le moyen terme grâce auquel l'unité spirituelle déterminera la pluralité virtuelle de l'espace.

Il peut sembler, au premier abord, que demander ainsi le mouvement pour engendrer les figures géométriques, ce soit faire un cercle vicieux (1). Tout mouve-

______

(1) Il va sans dire que nous parlons seulement du mouvement géométrique, abstraction faite du temps et de la vitesse. Le mouvement dans le temps est l'objet de la cinématique et non de la géométrie pure.

ment, en effet, a une direction déterminée, rectiligne, circulaire, elliptique, parabolique, etc.; la notion de figure paraît donc impliquée dans la notion de direction, et la genèse des déterminations géométriques antérieure au mouvement dans l'espace. Le cercle n'est qu'apparent. La notion des grandeurs continues et celle du mouvement sont si intimement unies l'une à l'autre, que nous avons peine à les séparer (1). Toutefois, si, plus tard, nous qualifions les différents mouvements par les noms mêmes des différentes figures, à l'origine, c'est au mouvement que nous devons la détermination du continu étendu. Supposons-nous absolument immobiles en présence d'un plan. Nous n'en percevons avec netteté que le seul point dont l'image se forme au centre de la tache jaune de notre rétine. Si, à la rigueur, une telle perception nous donne l'impression d'étendue, il est évident qu'elle ne nous fournit pas la représentation d'une grandeur déterminée. Ce point, vu en pleine lumière, est entouré d'une pénombre dont l'éclat va décroissant du centre à la circonférence, et cette dégradation insensible des rayons lumineux ne nous permet pas de percevoir des contours nettement dessinés. Aussi, en nous supposant absolument immobiles en face de ce plan, ne le percevrons-nous pas. Que faut-il pour en avoir une représentation distincte ? Amener chaque élément de sa surface et de son périmètre au point le plus distinct

---

(1) Leibnitz a dit : « Il est clair que l'idée du mouvement *contient* celle de la figure. » (*Nouv. Es.*, liv, II, ch. VI.)

de la vision. La chose peut se faire de deux manières :
ou bien en déplaçant le plan, ou bien en déplaçant
l'œil ; mais, dans un cas comme dans l'autre, un mouvement est nécessaire. La perception de l'étendue suppose donc une synthèse successive et continue d'éléments juxtaposés.

Ainsi, l'espace multiple en puissance, l'esprit un et
le mouvement un et multiple à la fois, voilà les trois
principes indispensables de toute construction géométrique. Il semble que nous puissions maintenant assister à la genèse des déterminations de l'espace ; il n'en
est rien pourtant ; une opération préparatoire est nécessaire.

Tous les géomètres commencent par définir le volume, la surface et la ligne ; puis ils produisent les
définitions des lignes, des surfaces, et des volumes particuliers, de la ligne droite, par exemple, de la circonférence, du triangle, de l'hexagone, du cube, du prisme,
du cylindre, etc. On insiste peu, d'ordinaire, sur la
différence profonde qui sépare ces trois premières notions : volume, surface et ligne ; des suivantes : ligne
droite, carré, cube, etc. ; ou, quand on les distingue, on
considère les premières comme des genres dont les
secondes sont les espèces : ainsi un parallélipipède rectangle serait une espèce du genre volume ; un triangle
isoscèle, une espèce du genre surface ; une circonférence, une espèce du genre ligne. Mais, à parler rigoureusement, il n'y a ni genres ni espèces dans les figures
géométriques ; et si le géomètre commence par définir
le volume, la surface et la ligne, c'est qu'il obéit à un

besoin invincible, inhérent à la nature même de la science qu'il construit.

On définit, le plus souvent, la géométrie la science de l'étendue, ou encore la science des déterminations possibles de l'espace. La première de ces définitions paraît impliquer que le géomètre prend toujours pour objet de ses recherches les formes réalisées dans la nature ; elle assignerait donc à la géométrie une origine empirique, et elle en restreindrait singulièrement le domaine. La seconde, qui donne pour objet à la géométrie les déterminations possibles de l'espace, maintient le caractère rationnel et le domaine illimité de cette science ; mais elle est incomplète, car elle indique sur quels objets portent les recherches géométriques, et non pas quel est l'objet propre de ces recherches. On peut en effet demander : qu'est-ce que faire la science des déterminations de l'espace ? A cette question, Aug. Comte a répondu : c'est mesurer directement ou indirectement l'étendue (1). Avant lui, Hobbes avait dit : « *Est geometria scientia qua ex* » *aliqua vel aliquibus mensuratis, per ratiocinatio-* » *nem determinamus quantitates alias non mensura-* » *tas.* (2) » Cette définition est excellente.

Toute question mathématique revient, en dernière analyse, à une question de mesure ; mais comme, le plus souvent, la mesure directe est impossible, nous suppléons à cette impuissance par les artifices du cal-

---

(1) *Cours de phil. posit.*, 10ᵉ leç.
(2) *De Principiis et Ratiocinatione geometrarum.* — Londini, 1666.

cul ; en rattachant à des grandeurs susceptibles d'une mesure directe celles qui ne peuvent en recevoir, nous parvenons à découvrir la mesure des secondes, grâce aux relations qu'elles ont avec les premières (1). Ce qui est vrai des grandeurs en général l'est en particulier des grandeurs géométriques. Mesurer des volumes revient à mesurer des surfaces. Soit, par exemple, à trouver le volume d'un cylindre donné. Le procédé direct consisterait à prendre un certain cylindre pour unité, et à voir combien de fois il est contenu dans le premier. La chose est impossible ; mais je sais que le cylindre peut être considéré comme un prisme à base circulaire ; or le volume du prisme s'obtient en multipliant sa base par sa hauteur ; par conséquent le volume du cylindre s'obtiendra de la même façon. L'artifice consiste donc à substituer à la mesure directe impossible la mesure d'une ligne et d'une surface. De même, le volume du cube, celui du parallélipipède, celui du prisme s'obtiennent en multipliant la surface de leur base par leur hauteur. La mesure des solides suppose donc la mesure des surfaces ; à son tour, la mesure des surfaces se réduit à la mesure des lignes. La comparaison immédiate entre surfaces est assez fréquente ; je puis superposer deux triangles, deux polygones, deux cercles ; mais quand il s'agit non plus de constater l'égalité ou l'inégalité de deux figures, mais de les mesurer, le procédé direct consisterait à rechercher combien de fois une certaine surface prise

---

(1) Voir toute la 3ᵉ leçon du *Cours de phil. posit.*

pour unité est contenue dans telle surface donnée ;
or, si parfois on peut le faire, par exemple, pour le
rectangle, dont la base et la hauteur ont une commune
mesure, le plus souvent la chose est impossible.
Aussi transforme-t-on la mesure des surfaces en me·
sure de lignes : ainsi, la surface d'un triangle s'obtient en multipliant sa base par la moitié de sa hauteur ; celle des polygones réguliers, en multipliant le
périmètre par la moitié de l'apothème. La substitution
des mesures indirectes aux mesures directes ne s'arrête pas là : la mesure des courbes est elle-même ra-
menée à la mesure des lignes droites ; par exemple,
le rapport de la circonférence au diamètre une fois
déterminé, il suffit, pour trouver la circonférence d'un
cercle, d'en connaître le rayon ; de la longueur des
deux axes dépend la longueur de l'ellipse ; du diamètre du cercle générateur dépend la longueur de
la cycloïde. Sans qu'il soit besoin de multiplier les
exemples particuliers, on peut dire, en général, qu'il
existe toujours certaines droites dont la longueur suffit à déterminer celle d'une courbe quelconque. Aussi
Aug. Comte, si profond dans la philosophie mathématique, a-t-il pu dire avec raison que la science
géométrique, conçue dans son ensemble, avait « pour
» destination générale de réduire finalement la com-
» paraison de toutes les espèces d'étendue, volumes,
» surfaces ou lignes, à de simples comparaisons de
» lignes droites, les seules regardées comme pouvant
» être effectuées immédiatement, et qui, en effet,

» ne sauraient être évidemment ramenées à d'autres
» plus faciles (1). »

La géométrie des lignes est donc indispensable à la géométrie des surfaces, et la géométrie des surfaces à celle des volumes (2). Voilà pourquoi l'esprit, au début de la spéculation géométrique, établit trois provinces distinctes dans l'espace. L'espace nous est donné primitivement avec trois dimensions. A cette intuition correspond la notion du volume ; nous éliminons l'épaisseur, et à cet espace réduit à deux dimensions correspond la notion de surface ; de la surface nous éliminons la largeur, et à cet espace réduit à une dimension correspond la notion de la ligne. Ces deux provinces ultérieures, surface et ligne, sont susceptibles d'une infinité de déterminations particulières, aussi bien que la province primitive, espace à trois dimensions. Quand les géomètres placent en tête de leurs définitions celles du volume, de la surface et de la ligne, ils ne font rien autre chose que démembrer l'espace, travail préliminaire indispensable à la constitution complète de la science.

Le démembrement de l'espace est idéal et abstrait. Il n'existe dans la réalité que des solides ; la surface, la ligne et le point sont des limites vers lesquelles tendent les solides, les surfaces, les lignes, dont l'épais-

____

(1) *Cours de phil. posit.*, 10e leç.

(2) « Tous les problèmes de géométrie se peuvent facilement réduire à tels termes qu'il n'est besoin, par après, que de connaître la longueur de quelques lignes droites pour les construire. » C'est par ces mots que débute la *Géométrie* de Descartes.

4

seur, la largeur, la longueur décroissent sans cesse. Hobbes gourmande fort Euclide d'avoir défini le point « ce dont il n'est pas de parties ; » la ligne, « une longueur sans largeur ; » la surface, « ce qui a seulement longueur et largeur (1). » Un point, dit-il, est toujours divisible : ainsi un cercle peut être divisé en un nombre quelconque de secteurs qui tous sont terminés par un point ; le centre du cercle, sommet commun de tous ces secteurs, sera donc divisé en autant de parties qu'il y aura de secteurs. Soit maintenant un de ces secteurs circulaires ; je le partage en deux autres secteurs ; je prends l'un, je vous laisse l'autre ; la ligne qui les séparait avait donc une largeur, puisqu'après la séparation des deux secteurs elle est partagée entre eux. De même, toute surface a une épaisseur : je partage une sphère en deux hémisphères que je détache l'un de l'autre ; il faut bien que la surface de section ait une épaisseur, puisqu'elle est divisée entre les deux moitiés de sphère maintenant séparées.

Les critiques de Hobbes porteraient, si la géométrie avait pour objet les corps matériels, et non pas les déterminations idéales de l'espace. D'ailleurs, les définitions que le physicien anglais prétend substituer à celles d'Euclide n'en diffèrent pas au fond. « Un point est divisible, dit-il, mais on n'en considère aucune partie. » — « La ligne est le tracé que laisse après lui un corps en mouvement, et dont on ne considère pas la largeur. » Il

---

(1) *Op. cit.*, 6.

aurait pu ajouter : la surface a une épaisseur, mais on
n'en tient pas compte. Mais si l'on néglige la longueur
dans le point, la largeur dans la ligne, l'épaisseur
dans la surface, ne peut-on pas définir géométriquement le point, ce qui n'a pas de parties ; la ligne, une
longueur sans largeur ; la surface, une longueur et une
largeur sans épaisseur ?

La matière de la géométrie ainsi préparée par l'abstraction, comment sont engendrées les déterminations
particulières de l'espace ? Nous avons déjà remarqué
que la géométrie, depuis qu'elle a reçu une constitution philosophique, porte sur toutes les formes possibles, et non-seulement sur celles que révèle l'observation de la nature ; aussi ne peut-on, sans en
restreindre arbitrairement le domaine, assigner aux
notions qu'elle étudie une origine empirique ; il faut
que l'esprit crée les déterminations de l'espace ; nous
savons quelle matière il met en œuvre et de quel instrument il se sert ; assistons à la genèse.

Soit deux points : si le premier se meut vers le second, et vers celui-là seulement, il décrit une ligne
droite (1). « S'il se meut pendant une fraction appré-
» ciable de son mouvement vers le second point, et
» pendant une fraction également appréciable vers un
» troisième, un quatrième, etc., la ligne qu'il décrit

---

(1) On a donné de nombreuses définitions de la ligne droite. Platon la
définissait : la ligne dont les points intermédiaires portent ombre sur
les points extrêmes ; Euclide : la ligne qui est située semblablement
par rapport à tous ses points ; Archimède : la plus courte de toutes les
lignes qui ont mêmes extrémités ; Proclus : la plus courte distance
entre deux points. Ces propositions sont de vrais théorèmes, et non

» est brisée ou composée de droites distinctes. Si
» à chaque instant de son mouvement il se meut
» vers un point différent, la ligne qu'il décrit est
» courbe (1). » Et comme la loi à laquelle est assu-
jetti le mouvement du point générateur peut varier à
l'infini, le nombre des courbes possibles est infini.
Citons quelques exemples : qu'un point se meuve sur
le plan de manière à rester toujours à la même distance d'un point fixe, la courbe qu'il engendre est une
circonférence ; que la somme de ses distances à deux
points fixes soit constante, la courbe est une ellipse ;
que cette quantité constante soit la différence des distances du point en mouvement à deux points fixes, la
courbe engendrée est une hyperbole ; que le point
s'écarte toujours également d'un point et d'une droite
fixes, la courbe qu'il décrit est une parabole ; qu'il
tourne sur un cercle roulant lui-même sur une droite,
la courbe engendrée est une cycloïde; enfin, pour
borner là les exemples, qu'il s'avance sur une droite
tournant autour d'une de ses extrémités comme pivot, il engendre une spirale ; en un mot, que l'on fasse
varier à l'infini les conditions sous lesquelles s'accomplit le mouvement générateur, et l'on obtiendra une
variété infinie de courbes. Voilà pour la géométrie des
lignes.

---

des définitions, car elles ne font qu'énoncer une des propriétés particulières de la figure à définir. La définition de la ligne droite par le
mouvement est fort ancienne. Je trouve dans Christophorus Clavius
que de nombreux auteurs ont, dès l'antiquité, défini la ligne droite
celle « quæ describitur a puncto moto nec vacillante. »

(1) H. Taine, *De l'Intelligence*, liv. IV, ch. I.

Voici maintenant pour les surfaces. Une ligne se
mouvant suivant une ou plusieurs lois déterminées engendre une surface. La variété des lois auxquelles on
peut assujettir le mouvement d'une ligne étant infinie,
la variété des surfaces que l'on peut engendrer par ce
moyen est elle-même infinie. De plus, non-seulement
on peut faire varier le mouvement de la ligne, mais
on peut encore faire varier suivant une loi déterminée
la nature de la ligne pendant qu'elle se meut, ce qui
n'a pas d'analogue dans la génération des courbes. —
La géométrie analytique divise les surfaces en plusieurs groupes, d'après leur mode de génération ; ce
n'est pas, à proprement parler, une classification rigoureuse des surfaces, car une même surface peut faire
partie à la fois de deux groupes différents. Les deux
groupes principaux sont les surfaces de révolution et
les surfaces réglées. Les surfaces de révolution sont
engendrées par une ligne quelconque tournant autour
d'une ligne droite ; on peut encore les considérer
comme engendrées par un cercle dont le centre se
meut sur une droite perpendiculaire à son plan, et dont
le rayon varie de telle façon que sa circonférence s'appuie toujours sur une ligne fixe de position. Ainsi la
surface sphérique peut être engendrée par la simple
rotation d'une demi - circonférence autour de son
diamètre ; elle peut encore être engendrée par une
circonférence dont le centre se meut sur une droite
perpendiculaire à son plan et dont le rayon varie de
façon qu'elle coupe toujours une circonférence dont
cette perpendiculaire est le diamètre. De même, une

droite assujettie à passer par un point fixe et à toucher constàmment une circonférence fixe dont le plan est perpendiculaire à la droite qui joint le point S à son centre engendrera une surface conique de révolution. Cette surface conique pourra être encore engendrée par le mouvement d'une circonférence dont le centre se meut sur une droite perpendiculaire à son plan, et dont le rayon varie de telle sorte qu'elle coupe toujours une droite oblique, fixe de position. — Les surfaces réglées sont des surfaces engendrées par le mouvement d'une ligne droite. Les surfaces coniques, en général, résultent du mouvement d'une droite assujettie à passer par un point fixe et à toucher constamment une ligne donnée. La surface conique de révolution, décrite il n'y a qu'un instant, est donc en même temps une surface réglée. Le plan est aussi une surface réglée, car il peut être considéré comme engendré par une ligne droite assujettie à passer par un point fixe et à toucher une ligne droite fixe. — Une droite assujettie à rouler tangentiellement à une hélice engendre une surface hélicoïdale ; — une droite assujettie à tourner autour d'une autre droite fixe, et non située dans un même plan, en restant à une distance constante de cet axe, engendre une hyperboloïde de révolution, qui est en même temps une surface réglée.

Le mouvement des surfaces rectilignes et des surfaces courbes produit ensuite tous les solides. Le cylindre est engendré par la révolution du rectangle autour d'un de ses côtés ; le cône, par la révolution du triangle rectangle autour d'un des côtés de l'angle droit; la sphère, par la révolution d'un demi-cercle autour du diamètre. Ainsi, qu'il s'agisse de lignes, de surfaces ou de volumes, étant donné un point, une ligne, une surface en mouvement, la loi variable de ce mouvement étant posée par l'esprit, on peut engendrer toutes les déterminations de l'espace.

Les représentations ainsi déterminées présentent, il est aisé de le constater, les vrais caractères des notions géométriques. Toute figure est à la fois unité, pluralité et continuité ; une ligne droite, par exemple, est quelque chose d'un et d'individuel ; elle est divisible en parties extérieures les unes aux autres ; enfin ces parties sont unies entre elles de manière à former un tout continu. Nous trouvons une unité dans la conscience ; mais, bornés à cette seule intuition, nous ne saurions imaginer ni concevoir la pluralité de parties inhérente à toute figure. L'intuition de l'espace nous fournit une pluralité virtuelle, encore indéterminée, que nous opposons à l'unité de la conscience. Mais ces deux termes hétérogènes demeurent étrangers l'un à l'autre tant qu'un intermédiaire participant à la fois des deux ne nous a pas permis de les unir. Le mouvement, un par sa racine, multiple par ses points d'application, est cet intermédiaire ; la figure qu'il trace dans l'espace est à la fois une, multiple et continue : une, car elle résulte d'un seul mouvement ; multiple, car ce mouvement s'est appliqué à divers points de l'espace ; continue enfin, car le mouvement un n'a pas laissé de lacune entre ses divers points d'application ; par conséquent, toutes les notions géométriques sont en puissance dans l'espace et en virtualité dans la pensée. L'espace est une matière indéterminée par elle-même, mais susceptible de recevoir toutes les déterminations ; la pensée est essentiellement l'unité formelle qui se réalisera de mille façons diverses dans la pluralité de l'espace, selon des lois posées par l'esprit lui-même.

Tout ce qui précède est vrai de la géométrie élémentaire, où l'on se représente directement les formes géométriques. C'est maintenant une question de savoir si, dans cette géométrie générale, créée par Descartes, et dans laquelle des formules abstraites remplacent les formes concrètes, la spéculation porte encore sur des représentations individuelles dont le mouvement a tracé les limites.

On se fera une idée incomplète de la géométrie analytique, si l'on se contente de la définir : l'étude des figures par les procédés du calcul et de l'analyse algébrique. Cette définition nous apprend que la *spécieuse* de Descartes, comme on l'appelait au XVIIe siècle, consiste à substituer aux grandeurs concrètes des symboles abstraits, et à traiter les signes, abstraction faite des choses signifiées, « jusqu'à ce qu'enfin, dans la conclusion, la signification de la conséquence symbolique soit déchiffrée (1). » Mais elle nous laisse ignorer pourquoi les relations des signes entre eux correspondent point pour point aux relations mutuelles

---

(1) Kant, *Recherches sur la clarté des principes de la théologie naturelle et de la morale*; mélanges de logiq., trad. Tissot.

des choses signifiées, comment s'opère le passage du
concret à l'abstrait, de la figure à la formule.

La géométrie étudie des grandeurs déterminées ;
toute grandeur est composée de parties homogènes.
Dès lors, je puis substituer à la considération de la
grandeur elle-même la considération du nombre de
ses éléments, et je passe ainsi de la géométrie à
l'arithmétique : ainsi 4×4, 4×3 deviennent les
symboles numériques d'un carré, d'un rectangle
donnés. Mais chacun de ces symboles ne convient qu'à
la figure donnée ; et comme les propositions géométriques doivent être vraies de toutes les figures possibles de même espèce, l'esprit, contraint à une réduction plus générale encore du concret à l'abstrait,
remplace les symboles numériques par les symboles
algébriques, 4×4, par $X \times X$, ou X^2, cette notation
signifiant qu'il faut multiplier par lui-même le côté
d'un carré quelconque pour en obtenir la surface. Voilà
déjà l'algèbre appliquée à la géométrie ; les figures
ont disparu, et j'opère sur des signes abstraits et conventionnels. Ce n'est pas tout ; les grandeurs géométriques, et c'est ce qui les distingue des autres espèces
de grandeur, ont une forme déterminée : ainsi deux
grandeurs numériquement égales peuvent n'être pas
identiques ; un triangle dont la base a quatre mètres, et
la hauteur deux mètres, est équivalent en surface à un
carré de deux mètres de côté ; le même nombre expri-
mera donc les surfaces de l'un et de l'autre ; mais
chacune de ces deux figures n'en conserve pas moins
une forme propre et irréductible ; l'identité que, dans

le cas donné, on établit entre les aires est purement numérique ; au point de vue géométrique, un triangle ne se confond pas avec le carré à la surface duquel sa surface est équivalente. De même encore, le jour où, par impossible, on trouverait la quadrature du cercle, celui-ci ne deviendrait pas pour cela identique au carré équivalent. Ainsi, en géométrie, la considération du nombre des éléments est secondaire ; celle de la forme est essentielle ; le nombre des éléments peut varier à l'infini dans une figure déterminée ; la forme, au contraire, est immuable. Jusqu'à présent, nous n'avons fait exprimer aux symboles abstraits que le nombre des unités conventionnelles contenues dans les grandeurs ; pour que l'analyse algébrique soit complétement substituée à la considération des figures représentées directement dans l'espace, il faut que les mêmes signes deviennent les symboles de formes déterminées. Comment la chose est-elle possible ?

Nous avons vu plus haut que les volumes étaient engendrés par le mouvement des surfaces, les surfaces par le mouvement des lignes, et les lignes, par le mouvement du point (1). La forme d'une figure résulte donc, en dernière analyse, du trajet suivi par un point en mouvement ; aussi, déterminer les positions que celui-ci occupe successivement est-ce déterminer la forme de la figure. La géométrie analytique repose tout en-

---

(1) « Je ne sçache rien de meilleur que de dire que tous les points des courbes qu'on peut nommer géométriques... ont nécessairement quelque rapport à tous les points d'une ligne droite, qui peut être exprimé par quelque équation. » (Descartes, *Géométrie*, liv. II.)

tière sur cette conception, et elle a pour objet de découvrir les positions successives d'un point dans le plan et dans l'espace.

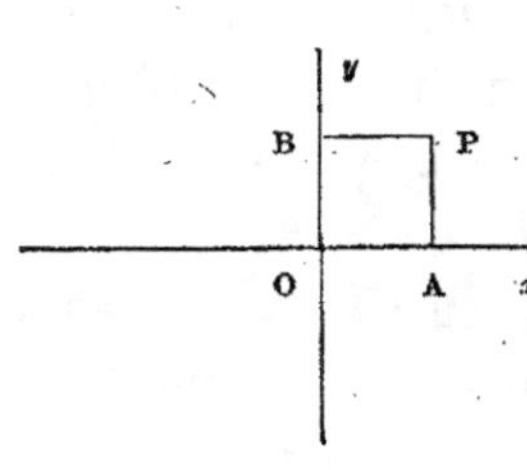

Supposons deux droites rectangulaires Ox et Oy, se coupant en un point O. La position d'un point P du plan sera complétement déterminée si l'on connaît ses distances PA et PB aux deux droites Ox et Oy, ou, ce qui revient au même, si l'on connaît les longueurs de OA et OB, respectivement égales à BP et à AP. Ces longueurs ont été appelées par Descartes les coordonnées du point P.

Cet exemple fort simple fait voir que le moyen employé en géométrie analytique pour déterminer, dans le plan, la position d'un point, consiste à la rapporter à certaines grandeurs connues. Maintenant, il est évident que si le point P se déplace dans le plan, à ces variations successives de position correspondent des variations dans les coordonnées de ce point; et que, inversement, aux variations des coordonnées correspondent des variations dans la position du point. Par conséquent, les diverses positions de ce point sont ramenées à des variations de grandeurs; et comme ces grandeurs peuvent être exprimées algébriquement, il est vrai de dire que l'équation établie entre les coordonnées d'un point exprime la loi du mouvement décrit par ce point, et est un symbole abstrait de la figure engendrée par ce mouvement.

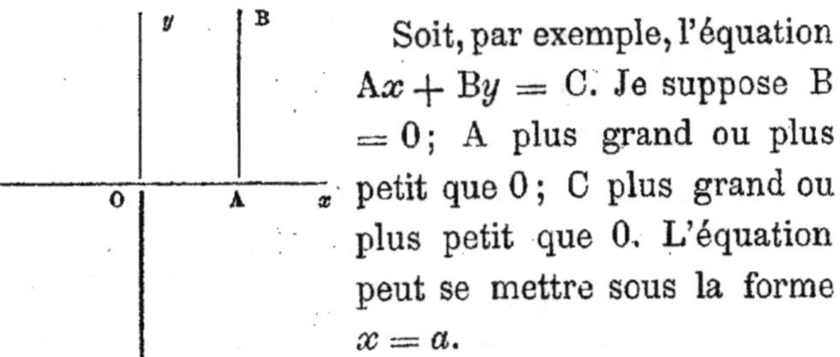

Soit, par exemple, l'équation $Ax + By = C$. Je suppose $B = 0$; A plus grand ou plus petit que 0 ; C plus grand ou plus petit que 0. L'équation peut se mettre sous la forme $x = a$.

Je prends sur Ox une longueur $OA = a$: il est clair que le point A satisfait à l'équation. Pour que dans une deuxième, dans une troisième, dans une n^e position, le même point satisfasse toujours à la même équation, il faut que sa distance à la ligne y soit toujours égale à a; c'est dire qu'en se mouvant, le point A engendrera une droite AB, parallèle à Oy; cette droite est la seule dont les points sont tels, que leurs coordonnées satisfassent à l'équation $x = a$. Par conséquent, cette équation représente la droite AB et ne représente qu'elle.

Qu'on nous donne, avons-nous dit, un point qui se meut et les conditions sous lesquelles s'accomplit ce mouvement, et nous construirons toutes les lignes. La géométrie analytique ne demande pas autre chose ; qu'on lui donne la relation entre les coordonnées d'un point, et elle découvrira toutes les positions successivement occupées par ce point, c'est-à-dire la ligne qu'il décrit en se mouvant. Mais qu'est la relation de ces coordonnées, sinon la loi même du mouvement générateur de la figure ? Toute définition de géométrie élémentaire peut donc être remplacée par une équation algébrique; et, réciproquement, toute équation analytique est la définition d'une certaine figure. Ainsi l'équation du premier degré $Ax + By = C$ est la définition de la ligne droite ; l'équation du deuxième degré $Ax^2 + Bxy + Cy^2 + Dx + Ey + F = 0$ est, selon les cas, la définition d'une courbe des genres ellipse, parabole ou hyperbole. Ce parallélisme entre la constrution d'une figure dans l'espace, et l'équation de cette figure, est constant ; aussi, pour découvrir de nouvelles lignes et de nouvelles surfaces, suffit-il de faire varier les relations des coordonnées (1).

On voit par là que, si l'espace indéfini, homogène et passif est la matière indispensable de la géométrie, et le mouvement, un et multiple à la fois, l'intermédiaire nécessaire entre l'esprit et l'espace, c'est à l'esprit qu'appartient le rôle actif et fécond. Son activité demeure à l'état latent tant que certaines conditions ne sont pas données ; mais, celles-ci une fois réalisées, elle s'exerce avec une indépendance absolue. J'en trouve la preuve dans l'impuissance de l'espace à se déterminer lui-même ; je la trouve encore dans la variété inépuisable des formes qu'il peut recevoir, je la trouve enfin dans les variations indéfinies de grandeur dont chacune de ces formes est susceptible. Isaac Barrow,

---

(1) « ... La géométrie étant une science qui enseigne généralement à connaître les mesures de tous les corps, on n'en doit pas plutôt exclure les lignes les plus composées que les plus simples, pourvu qu'on les puisse imaginer être décrites par un mouvement continu ou par plusieurs qui s'entresuivent, et dont les derniers soient entièrement réglés par ceux qui les précèdent : car, par ce moyen, on peut toujours avoir une connaissance exacte de leur mesure. » (Descartes, *Géométrie*, liv. I.)

le maître de Newton, définissait l'espace *ponibilitas*, la possibilité de poser ; mais, par lui-même, l'espace ne pose rien ; l'expérience nous y donne, il est vrai, certaines formes déterminées, en nombre fini ; mais nous avons vu qu'elles ne sauraient être l'objet entier d'une science qui porte sur toutes les formes imaginables. Les formes, c'est l'esprit lui-même qui les crée et les pose, et il peut en créer un nombre plus grand que toute quantité finie. Où s'arrêter dans cette génération des courbes, des polygones, des polyèdres ? L'espace peut toujours recevoir ; et si l'esprit devait cesser de fournir, c'est qu'il trouverait en lui-même un obstacle à une production sans limites. Mais dès l'instant où il a créé deux figures différentes, il a manifesté une puissance illimitée de production. S'il a pu passer du quadrilatère à l'octogone, pourquoi ne passerait-il pas à toute autre figure ? Il ne trouve aucun obstacle dans la matière sur laquelle il opère, et s'il devait en rencontrer en lui-même, il s'y serait heurté dès sa première démarche. La construction de la plus simple figure, de la ligne droite par exemple, est donc l'indice infaillible d'une fécondité inépuisable.

Cette puissance sans limites de l'esprit éclate encore dans les variations que peut subir la quantité représentée dans l'espace. Toute figure géométrique a une forme immuable ; un triangle rectiligne, quelle qu'en soit la superficie, est toujours une portion du plan terminée par trois droites qui se coupent deux à deux ; mais la quantité comprise entre ces limites est susceptible de varier au delà et en deçà de tout nombre fini. Ainsi, étant donnée une ligne droite, je puis la prolonger à l'infini ; étant donné un triangle, je puis en faire croître ou décroître les côtés au delà de tout nombre assignable. La figure est donc, par elle-même, indifférente à l'accroissement et à la diminution. Il y a à cette variabilité indéfinie une cause matérielle et passive, et une cause formelle et active ; la première est l'indifférence absolue de l'espace ; la seconde, l'activité illimitée de l'esprit. Soit une droite de grandeur finie ; je la double : c'est là un acte de l'esprit ; mais pour qu'il s'accomplisse, il faut que l'espace où la ligne est représentée n'oppose aucune résistance à l'opération. Soit un triangle ; j'en diminue de moitié les côtés : c'est encore là un acte de l'esprit ; mais, pour qu'il s'opère, il faut encore que l'espace où le triangle est représenté ne se refuse pas à cette diminution. Ainsi, pouvoir de l'esprit d'accroître et de diminuer toute grandeur donnée, indifférence de l'espace à subir ces accroissements et ces diminutions, voilà la source véritable de l'infini géométrique.

Comme l'a fait remarquer un profond mathématicien philosophe, « à proprement parler, l'infini est » moins une idée que le caractère ou la propriété » d'une idée, caractère qui se modifie en passant » d'une idée à l'autre (1). » L'infini numérique diffère de l'infini géométrique. Si un nombre m'est donné, quelque grand qu'on le suppose, je puis l'ac-

----

(1) Cournot, *Traité de l'enchaînement des idées fondamentales dans les sciences et dans l'histoire*, liv. I, ch. III.

croître en y ajoutant l'unité, et rien ne s'oppose à cette addition, puisque le nombre ainsi accru était le résultat d'une série d'additions semblables; de même, je puis toujours diviser l'unité sans l'épuiser jamais. Mais l'infini géométrique est, en quelque sorte, cet infini numérique sorti de l'esprit, et étalé dans l'espace; dès lors il ne suffit plus qu'aucune résistance logique n'arrête l'accroissement ou la diminution sans limites de la quantité représentée, il faut encore que ces deux opérations inverses ne rencontrent pas d'obstacle dans l'espace lui-même. L'infini géométrique suppose donc à la fois l'infinité de la cause active et l'infinité de la cause passive.

On demandera peut-être comment se fait le passage de l'infini numérique à l'infini géométrique. A cette question, nous répondrons : par le mouvement. Pour concevoir l'infini, a dit Leibnitz, « il faut con- » cevoir que la même raison subsiste toujours pour » aller plus loin. C'est cette considération des raisons » qui achève la notion de l'infini ou de l'indéfini dans » les progrès possibles (1). » Au fond de la notion logique d'infini est donc impliquée l'idée de continuité. C'est sur cette dernière idée que repose la méthode infinitésimale. Wallis, dans son *Arithmétique des indivisibles;* Cavalieri, dans sa *Géométrie des indivisibles,* Fermat, Barrow, Grégoire de Saint-Vincent, Pascal, ces savants prédécesseurs de Leibnitz, s'appuyaient tous sur ce principe, formulé par celui qui

---

(1) *Nouv. Essais,* liv. II, ch. xiv.

partage avec Newton la gloire d'avoir donné l'algo-
rithme de la méthode nouvelle, « que les raisons ou rapports du fini réussissent à l'infini. » Tant que l'esprit
ne sort pas de lui-même, l'impossibilité de concevoir
une chose sans raison, et, par suite, la possibilité de renouveler toujours une opération déjà faite, addition ou
soustraction, expliquent la loi de continuité; mais hors
de nous, dans l'espace, cette loi de continuité est objec-
tivée par le mouvement. Voici une droite décrite par
un point qui se meut de A à B. Entre ces limites, il
existe un nombre de positions intermédiaires susceptible de croître au delà de toute quantité assignable.
Quand la droite AB est décrite, le point mobile a
passé successivement par toutes ces positions; le passage a été continu, puisque le mouvement n'a pas été
interrompu, et que la ligne qui en résulte n'est pas
une quantité discrète. Privés du mouvement, et réduits au point immobile, nous poserions le premier
terme d'une série numérique indéfinie; mais il nous
serait impossible de passer objectivement du premier
au second : l'infini *deviendrait* dans notre esprit, mais
non hors de nous. Mais si le point se meut entre les
deux limites fixées, il traverse nécessairement la série
indéfinie des positions intermédiaires, et il résulte
de là que l'infini abstrait et logique est réalisé objectivement dans l'espace. En ce sens, on peut dire que
la représentation de toute figure géométrique finie est
une intuition de l'infini. D'une manière plus générale,
si la méthode infinitésimale consiste, comme l'a voulu
son auteur, à conclure des rapports de deux quantités

5.

variables dont l'une est fonction de l'autre, les rapports de ces mêmes quantités réduites à une valeur plus petite que toute quantité assignable, cette méthode implique, à l'origine de la spéculation, l'intuition du mouvement, par lequel s'accroissent ou diminuent les grandeurs continues dont les variations sont unies l'une à l'autre.

Ainsi, au fond de toutes les conceptions géométriques, les plus simples et les plus complexes, les plus humbles et les plus sublimes, nous retrouvons toujours l'espace multiple et passif, l'esprit un et actif, et le mouvement, un et multiple à la fois, intermédiaire indispensable entre l'esprit et l'espace, sans lequel la multitude infinie des formes géométriques demeurerait concentrée dans l'unité de la pensée, sans se développer jamais. On a eu raison de dire que l'objet de la géométrie « se ramène à des déterminations de la pensée et de l'activité (1); » nous savons maintenant quel sens il faut attacher à cette parole. Il est incontestable que l'esprit possède un pouvoir illimité, indépendant de l'espace ; mais sans une matière où seront réalisés les possibles qui sortent successivement de la source toujours féconde, ce pouvoir est virtuel. Alors même que la pure action de penser suffirait à créer les mathématiques abstraites, cette fécondation tout intérieure de la pensée par elle-même ne saurait donner naissance à la géométrie; un nombre n'est pas une ligne : il faut l'espace au géomètre. Mais

---

(1) A. Fouillée, *loc. cit.*

l'esprit, immobile devant l'espace, serait comme un statuaire devant un membre informe ; il lui faut agir. Il prépare d'abord cette matière, en faisant abstraction de toutes les qualités sensibles des corps, et en établissant dans l'espace les trois régions distinctes des volumes, des surfaces et des lignes ; puis, dans chacune de ces régions, il trace un nombre indéfini de figures, et le monde géométrique existe.

L'origine que nous venons d'assigner aux notions géométriques suppose que toujours nous avons une représentation intuitive des figures tracées par le mouvement dans l'espace. Il en est ainsi en effet : essayez de concevoir une ligne droite, un triangle, un cercle, sans l'imaginer ; la figure vous apparaîtra malgré vous. Dans toute opération de géométrie élémentaire, nous traçons sur le tableau ou sur le papier les formes sur lesquelles nous opérons ; si vous pouvez vous passer de tableau noir, c'est que votre imagination y supplée ; car, mentalement, vous décrivez sur un plan ou dans un espace imaginaire les figures de géométrie dont vous recherchez les propriétés. « Les enfants que l'on » habitue à calculer de tête écrivent mentalement à la » craie, sur un tableau imaginaire, les chiffres indi- » qués, puis toutes leurs opérations partielles, puis la » somme finale, en sorte qu'au fur et à mesure ils » revoient intérieurement les diverses lignes de figures » blanches qu'ils viennent de tracer. Les enfants pro- » diges qui sont des mathématiciens précoces rendent » sur eux-mêmes le même témoignage (1). » Ainsi

____

(1) H. Taine, *De l'Intelligence*, liv. II, ch. I.

font les géomètres : même quand ils se passent de formes dessinées à la craie, au crayon ou à la plume, ils voient des figures tracées dans l'espace vide par un mouvement presque insensible de l'œil; s'ils ferment les yeux, la construction mentale sera la même, et sur le fond obscur se détacheront certains contours lumineux. Ce besoin d'imagination est tellement impérieux, que si je viens à vous définir une figure nouvelle, aussitôt, pour en avoir une notion distincte, vous la tracez sur le papier, ou tout au moins vous la décrivez sur le tableau imaginaire par un mouvement de l'œil que l'habitude rend bientôt imperceptible. Qu'on ne nous oppose pas l'exemple de Saunderson : ce géomètre aveugle imaginait les figures par le toucher. Les idées géométriques ne sauraient être des idées pures : toute figure est une portion déterminée de l'étendue, et l'espace, qu'on en fasse, avec Clarke et Newton, une chose réelle, avec Leibnitz, l'ordre des coexistences possibles, avec Kant, la forme *a priori* de la sensibilité, est toujours composé d'éléments juxtaposés, extérieurs les uns aux autres, que, dans le calcul, nous pouvons remplacer par des signes abstraits, mais que nous sommes forcés d'imaginer quand on les suppose, comme fait le géomètre, contenus dans des limites de forme inflexible. Chacune de ces formes peut donner lieu, et donne lieu en effet, à des relations algébriques et abstraites; mais elle n'en est pas moins essentiellement une image concrète.

Qu'on ne nous accuse pas, quand nous affirmons

cette nécessité des images en géométrie, de restaurer,
après l'avoir proscrite, cette théorie qui veut que les
notions mathématiques aient une origine exclusivement empirique. La géométrie, au moins la géométrie
élémentaire, tient dans un éveil perpétuel la faculté
d'intuition; mais les images que nous y considérons
sont loin de ressembler aux images empiriques. Je vois
cette feuille de papier couverte de caractères; je ferme
les yeux, et, bien que ma paupière abaissée intercepte
les rayons lumineux, je revois la même feuille : c'est là
une image empirique; elle ressemble, à la netteté près,
à la représentation même de l'objet ; je revois les dimensions, la couleur, les petites irrégularités de cette
feuille, les lignes noires qu'y forment les caractères
tracés : c'est l'image individuelle d'un objet individuel. Au contraire, quand j'imagine un triangle rectangle ou un cercle, l'image en est individuelle, puisque tel est le caractère de toute image ; mais, en même
temps, elle est générale : c'est un *schème*. En la traçant,
je n'ai pas voulu reproduire trait pour trait un modèle
individuel donné, mais j'ai réalisé une certaine loi de
génération énoncée par la définition. Quand on me
dit : la circonférence est la courbe engendrée par un
point qui se meut dans le plan en restant toujours à
la même distance d'un point fixe, immédiatement je
vois ce point mobile et ce point fixe ; je suis le premier dans son mouvement, et je vois la courbe qu'il
trace; j'ai pris arbitrairement tel ou tel rayon, car
les dimensions de la figure ne font rien à l'affaire,
et l'essentiel était d'assister à la génération de la

courbe, de m'assurer que de la règle de construction posée résulte la figure définie. Cette indifférence à donner aux images géométriques telle ou telle dimension est un acte de foi à l'existence de ce pouvoir spirituel qui, nous l'avons vu, fait varier à l'infini les grandeurs représentées, sans que les propriétés et les relations des formes s'évanouissent et soient modifiées. Voilà aussi pourquoi l'image schématique est générale. L'essence d'une figure est sa loi propre de construction, quelle que soit d'ailleurs la quantité d'espace contenue entre ses limites ; par suite, la représentation de cette génération particulière se fait sans que l'on tienne compte de la quantité des grandeurs représentées. Il faut qu'une certaine quantité soit comprise dans la figure, puisque tout schème est une image, et que ce qui n'a pas de quantité ne saurait être imaginé ; mais l'objet propre du schème est la loi de construction, qui peut être réalisée indifféremment dans tous les points de l'espace.

On nous opposera, sans aucun doute, la différence établie par Descartes entre imaginer et concevoir. L'imagination a des limites au delà desquelles elle devient confuse et embrouillée ; la conception est, au contraire, toujours nette et distincte. Quand je prononce le mot triangle rectiligne, je me représente avec précision une portion du plan terminée par trois droites. Quand j'entends le mot chiliogone, je vois encore une figure, mais cette fois sans contours définis ; je ne distingue plus chaque côté, chaque angle de l'image, et pourtant je ne laisse pas de concevoir le

chiliogone avec autant de clarté que j'imagine le
triangle, et la preuve, c'est que je raisonne sur l'un
et sur l'autre avec la même rigueur. Descartes a raison ; je puis imaginer le triangle et toutes les figures
simples, et je ne puis imaginer avec distinction le chiliogone et toutes les figures complexes. Mais ce n'est
pas à dire qu'au début de la spéculation géométrique,
l'esprit puisse se passer de la représentation des
formes dans l'espace ; il existe seulement un passage
du simple au composé, dont il importe de se rendre
compte. Prenez un ignorant, et dites-lui : le chiliogone
est une portion du plan terminée par mille lignes
droites ; il ne vous comprendra pas, car la notion que
vous essayez de lui donner ne peut être imaginée nettement. Mais dites-lui : le triangle est une portion du
plan terminée par trois droites ; il vous comprendra,
car il verra le triangle. Dites lui : l'hexagone est une
portion du plan terminée par six droites qui se
coupent ; il vous comprendra encore, car l'imagination
continue à venir au secours de l'intelligence. Dites-lui :
le dodécagone est une portion du plan terminée par
douze droites qui se coupent ; il vous comprendra toujours, et toujours pour la même raison. Passez alors
à la définition d'une figure beaucoup plus complexe,
et cette fois vous serez compris ; pourtant la figure définie ne sera plus distinctement imaginée ; mais, en
passant du triangle à l'hexagone, de l'hexagone au dodécagone, de ce dernier au polygone de vingt-quatre
côtés, l'esprit a dégagé de ces images diverses la loi
de construction des polygones réguliers, et cela lui

suffit pour entendre ce qu'est le chiliogone ou tout autre polygone complexe. L'imagination a donc préparé les voies à l'intelligence.

D'ailleurs, est-il rigoureusement vrai que je conçoive le chiliogone sans aucun mélange d'intuition? Tout polygone régulier, quelque nombreux qu'en soient les côtés, peut être décomposé en autant de triangles égaux qu'il a de côtés ; étant donnée la loi de construction des polygones réguliers, il suffit, pour en découvrir les propriétés, de considérer un ou deux des triangles dans lesquels ils se décomposent. Mais il suffit aussi à l'imagination de voir deux ou trois de ces éléments constitutifs pour savoir ce que sont les autres. Dès lors, impuissant à me représenter les mille côtés et les mille angles de la figure en question, j'en imagine quelques-uns, et j'ai vu tous les autres.

On nous objectera encore que, dans la géométrie analytique, on opère sur des formules et non pas sur des formes. Mais n'avons-nous pas montré plus haut comment les premières se substituent aux secondes, et ne savons-nous pas maintenant qu'une formule est l'expression de la loi génératrice d'une figure? Par conséquent, sous toute formule analytique est cachée une figure géométrique, et pour la dégager on n'a qu'à faire la construction indiquée par l'équation. L'esprit n'a pas toujours recours aux constructions graphiques, car, grâce à l'habitude des abstractions, les images sont devenues moins nécessaires. Mais souvent, quelque familières que soient les opérations purement algébriques, il faut, pour déchiffrer le sens d'une formule, la traduire en langage géométrique, c'est-à-dire construire la figure. D'ailleurs les signes algébriques ne sont-ils pas des images ? Une équation est une construction où les matériaux ordinaires, lignes et surfaces, sont remplacés par les a, b, c, les x, les y, et ce schème algébrique, substitué au schème géométrique, permet de découvrir, par les seules ressources du calcul, une multitude de relations et de propriétés qu'on ne saurait dégager des constructions de la géométrie élémentaire sans un effort beaucoup plus considérable d'invention.

CHAPITRE III.

CARACTÈRES DES DÉFINITIONS GÉOMÉTRIQUES,

Les définitions géométriques se font par génération. — Contenu et forme des notions définies. — La définition doit énoncer la forme. — Elle est *a priori*. — Distinction des définitions caractéristiques et des définitions explicatives. — La définition géométrique ne se fait pas par le genre et la différence spécifique.— Elle n'est pas une définition de mots.

Nous savons comment sont formées les notions géométriques. Comment faut-il les définir ? Toute notion géométrique renferme deux éléments : un contenu, l'espace, un contenant, la forme qui limite cet espace. Le contenu, par lui-même, ne constitue pas l'essence de la notion ; il y est indispensable , puisque toute notion géométrique est une détermination de l'espace ; mais il n'en est pas l'essence, puisqu'il est susceptible de variations indéfinies qui n'altèrent pas la nature de la notion : un cercle est toujours un cercle, que le rayon croisse ou diminue à l'infini. La définition qui doit énoncer l'essence de la notion à définir ne portera donc pas sur le contenu de la notion géométrique ; par exemple, je ne définis pas le triangle en disant que c'est une surface de trois mètres carrés, car le triangle ne cesse pas d'être un triangle lorsque sa surface augmente ou diminue. Ce qui appartient en propre à une notion géométrique donnée, c'est la limite invariable de son contenu variable, c'est-à-dire sa forme. Un triangle peut avoir une surface équivalente à celle d'un carré ou d'un hexagone ; pourtant ces trois figures n'en sont pas moins invinciblement irréductibles : la première a trois côtés et trois angles, la seconde quatre, et la troisième six. La forme, voilà donc l'essence de la notion, et, par suite, l'objet de la définition géométrique.

Mais la forme résulte, nous le savons, d'une loi de construction propre à chaque figure ; la définition géométrique énoncera donc cette loi ; elle se fera *per generationem*.

Nous avons assisté à la genèse des représentations géométriques ; dans l'espace indéfini, homogène et passif, l'esprit fait mouvoir un point suivant des conditions indéfiniment variables, et chacun de ces mouvements engendre une figure particulière, de forme éternelle et immuable. La notion géométrique est donc la synthèse d'une portion de l'espace. On pourrait croire que, pour la définir, il suffit de l'analyser, d'en faire sortir ce que l'esprit y a compris. Mais une telle définition ne nous apprendrait rien sur la nature propre de la notion définie. L'espace peut être considéré comme un ensemble de parties identiques ; à parler rigoureusement, c'est un continu, sans divisions réelles ; mais, pour les besoins du calcul, nous le divisons d'après une unité arbitraire, et, pour créer la géométrie, nous enfermons un certain nombre de ces unités, longueurs, surfaces ou volumes, dans de certaines limites. L'analyse, qui détache les uns des autres les éléments d'un tout complexe, n'aboutirait qu'à nous faire savoir combien nous avons mis de ces unités dans la notion définie. Mais ce nombre est variable, puisque les dimensions d'une figure donnée sont toujours susceptibles d'accroissement ou de diminution. Les définitions, en géométrie, se réduiraient donc toutes à une formule de ce genre : telle figure est une portion variable de l'espace ; mais cela, ne le savions-nous pas avant la définition ? La définition géométrique ne ressemble donc pas à la définition arithmétique : un nombre est une association d'unités de même espèce ; ce qui le caractérise, c'est la quantité même de ces éléments ; aussi, pour le définir, énonçons-nous combien d'éléments il contient ; nous disons par exemple : deux est un *plus* un, trois est deux *plus* un, etc. En arithmétique, l'analyse accompagne à chaque pas la synthèse, et l'analyse est la définition même de la notion engendrée par la synthèse. Rien de pareil en géométrie. Dans toute construction, nous avons besoin d'un certain nombre d'unités semblables ; mais ce qu'il importe de connaître, c'est la forme déterminée dans laquelle nous enfermons cette somme d'unités étendues, extérieures les unes aux autres. La définition géométrique doit donc exprimer la génération de la figure à définir.

Les définitions que l'on trouve dans les traités de géométrie ne le font pas toutes ; ainsi, on a défini souvent la circonférence : la ligne qui, sous le même contour, renferme la plus grande aire ; la ligne droite, le plus court chemin d'un point à un autre ; l'angle, l'inclinaison d'une ligne sur une autre ; la tangente à un cercle, la droite qui n'a qu'un point de commun avec le cercle. Logiquement, ces définitions sont bonnes, car elles conviennent au seul défini, et elles suffisent à le distinguer d'avec toute autre notion ; de plus, le caractère qu'elles énoncent n'est pas transitoire, mais immuable ; mais ces caractères, bien qu'immuables, ne sont pas irréductibles et primitifs. Aristote disait que toute définition, pour être bonne, devait renfermer un sujet, un attribut et un moyen terme, cause de l'inclusion de l'attribut dans le sujet. Les définitions citées plus haut, pourrions-nous dire, se bornent à affirmer un attribut d'un sujet, sans montrer comment il se fait qu'il y est contenu. Aussi, logiquement bonnes, puisque l'attribut énoncé appartient exclusivement au sujet dont on l'affirme, sont-elles rationnellement mauvaises.

L'essence, dans les notions géométriques, ne ressemble pas à l'essence dans les notions empiriques. Les caractères d'un être vivant par exemple, plante ou animal, sont unis par un lien de subordination ; mais, les plus généraux étant posés, on ne peut en déduire les moins généraux : un animal est vertébré ; je ne saurais conclure de là s'il est mammifère, oiseau, reptile, batracien ou poisson. Au contraire, dans les notions géométriques, l'enchaînement des caractères essentiels est tel que, l'un d'eux étant posé, tous les autres en dérivent : ainsi, la circonférence étant la courbe engendrée par un point mobile qui reste toujours à la même distance d'un point fixe, il suit de là que tous les rayons du cercle sont égaux. L'égalité des rayons est un caractère essentiel du cercle, mais dérivé, et non primitif. Aussi la définition géométrique, pour être rationnellement bonne, ne doit-elle pas énoncer indifféremment tel ou tel caractère essentiel, mais bien le caractère essentiel primitif et irréductible, celui duquel tous les autres dérivent, c'est-à-dire la loi génératrice de la figure à définir. Voilà pourquoi nombre de géomètres, aussi soucieux de l'ordre rationnel que de l'ordre logique, ont substitué aux définitions *caractéristiques* citées plus haut les définitions *explicatives* suivantes (1) : la circonférence est la courbe engendrée par un point mobile qui demeure toujours à la même distance d'un point fixe ; la ligne droite est celle qu'engendre un point qui se meut vers un autre point, et vers celui-là seulement ; l'angle rectiligne est la portion du plan que laissent entre elles deux droites dont l'une, coïncidant d'abord avec l'autre, se relève sur celle-ci, en y restant fixée par une extrémité. « Pour fixer le caractère essentiel de la » tangente, dit M. Cournot, il faut considérer une » ligne droite qui, ayant avec la courbe un point m » commun, et la coupant d'abord en un autre point » m' très-rapproché de m, tourne autour du point m » comme pivot, de manière que le deuxième point

-----

(1) Ces deux expressions sont d'Aug. Comte, *Cours de phil. posit.*, leç. XII.

» d'intersection m' se rapproche de plus en plus de m,
» puis, le mouvement de rotation continuant, passe de
» l'autre côté de m, en un point tel que m''. Dans ce
» mouvement continu de la droite sécante, il y a un
» moment où le point mobile d'intersection passe
» d'un côté de la sécante à l'autre, en se confondant
» avec le point fixe m. En ce moment, la droite mo-
» bile n'a plus, dans le voisinage immédiat du point
» m, que ce même point m qui lui soit commun avec
» la courbe ; la direction de cette droite est juste-
» ment alors ce qu'il faut entendre par la direction
» de la tangente à ce même point m, et voilà ce qui
» constitue le caractère essentiel de la tangente à une
» courbe (1). » Empruntons encore au même auteur
quelques définitions par génération : « Les surfaces
» cylindriques sont engendrées par une ligne droite
» qui se meut parallèlement à elle-même, en suivant
» une courbe quelconque nommée directrice. » —
« Les surfaces de révolution sont engendrées par une
» courbe tournant autour d'un axe, de manière que
» chaque surface de révolution soit individuellement
» déterminée par le tracé de la courbe que les géo-
» mètres appellent ligne méridienne. » — « Les
» surfaces coniques sont celles qu'une ligne droite en-
» gendre en se mouvant, de manière qu'elle pivote tou-
» jours sur le même point. » — « Les surfaces déve-
» loppables sont celles qu'une droite engendre dans son
» mouvement, et qui peuvent s'étaler sur un plan,

---

(1) Cournot, *Traité de l'enchaînement*, liv. I, ch. IV.

» sans déchirure ni duplicature (1). » Ces définitions *per generationem* sont les seules rationnelles, car seules elles donnent la raison ou la cause des propriétés définies.

On pourrait croire que les définitions géométriques, bien qu'elles se fassent *per generationem*, n'en sont pas moins faites *per genus et differentiam*. Je définis le cercle : une courbe engendrée par un point mobile qui demeure toujours à la même distance d'un point fixe ; l'ellipse, une courbe engendrée par un point qui se meut de telle sorte que la somme de ses distances à deux points fixes soit constante. Courbe serait alors le genre ; la génération propre de chaque figure serait la différence spécifique. La courbe, en général, est à son tour susceptible de définition : c'est la ligne engendrée par un point mobile qui, à chaque instant de sa course, tend vers un point nouveau ; le genre est devenu espèce par rapport à un genre plus étendu. Il existe donc, semble-t-il, une hiérarchie dans les formes géométriques, aussi bien que dans les formes organiques. Les naturalistes distribuent tout le règne animal entre quatre ou cinq grands embranchements ; puis ils divisent chaque embranchement en classes, chaque classe en ordres, chaque ordre en familles, chaque famille en genres, chaque genre en espèces. De même, le géomètre pourrait d'abord établir dans les formes géométriques les trois embranchements des lignes, des surfaces et des volumes ; subdiviser ensuite

---

(1) Cournot, *Traité de l'enchaînement*, etc., liv. I, ch. IV.

ces embranchements en classes ; les lignes, par exemple, en lignes droites, lignes brisées et lignes courbes ; ces classes, en ordres ; les surfaces, en surfaces polygonales, surfaces cylindriques et surfaces coniques ; ces ordres, en genres ; les polygones, en triangles, quadrilatères, hexagones, etc. ; et enfin ces genres, en espèces ; les triangles, en triangles équilatéraux, triangles isoscèles, triangles scalènes, triangles rectangles ; les quadrilatères, en carrés, rectangles, parallèlogrammes, trapèzes.

L'analogie signalée plus haut est réelle ; mais il ne faudrait pas l'exagérer au point d'identifier la hiérarchie des formes géométriques avec celle des formes organiques, car il existe entre elles une différence irréductible. Voici un bouledogue : ses caractères spécifiques sont une mâchoire inférieure proéminente, un museau aplati, de petites oreilles dressées, un poil ras, une queue courte, une configuration générale robuste et trapue ; c'est là ce qui le distingue des autres espèces canines ; mais, outre ces différences spécifiques, on trouve en lui certains autres caractères communs à tous les chiens : trois fausses molaires à la mâchoire supérieure, quatre à la mâchoire inférieure, la carnassière supérieure plus tuberculeuse que l'inférieure, cinq doigts aux pieds de devant, quatre à ceux de derrière, une langue douce. Outre ces caractères plus généraux que les premiers, j'en trouve d'autres plus généraux encore : quatre canines longues et solides ; entre elles, six incisives à chaque mâchoire ; des molaires tranchantes et lacérantes : ce sont les caractères de l'ordre des carnivores. Si je continue l'analyse, je rencontre de nouveaux caractères plus généraux encore que les derniers : des membres disposés pour la marche, et, par suite, des articulations osseuses précises ; la mâchoire supérieure soudée au crâne, les côtes antérieures attachées à un sternum, des omoplates non articulées, une tête articulée par deux condyles sur la première vertèbre, un cerveau à deux hémisphères avec corps calleux, corps striés, couches optiques, tubercules quadrijumeaux et quatre ventricules, etc. : ce sont les caractères des mammifères. Enfin, si j'épuise l'analyse, je trouve de nouveaux caractères bien plus généraux encore : une moelle épinière enfermée dans une boîte osseuse, un crâne composé de plusieurs pièces soudées, des vertèbres à la partie moyenne desquelles s'attachent les côtes et les os des membres, quatre membres de plusieurs articles chacun, des muscles recouvrant les os qu'ils font agir, un cœur musculaire, du sang rouge, deux mâchoires horizontales, des organes distincts des sens, des sexes séparés : ce sont les caractères des vertébrés. On le voit par cette analyse un peu longue, mais indispensable, un bouledogue est un tissu de caractères généraux qui s'ajoutent les uns aux autres à mesure que l'on passe de l'espèce au genre, du genre à l'ordre, de l'ordre à la classe, de la classe à l'embranchement.

On ne saurait, sans forcer les analogies, trouver un enveloppement semblable dans les genres et les espèces géométriques. Si je dis : le triangle isoscèle est une espèce du genre triangle, de l'ordre des polygones, de la classe des surfaces planes, de l'embranchement des surfaces, je n'acquiers pas une idée nouvelle à chaque énonciation nouvelle. Ce qui est sous ces mots, genre triangle, ordre des polygones, classe des surfaces planes, embranchement des surfaces, est compris tout entier dans la définition ordinaire du triangle isoscèle. Analysons en effet : triangle isoscèle veut dire portion du plan terminée par trois droites dont deux sont égales. Cet énoncé me suffit. Que me servirait en effet, la notion du triangle isoscèle une fois connue, de savoir que le triangle, en général, est une portion de l'espace terminée par trois droites qui se coupent ; le polygone, une portion du plan terminée par un nombre quelconque de droites ; la surface plane, une portion de l'espace, sans épaisseur, sur laquelle on peut mener des lignes droites dans toutes les directions ; et enfin la surface, deux des trois dimensions de l'espace ? Au contraire, quand je dis : le bouledogue est une espèce du genre chien, de l'ordre des carnivores, de la classe des mammifères, de l'embranchement des vertébrés, à chacune de ces énonciations j'apprends certains caractères, essentiels au bouledogue, et que ne me faisait pas connaître l'énonciation précédente. A vrai dire, tous ces caractères, de plus en plus généraux, étaient contenus, comme nous le verrons plus tard, dans la notion du bouledogue, en vertu du principe de la subordination des caractères ; mais je l'ignorais, et l'énumération précédente pouvait seule me le révéler. Aussi la considération de la hiérarchie des formes, si importante dans les sciences naturelles, est-elle accessoire en géométrie.

La raison de cette différence résulte de la différence même des notions objets de ces deux sciences. Les sciences naturelles étudient des qualités ; la géométrie, des quantités susceptibles de recevoir des limites variables. Chaque notion de qualité forme un tout indivisible et irrésoluble ; les quantités peuvent, au contraire, être augmentées ou diminuées ; il existe entre les notions de qualité des rapports d'inclusion ou d'exclusion ; entre les quantités, des rapports d'égalité ou d'inégalité ; les premières donnent lieu à des questions de subordination, les secondes à des questions de composition. C'est de cette subordination des caractères que découle la hiérarchie des formes naturelles, tandis que la composition ou la génération des quantités mathématiques ne peut produire rien de semblable.

Dans le règne animal, la nature a suivi quatre ou cinq plans généraux de structure : de là les embranchements ; mais chacun de ces plans est réalisé de façons différentes ; chez divers représentants d'un même embranchement, la vie est entretenue par des moyens divers : de là les classes ; ces moyens eux-mêmes peuvent présenter plusieurs degrés de complication : de là les ordres ; des formes distinctes résultent de ces structures plus ou moins complexes : de là les familles ; dans la forme commune à chaque famille, certaines parties ont une organisation spéciale : de là les genres ; enfin des détails plus particuliers encore caractérisent les espèces. Le naturaliste recherche de quelle façon ces caractères, de moins en moins généraux ou de moins en moins particuliers, selon qu'on descend l'échelle ou qu'on la remonte, s'impliquent ou s'excluent les uns les autres; voilà pourquoi les questions de genres et d'espèces ont dans ses études une si grande importance. Le géomètre ne s'arrête pas sur les rapports qui unissent le triangle isoscèle au triangle en général, celui-ci au polygone, celui-là à la surface plane, la surface plane à la surface en général, car ces rapports sont tous de même nature. Les variations de position d'un point déterminent les diverses figures particulières, ou, si l'on veut, les espèces géométriques; mais le genre, qu'est-il, sinon l'expression abrégée des règles de construction de figures diverses? Pour tracer un triangle, un quadrilatère, un hexagone, un eptagone, etc., je tire trois, quatre, cinq, six, sept lignes droites qui se coupent dans le plan; pour tracer un polygone quelconque, je tracerai un nombre quelconque de droites qui se couperont deux à deux. Y a-t-il là rien qui ressemble à ces propositions : le genre est caractérisé par certaines particularités dans la structure de certains organes; l'espèce, par le détail de certains autres organes? Les notions plus générales de ligne et de surface sont obtenues par le même procédé : la surface est la limite des variations que peut subir le volume primitivement donné dans l'espace ; la ligne est la limite des variations de la surface. Faire varier entre des limites indéfiniment éloignées la quantité étendue, voilà le tout de la géométrie. Il y a donc, si l'on veut, une hiérarchie entre les formes géométriques ; mais le procédé par lequel l'esprit passe du premier degré au second, et de celui-ci aux suivants, est toujours le même ; aussi le géomètre s'intéresse-t-il peu à cette subordination logique, et s'applique-t-il tout entier aux questions de composition. Par conséquent, s'il n'est pas faux de dire que la définition géométrique se fait *per genus et differentiam*, on doit reconnaître qu'en géométrie les mots genre et différence spécifique sont loin d'avoir la même signification qu'en histoire naturelle.

Nous avons prouvé que les notions géométriques n'ont pas une origine empirique : elles sont l'œuvre de l'esprit, déterminant selon des lois qu'il pose lui-même l'image indéfinie et indéterminée de l'espace. Par suite, les définitions géométriques qui énoncent le mode de génération propre à chaque figure sont *a priori;* je n'attends pas, pour définir une notion de ce genre, les données de l'expérience ; je la crée, et, en la créant, je la définis.

De là un nouveau caractère des définitions géométriques. Toute notion empirique est un composé ; les éléments qui la constituent nous ont été donnés successivement par l'observation ; l'assemblage en est contingent. Quand nous sommes en présence d'un tissu de propriétés naturelles, sommes-nous jamais assurés de les avoir toutes découvertes? peut-être avons-nous omis quelque caractère essentiel, pris pour essentiel un caractère accidentel ; peut-être encore n'avonsnous pas saisi le lien qui, dans la réalité, unit toutes ces propriétés; aussi la notion empirique n'est-elle jamais définitivement close; toujours elle peut perdre ou gagner. Les définitions empiriques sont donc provisoires et progressives. En géométrie, rien de semblable. La notion à définir n'est pas une somme de propriétés que l'esprit, au fur et à mesure qu'il les découvrait, a ajoutées les unes aux autres; c'est une forme imposée par l'esprit à l'espace. Cette forme possède, il est vrai, plusieurs propriétés distinctes; dans un triangle, par exemple, un des côtés est plus petit que la somme des deux autres et plus grand que leur différence; la somme des trois angles est égale à deux angles droits. Mais personne ne s'avisera de soutenir que ces propriétés constituent la notion du triangle, comme les propriétés de bimane, de mammifère et de vertébré constituent la notion d'homme. Les propriétés des figures géométriques ne sont pas des éléments, mais des conséquences; loin de constituer la notion, elles en dérivent. Par suite, les définitions géométriques ne sont pas sujettes aux mêmes vicissitudes que les définitions empiriques; elles sont absolues, immuables et inflexibles.

Il nous reste à chercher si ces définitions sont *nominales ou réelles*. Rien de moins précis que la distinction vulgaire des définitions de mots et des définitions de choses. Les premières, dit-on, déclarent la signification d'un nom, les secondes expliquent et développent la nature d'une chose. Mais qu'est-ce que la signification d'un mot? là est le point à examiner. Un mot est à la fois un son et un signe; comme son, il n'a aucun sens ; comme signe, il en a un. Voici quatre sons : *square, tree, carré, arbre.* Qu'un Français ignorant la langue anglaise entende les deux premiers , il n'y attachera aucune idée ; mais, en entendant les deux autres, il se représentera plus ou moins distinctement une portion de l'espace terminée par quatre droites , un cylindre ligneux planté dans le sol, des branches , des rameaux, des fleurs , des fruits. Un son devient un signe lorsqu'il provoque dans l'esprit l'apparition de telle idée ou de telle image. Un mot a un sens , parce qu'il possède une aptitude à éveiller une conception déterminée. La signification d'un mot n'est donc que la nature même de la chose signifiée : d'où il suit que déclarer la signification d'un nom et expliquer la nature de la chose signifiée, c'est une seule opération. Les définitions de mots sont donc des définitions de choses, et, réciproquement, comme il n'est pas d'idée à laquelle ne corresponde un signe du langage, toute définition de chose est aussi une définition de mot.

On pourra, si l'on veut, distinguer la signification vulgaire de la signification scientifique d'un mot. Pour l'ignorant, le mot *pin*, par exemple, signifie un arbre au port droit et élancé, à la forme conique, aux branches raides, aux aiguilles rigides et métalliques ; pour le savant, il signifie une plante dicotylédone, avec des fibres aux ponctuations aréolées, un tissu ligneux sans vaisseaux, des rayons médullaires à une seule rangée de cellules. La signification d'un même mot varie à mesure que la nature de la chose signifiée nous est mieux connue.

On serait tenté peut-être de considérer au moins comme définitions nominales celles qui expliquent l'étymologie d'un mot. Ce serait méconnaître singulièrement les lois qui président à la formation des noms. L'étymologie énonce le plus souvent un ou plusieurs des caractères essentiels des choses désignées par les mots. Triangle, quadrilatère, pentagone, hexagone, eptagone, octogone, etc., signifient étymologiquement trois angles, quatre côtés, cinq, six, sept, huit angles, etc. La définition étymologique n'est-elle pas ici presque semblable à la définition même de la chose signifiée ? Que si, sortant du langage scientifique, œuvre d'une réflexion avancée, on remonte aux racines primordiales d'une langue, fruit d'une spontanéité inconsciente, on verra que l'étymologie désigne au moins un des caractères des choses signifiées. « Caverne se dit en latin
» *antrum, cavea, spelunca*. Or *antrum* a, en réalité, la
» même signification que *internum*. *Antar* signifie, en
» sanscrit, *entre* et *en dedans*. *Antrum* a donc signifié,
» originairement, ce qui est au dedans ou à l'intérieur
» soit de la terre, soit de toute autre chose. Il est donc
» évident que ce nom n'a pas pu être donné à une
» caverne particulière avant que l'esprit de l'homme
» eût conçu l'idée générale de l'existence au dedans
» de quelque chose. Une fois cette idée générale
» conçue par l'esprit et exprimée par la racine pro-
» nominale *an* ou *antar*, l'origine de l'appellation
» devient très-claire et très-intelligible. Le creux
» du rocher où l'homme primitif pouvait se mettre à

» couvert de la pluie ou se défendre contre les attaques
» des bêtes sauvages était appelé son *dedans*, son
» *antrum*, et, dès lors, les cavités semblables, qu'elles
» fussent creusées dans la terre ou dans un arbre,
» devaient être désignées par le même nom. En outre,
» la même idée générale devait donner naissance à
» d'autres noms ; aussi voyons-nous que les *entrailles*
» étaient appelées en sanscrit *antra*, et en grec *entera*,
» originairement choses en dedans.

» Passons maintenant à un autre nom de la caverne :
» *cavea* ou *caverna*... Avant qu'une caverne reçût la
» dénomination de *cavea*, chose creuse, beaucoup
» d'autres choses creuses avaient passé sous les yeux
» de l'homme. D'où est donc venu le choix de la
» racine *cav* pour désigner une chose creuse ou un
» trou? De ce que cette cavité devait servir d'abord de
» lieu de sûreté ou de protection, et d'abri où l'on
» serait à couvert; et c'est pourquoi elle fut désignée
» par la racine *ku* ou *sku*, qui exprimait l'idée de cou-
» vrir....... Une autre forme de *cavus* était *koîlos*,
» signifiant également creux. La conception était ori-
» ginairement la même : une cavité était appelée
» *koîlon*, parce qu'elle servait à mettre à couvert. Mais
» ce son de *koîlon* ne tarda pas à s'étendre, et ce mot
» désigna successivement une caverne, une caverne
» voûtée, une voûte, et enfin la voûte céleste qui
» semble recouvrir la terre (*cœlum*, ciel).

» Telle est l'histoire de tous les substantifs. Ils ont
» tous exprimé originairement un seul des nombreux

» attributs qui appartiennent à un même objet (1). »

Les remarques qui précèdent nous feront comprendre comment les logiciens de Port-Royal ont pu dire avec raison que les définitions de mots sont arbitraires et incontestables. Par définition de mots, ils entendent simplement l'imposition des noms aux choses. « Dans la définition du nom, disent-ils, on ne regarde que le son, et ensuite on détermine ce son à être le signe d'une idée que l'on désigne par d'autres mots. De là il s'ensuit : premièrement, que les définitions des noms sont arbitraires... ; il s'ensuit, en deuxième lieu, que les définitions des noms ne peuvent être contestées (2). » Remplaçons ces mots : la définition de nom par ces autres, l'imposition des noms aux idées, pour éviter, ce que n'ont pas fait Arnauld et Nicole, tout malentendu, et les conclusions des logiciens de Port-Royal sont vraies. Quand j'ai dépouillé un mot de toute signification, quand de signe je l'ai fait son, je puis le faire servir à désigner telle ou telle chose ; le mot cercle peut devenir ainsi le signe d'un plan terminé par trois droites qui se coupent ; le mot triangle, le signe d'un plan limité par une courbe dont tous les points sont également distants d'un point fixe. D'une façon plus générale, il m'est licite, en combinant à ma guise les voyelles et les consonnes de l'alphabet, de créer des sons nouveaux. Qui m'empêchera d'en faire

---

(1) Max Müller, *La Science du langage* (trad. Harris et Perrot, 9ᵉ leç.).

(2) *Logique de Port-Royal*, 2ᵉ part., ch. XII.

les signes de mes idées? qui me contestera l'usage de cette langue créée par moi et pour moi? L'imposition des noms aux choses, voilà ce qui est arbitraire et ce qui ne saurait être contesté.

Mais le son, une fois devenu signe, est désormais rivé à l'idée qu'il désigne, et, pour le définir, je dois définir cette idée. Aussi les définitions mathématiques sont-elles loin d'être arbitraires. Que j'appelle triangle ce que d'ordinaire on appelle cercle, je viole les lois du langage et de l'étymologie; mais je m'entends, et je réussirai à me faire entendre d'autrui, à la condition de déclarer quel sens j'attache à ce mot. Mais cette déclaration, qui sera la vraie définition du mot, ne sera-t-elle pas la définition même de l'idée ou de la chose que ce mot exprime dans mon langage conventionnel? Quelque nom que l'on impose au cercle, que ce nom soit tiré des langues anciennes ou modernes, ou qu'il appartienne à un langage de fantaisie, toujours il désignera la portion du plan limitée par la circonférence.

Les définitions géométriques sont incontestables ; mais la raison de ce caractère doit être cherchée ailleurs que dans les propriétés prétendues des définitions nominales. On peut toujours contester une définition empirique, car la valeur des caractères contenus dans la notion définie est toujours sujette à discussion. La valeur des notions géométriques n'est, au contraire, jamais suspectée, car elle résulte de règles de construction posées en toute liberté par l'esprit lui-même. Aussi la définition, qui expose la génération particulière de telle figure donnée, ne saurait être jamais contestée.

Ainsi, les définitions géométriques ne sont pas des définitions de mots, au sens où l'on entend d'ordinaire cette expression. Mais, pourrait-on dire, elles sont cependant distinctes des définitions de choses. Je vous demande ce qu'est cette plante aux rameaux terminés par un groupe compact de petites fleurs, les unes jaunes, les autres blanches. Vous me la définissez une composée semi-flosculeuse ; ces deux mots , expression abrégée d'une infinité de caractères révélés l'un après l'autre par l'analyse, sont une définition de chose ; en effet, les caractères qu'ils désignent existent dans la réalité, et la plante qui les possède était donnée avant la définition. Au contraire, en géométrie, rien n'est donné avant les définitions, si ce n'est l'espace vide et indifférent à toute détermination particulière ; les figures n'existent pas avant que vous les ayez engendrées, c'est-à-dire définies.

La différence signalée est réelle : c'est que l'origine des notions empiriques et celle des notions géométriques ne sont pas semblables. Nous formons les premières en assemblant des caractères que découvre l'expérience ; aussi la chose précède-t-elle la notion. Nous créons les secondes en imposant à notre gré des limites à l'espace ; aussi la chose suit-elle l'acte intellectuel qui la produit. Cependant un triangle, un cercle ne sont pas, pour cela, de purs noms : ce sont des déterminations de l'espace, produites par nous, il est vrai, mais qui sont devenues pour nous des choses objectives dès l'instant où nous les avons engendrées; l'œuvre de l'esprit, une fois achevée, s'impose à l'esprit. Toutefois, tout en maintenant cette vérité que les définitions géométriques sont des définitions de choses, on peut, pour rappeler l'origine des notions qu'elles expliquent et ne pas les confondre avec les définitions des choses empiriques, les appeler définitions *a priori* ou *par génération* (1).

---

(1) Tout ce que nous avons dit s'applique aux définitions des figures distinctes. Mais il est, en géométrie, certaines notions dont il semble possible de considérer les définitions comme purement nominales. Ainsi la ligne droite prend tour à tour les divers noms de diamètre, de rayon, d'apothème, d'axe, d'abcisse, d'ordonnée, etc., sans cesser d'être la ligne droite. Mais remarquons que chacun de ces noms signifie que la ligne droite ainsi désignée appartient à certaine figure et non pas à telle autre. Ainsi le diamètre est la ligne droite qui partage le cercle en deux parties égales; le rayon, la ligne droite menée du centre à la circonférence; l'apothème du polygone régulier, la ligne droite menée du centre du cercle inscrit ou circonscrit au milieu du côté, etc. Ce sont là de vraies définitions de choses.

CHAPITRE IV.

ROLE DES DÉFINITIONS DANS LA DÉMONSTRATION GÉOMÉTRIQUE.

Rôle des axiomes dans la démonstration géométrique. — Examen de la théorie du docteur Whewell. — Définition des axiomes. — Stérilité des axiomes. — Rôle de la définition dans la démonstration géométrique. — Examen de la théorie de Stuart Mill. — Examen de la théorie de Dugald-Stewart. — Différence du syllogisme et du raisonnement géométrique. — La définition nous fournit les termes et les intermédiaires entre les termes dont il s'agit de prouver l'égalité ou l'équivalence. — Source de la nécessité des jugements géométriques. — Démonstration dans la géométrie analytique. — Démonstration dans la géométrie imaginaire.

C'est une question encore pendante parmi les géomètres et parmi les philosophes, que de savoir quels sont les principes véritables des démonstrations géométriques. Tous les mathématiciens, depuis Euclide, croient que la certitude du rapport énoncé entre l'attribut et le sujet d'un théorème résulte à la fois des axiomes et des définitions, puisqu'en tête de leurs traités ils placent à la fois des axiomes et des définitions. Chez les philosophes, les avis sont partagés. Locke, le premier des modernes, a nié la fécondité prétendue des axiomes. « Ils ne sont les fondements » véritables d'aucune science, a-t-il dit, et ils sont en- » tièrement inutiles à l'homme pour découvrir des

» vérités inconnues. » — « Ce n'est pas l'influence de
» ces maximes, admises pour principes par les mathé-
» maticiens, qui a conduit les maîtres de cette science
» aux merveilleuses découvertes qu'ils ont faites.
» Qu'un homme de talent connaisse aussi parfaite-
» ment qu'on voudra tous les axiomes dont on fait
» usage dans les mathématiques, qu'il en considère
» l'étendue et les conséquences autant qu'il lui plaira,
» jamais, par leur seul secours, il ne parviendra à sa-
» voir que le carré de l'hypoténuse d'un triangle rec-
» tangle est égal aux carrés des deux autres côtés. La
» connaissance de l'axiome *le tout est égal à toutes les*
» *parties*, et autres semblables, ne servirait de rien
» pour arriver à la démonstration de cette proposi-
» tion, et un homme pourrait méditer éternellement
» sur ces axiomes sans faire un pas de plus dans la
» connaissance des vérités mathématiques (1). » Dugald-Stewart est de l'avis de Locke, et lui aussi il demande quelles conséquences l'esprit le plus subtil
pourrait déduire de ces propositions que deux quantités égales à une troisième sont égales entre elles ;
que deux quantités égales restent égales quand on y
y ajoute ou quand on en retranche des quantités
égales (2).

Cet argument n'a pas convaincu un savant philosophe
anglais, le docteur Whewell, qui a plus d'une fois essayé de prouver, contre Dugald-Stewart et ses parti-

---

(1) *Essai sur l'entend. hum.*, liv. **IV**, ch. XII, § 15.
(2) *Philos. de l'esprit hum.*, 2ᵉ part., ch. I, sect. I.

sans, que les axiomes sont des principes de démonstration à titre aussi légitime que les définitions (1). Il constate d'abord que l'on n'a pu encore arriver à construire un système de vérités géométriques avec les seules définitions. Les mathématiciens qui ont voulu se passer des axiomes d'Euclide sur la ligne droite et sur les parallèles ont échoué; ou bien, par un artifice facile à découvrir, ils ont substitué aux axiomes des définitions énonçant des propriétés évidentes par elles-mêmes, et n'ont ainsi abouti qu'à changer le nom sans supprimer la chose, « puisque poser une propriété comme une vérité évidente, c'est poser un axiome (2). » Ainsi font ceux qui remplacent le deuxième axiome d'Euclide : « deux lignes droites ne peuvent enfermer un espace, » par cette définition de la ligne droite : « une ligne est appelée droite quand deux lignes de cette sorte ne peuvent coïncider en deux points sans coïncider dans toute leur longueur. » — « Il » est donc étrange d'affirmer que la géométrie repose » sur les définitions, quand elle ne peut faire quatre » pas sans poser le pied sur un axiome (3). »

En second lieu, on peut retourner contre les définitions l'argument de Stewart contre les axiomes; si de certains axiomes l'esprit ne peut tirer aucune conséquence, la chose n'est-elle pas vraie aussi de certaines définitions? Définissez, avec Euclide, la ligne

---

(1) Whewell, *Philosophy of the inductive sciences*, et *Appendice to the mechanical Euclide.*
(2) *Mechanical Euclide.*
(3) Ibid.

droite celle qui est située semblablement par rapport à tous ses points , et de cet énoncé vous ne parviendrez pas à faire sortir une vérité nouvelle. Conclura-t-on de là que toutes les définitions sont stériles? La vérité, c'est qu'axiomes et définitions sont ensemble les fondements des démonstrations géométriques, car les uns et les autres ne sont que des formules différentes d'une même conception fondamentale. La géométrie débute par l'intuition des figures et de leurs propriétés élémentaires; l'apperception de ces propriétés , voilà la source de l'évidence irrésistible des raisonnements géométriques. Mais nous pouvons exprimer ces propriétés par des axiomes ou par des définitions , sans introduire aucune différence dans la nature de nos démonstrations. Ainsi nous commençons par définir vaguement la ligne droite en disant qu'elle est la ligne qui s'étend uniformément entre deux points. Cet énoncé est le premier fruit d'une intuition rapide; mais comme nous ne pouvons en rien tirer, nous y ajoutons ces axiomes, fruits d'une intuition plus complète, que deux lignes droites ne peuvent enclore un espace , que la ligne droite est le plus court chemin d'un point à un autre. Nous complétons la définition par l'axiome, et les deux, réunis, expriment l'intuition totale. Il semblerait alors possible de ramener tous les axiomes à des définitions, puisque axiomes et définitions énoncent également des propriétés intuitivement connues ; on peut le faire ; mais ce serait compliquer outre mesure, et sans profit réel , le système des définitions. Il vaut mieux, pour conserver aux principes de la science une simplicité indispensable, maintenir la distinction des définitions et des axiomes, et accepter les seconds comme complément des premières. Si l'intuition totale de chaque figure est seule le principe du raisonnement, comme elle nous apparaît sous divers aspects dont l'un est l'objet de la définition, et l'autre l'objet d'un ou plusieurs axiomes, et comme elle n'est exprimée intégralement ni par la définition ni par l'axiome, nous sommes forcés de joindre l'axiome à la définition, c'est-à-dire de réunir les divers éléments de l'intuition totale que nous avons décomposée.

Une discussion engagée sans qu'on ait fixé d'abord le sens des mots sur lesquels porte le débat ne saurait aboutir. Aussi l'opinion de Dugald-Stewart et celle du docteur Whewell ne semblent-elles pas s'exclure l'une l'autre ; c'est que ces deux auteurs ne désignent pas par le mot axiome des propositions de même nature. Il est évident que si vous prenez pour axiome cette proposition que la ligne droite est le plus court chemin d'un point à un autre, vous ne pourrez, sans elle, démontrer que, dans un triangle, un côté est plus petit que la somme des deux autres. Mais il est évident aussi que de cet axiome : deux quantités égales à une troisième sont égales entre elles, il vous est impossible de déduire aucune vérité inconnue sans faire intervenir quelque autre vérité. Le docteur Whewell a senti que sa querelle avec Dugald-Stewart était une querelle de mots ; mais il n'a rien fait pour mettre un terme à ce malentendu trop prolongé. « L'opinion de Stewart,

» dit-il, vient de ce qu'il a fait un choix arbitraire de
» certains axiomes, comme exemples de tous ; il prend,
» par exemple , les axiomes : que si l'on ajoute deux
» quantités égales à des quantités égales, les sommes
» sont égales ; que le tout est plus grand que la partie,
» et ainsi de suite. Si, au lieu de ces exemples, il avait
» considéré des axiomes plus particulièrement géo-
» métriques, tels que ceux que j'ai mentionnés, que
» deux lignes droites ne peuvent enclore un espace, ou
» quelques-uns des axiomes qui ont été pris pour base
» de la théorie des parallèles, par exemple l'axiome
» de Playfair, que deux lignes droites qui se coupent
» ne peuvent toutes les deux être parallèles à une troi-
» sième ligne droite, il lui aurait été impossible d'as-
» signer aux axiomes un rôle différent de celui des
» définitions dans les raisonnements géométriques. En
» effet, les propriétés du triangle dérivent de l'axiome
» concernant les lignes droites, aussi distinctement et
» aussi directement que les propriétés des angles dé-
» rivent de la définition de l'angle droit. Tous les
» essais faits pour prouver la théorie des parallèles
» supposent presque tous ouvertement un ou plusieurs
» axiomes comme base du raisonnement (1). »

Il ressort de ce passage que les axiomes placés par les
géomètres en tête de leurs traités ne sont pas tous de
même nature. Le docteur Whewell , avant d'engager
contre Dugald-Stewart cette polémique plusieurs fois
reprise, aurait dû déterminer d'abord la nature propre

---

(1) *Mechanical Euclide.*

des axiomes. Il semble considérer comme tels toutes les
propositions géométriques évidentes par elles-mêmes.
Cette extrême clarté et cette évidence immédiate ne
sauraient être les caractères essentiels des propositions axiomatiques ; autrement, il faudrait allonger la
liste de ces dernières, et le nombre en varierait suivant
les individus, car les uns voient par intuition ce que
d'autres n'aperçoivent qu'après démonstration. Il im -
porte donc de s'entendre d'abord sur le sens du mot
axiome.

Dugald-Stewart a remarqué que les douze propositions appelées par Euclide *notions communes*, si l'on
néglige le caractère d'évidence immédiate qu'elles
offrent toutes, sont loin de se ressembler. La huitième,
les grandeurs que l'on peut faire coïncider l'une avec
l'autre sont égales entre elles, doit être considérée, à
bon droit, comme une définition de l'égalité géométrique (1). La dixième : tous les angles droits sont égaux ;
la onzième : si deux droites sont rencontrées par une
troisième qui forme avec elles deux angles intérieurs
d'un même côté, dont la somme soit moindre que deux
angles droits, ces deux droites, prolongées indéfiniment, finiront par se rencontrer du côté où elles forment
les deux angles valant ensemble moins de deux angles
droits, sont certainement des théorèmes et non des
axiomes, puisqu'elles énoncent une propriété d'une
figure particulière. On peut dire la même chose de la
douzième : deux droites ne peuvent enclore un espace.

------

(1) *Philos. de l'esprit hum.,* 2⁰ partie, note A.

La neuvième proposition, dont Stewart ne parle pas, est susceptible de démonstration. Si le tout est plus grand que la partie, c'est que, par définition, le tout est égal à la somme des parties, c'est-à-dire égal à une des parties plus les autres, et, par suite, plus grand qu'une partie moins les autres. Restent donc les sept premiers énoncés d'Euclide, qui expriment tous des rapports applicables à toute espèce de grandeur (1).

La rigueur logique exige que l'on ne conserve pas un même nom à ces douze propositions, qu'il est si aisé, comme nous venons de le voir, de distribuer en trois groupes distincts. Les propositions sept et huit doivent d'abord être éliminées et mises au nombre des définitions. Faut-il maintenant, avec Barrow et Robert Simpson, appeler axiomes géométriques les propositions dix, onze et douze (2)? Ce sont, assurément, des vérités évidentes dont il n'est pas besoin et dont il serait peut-être impossible de donner une démons-

---

(1) Ces propositions sont les suivantes : 1° les grandeurs égales à une même grandeur sont égales entre elles ; 2° si à des grandeurs égales on ajoute des grandeurs égales, les sommes seront égales; 3° si de grandeurs égales on retranche des grandeurs égales, les restes seront égaux; 4° si à des grandeurs inégales on ajoute des grandeurs égales, les sommes seront inégales; 5° si de grandeurs inégales on retranche des grandeurs égales, les restes seront inégaux; 6° les grandeurs qui sont doubles d'une même grandeur sont égales entre elles; 7° les grandeurs qui sont les moitiés d'une même grandeur sont égales entre elles.

(2) Peyrard, un des derniers éditeurs d'Euclide, range ces trois énoncés au nombre des *demandes*. On sait qu'Euclide, avant de formuler ses théorèmes, demande de pouvoir: 1° mener une ligne droite d'un point quelconque à un autre point quelconque ; 2° prolonger indéfiniment, suivant sa direction, une ligne droite finie; 3° décrire un cercle d'un point quelconque comme centre, et avec une distance quelconque. Ces *postulata*, que nous avons eu déjà l'occasion de mentionner, reviennent à ceci : je demande, pour créer la géométrie, l'espace indéfini et passif, et l'esprit indéfiniment actif s'exerçant sur l'espace et

tration. On ne conteste pas non plus qu'elles aient une place déterminée dans la chaîne des vérités géométriques, et que les supprimer ce serait rompre cette chaîne sans pouvoir jamais la renouer. Mais ce caractère ne suffit pas à en faire une classe de propositions distincte des théorèmes ; comme ceux-ci, elles énoncent des propriétés de figures particulières, et non pas des rapports entre des quantités indéterminées. Sous peine donc de donner matière à de perpétuels malentendus, il faut réserver le nom d'axiomes aux propositions de cette dernière espèce (1).

L'auteur de la *Philosophie de l'esprit humain* l'a bien compris, et, quand il parle de la stérilité des axiomes, il a soin d'avertir le lecteur qu'il n'a en vue « que des axiomes du genre des neuf premiers, placés en tête des *Éléments* d'Euclide (2). » Mais, quelque

---

le déterminant. Les trois propositions mises par Peyrard au nombre des *demandes* ont un tout autre caractère; elles n'énoncent pas les conditions primitives indispensables à la création de toutes les figures, mais bien un caractère particulier d'une figure déterminée.

(1) Legendre ne place en tête de ses *Éléments de géométrie* que cinq axiomes : 1° deux quantités égales à une troisième sont égales entre elles ; 2° le tout est plus grand que la partie ; 3° le tout est égal à la somme des parties dans lesquelles il a été divisé ; 4° d'un point à un autre, on ne peut mener qu'une seule ligne droite ; 5° deux grandeurs, lignes, surfaces ou solides, sont égales lorsque, étant placées l'une sur l'autre, elles coïncident dans toute leur étendue. La première de ces propositions doit seule conserver le nom d'axiome ; la seconde est un théorème ; la troisième, la définition du tout ; la quatrième, un théorème ; la cinquième est la définition de l'égalité géométrique.

(2) *Philos. de l'esprit hum.*, 2ᵉ part., sect. I. — Stewart n'aurait dû admettre comme axiomes que les sept premières *notions communes* d'Euclide. Du reste, dans le même ouvrage, il reconnaît plus loin que les propositions 8 et 9 sont des définitions.

soin qu'on mette à séparer les axiomes des propositions différentes avec lesquelles on les a souvent con-
fondus, il ne suffit pas, pour en démontrer la stérilité,
de demander quelles conséquences on en a jamais dé-
duites ; il faut encore prouver qu'on ne saurait en tirer
aucune vérité nouvelle. Cette preuve a été faite par le
maître éminent dont nous avons reçu les leçons à
l'École normale.

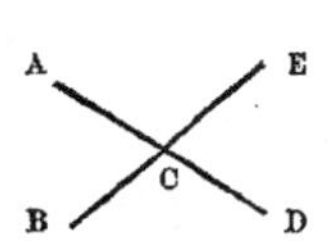

Soit à prouver que deux
angles opposés par le sommet
sont égaux; j'ai :

ACB + ACE = 2 droits,
ECD + ACE = 2 droits.

Donc ACB + ACE = ECD + ACE ; ou ACB = ECD.

C'est là un raisonnement très-clair par lui-même, et
qui n'a pas nécessité l'emploi du premier axiome de
Legendre : deux quantités égales à une troisième sont
égales entre elles. Donc, en fait, aucun axiome n'intervient dans cette démonstration. On dira peut-être
que cet axiome est la majeure sous-entendue de mon
syllogisme, et le principe de la conclusion que j'ai
tirée. A parler rigoureusement, une telle proposition
ne saurait être la majeure d'aucun syllogisme. Pour
rendre la démonstration plus aisée, empruntons un
exemple à la théorie logique du raisonnement.

Tout homme est mortel,
Socrate est homme,
Donc Socrate est mortel.

Voilà un syllogisme rigoureux et une conclusion

indubitable , dont le principe est cette règle générale :
tout homme est mortel, que nous avons appliquée au
cas particulier de Socrate. Si je pose mentalement
à mon syllogisme une majeure telle que celle-ci : ce
qui est vrai de l'espèce est vrai de l'individu, et que
je raisonne de la façon suivante :

> Ce qui est vrai de l'espèce est vrai de l'individu,
> Or mortel est vrai de l'espèce homme,
> Donc mortel est vrai de l'individu Socrate,

la conclusion, quoique vraie en elle-même, n'est pas
contenue dans les prémisses, et j'ai péché contre les
règles de la logique. C'est une règle absolue du syllogisme que le moyen terme doit être le même dans la
majeure et dans la mineure ; autrement les deux termes extrêmes ne seraient pas comparés à la même idée
dans les prémisses, et toute conclusion serait impossible. Or, ici, le moyen terme est, dans la majeure : *ce
qui est vrai de l'espèce*, et, dans la mineure : *vrai de
l'espèce homme;* dans la majeure, il s'agit de l'espèce
indéterminée, et, dans la mineure, d'une espèce déterminée : la conclusion est donc illégitime.

Revenons à notre exemple géométrique, et construisons le syllogisme suivant : Deux quantités égales à
une troisième sont égales entre elles ;

or $ACB + ACE = 2$ droits, $ECD + ACE = 2$ droits ;
donc $ACB + ACE = ECD + ACE$.

La conclusion n'est pas légitime, parce qu'ici encore je suis passé de l'idée d'une quantité indéterminée à celle d'une quantité déterminée; le moyen

terme: « égales à une troisième quantité, » dans la majeure, n'est pas le moyen terme de la mineure : « égal à deux angles droits. » L'axiome : « deux quantités égales à une troisième sont égales entre elles, » ne peut donc figurer dans ce syllogisme ; il n'en est donc pas le principe (1).

Il semble qu'après avoir prouvé la stérilité des axiomes, on puisse attribuer sans conteste aux définitions le rôle de prémisses originelles du raisonnement géométrique. Pourtant une école aujourd'hui célèbre prétend, à l'aide d'une subtile analyse, établir que la certitude des théorèmes résulte d'un postulat impliqué dans la définition, et non, comme les mathématiciens et les philosophes l'avaient cru depuis Aristote, de la définition elle-même.

« Prenons, par exemple, dit M. Stuart Mill, quel-
» qu'une des définitions posées comme prémisses
» dans les *Éléments* d'Euclide, celle, si l'on veut du
» cercle. Cette définition, analysée, offre deux proposi-
» tions dont l'une est relative, par hypothèse, à un
» point de fait, et l'autre une définition légitime. Il
» peut exister une figure dont tous les points de la
» ligne qui la termine sont à une égale distance d'un
» point intérieur. » — « Toute figure ayant cette
» propriété est appelée un cercle. » Examinons main-
» tenant une des démonstrations qu'on dit dépendre
» de cette définition, et voyons à laquelle des deux
» propositions qu'elle renferme la démonstration fait

____

(1) J. Lachelier, *Rédactions inédites du cours de* 1866-67.

» en réalité appel. « Du centre A décrivez le cercle.
» BCD. » Il est supposé ici qu'une figure comme
» celle indiquée par la définition peut être tracée, et
» cette définition n'est que le postulat caché dans la
» définition. Mais que cette figure soit ou ne soit pas
» appelée cercle, c'est tout à fait indifférent. On aurait
» obtenu absolument le même résultat, sauf la briè-
» veté, en disant : « du point B tirez une ligne reve-
» nant sur elle-même dont chaque point sera à une
» égale distance du point A. » De cette manière, la
» définition du cercle disparaîtrait et serait rendue
» inutile, mais non le postulat y impliqué, sans lequel
» il n'y aurait pas de démonstration. Le cercle étant
» décrit, suivons la conséquence. « Puisque BCD est
» un cercle, le rayon BA est égal au rayon CA. » BA
» est égal à CA, non pas parce que BCD est un cercle,
» mais parce que BCD est une figure à rayons égaux.
» Notre garantie, pour admettre qu'une telle figure
» autour du centre A, avec le rayon BA, peut être
» réalisée, est dans le postulat (1). »

Ce passage, si précis en apparence, renferme plusieurs confusions d'idées qu'il importe de démêler. Suivant l'auteur et ses disciples, la science géométrique résulterait, comme la chimie et la physique, d'une longue
série d'expériences, qui, par la constance de résultats identiques, justifieraient notre croyance invincible
à la vérité des théorèmes ; la certitude des propositions mathématiques serait alors de même ordre que

---

(1) Stuart Mill, *Système de logique*, liv. I, ch. VIII.

celle des vérités physiques et physiologiques. C'est oublier cette distinction fondamentale, que les sciences inductives ont pour objet la nature concrète, qui se manifeste à nous par des phénomènes dont les agents demeurent inconnus, tandis que la géométrie porte sur des notions dont l'esprit lui-même est l'auteur, et que, par suite, dans les sciences de la nature nous sommes réduits à la recherche de rapports de succession entre des faits, tandis qu'en géométrie nous saisissons immédiatement la génération des propriétés essentielles des figures qui dérivent de la loi de construction posée par l'esprit. Cette première confusion en amène une autre : on confond la notion d'une figure déterminée par nous dans l'espace et la possibilité de l'appliquer à la réalité phénoménale. Nous avons essayé de montrer que la géométrie ne saurait être l'œuvre d'un esprit pur, et que l'intuition de l'espace était indispensable à la génération des figures ; mais nous opérons sur cette matière indéfinie et partout homogène , sans aucun souci des corps aux contours irréguliers qu'elle contient. Que, dans ceux-ci, les formes géométriques les plus simples aient été à peu près réalisées jusqu'à ce jour, c'est un fait dont la connaissance suit la démonstration et ne la précède pas, et dont la raison doit être cherchée dans cet autre fait que tous les corps sans exception sont perçus dans l'espace ; mais confondre la notion *a priori* et sa réalisation empirique, c'est confondre le modèle et la copie. La chose est si vraie, que le nombre des formes réalisées par les corps naturels n'est rien au prix du nombre incommensurable des formes pos-

sibles. Si l'on objecte que toujours nous construisons
sur des objets matériels les figures géométriques, nous
ferons observer que cette construction est postérieure
à l'intuition de la figure, et que, d'ailleurs, nous la
supposons toujours purifiée des imperfections de l'expérience sensible, et la rapportons par conséquent à
un modèle idéal. On confond enfin la définition même
de la figure avec l'imposition d'un nom à la figure définie. Nous accordons que l'analyse découvre en toute
définition deux propositions : la première qui énonce
la possibilité d'engendrer une figure déterminée, et la
seconde qui fait connaître le nom donné à cette
figure. La première, qui, pour M. Stuart Mill, est purement relative à « un point de fait, » est à nos yeux la
définition véritable ; la seconde, qui, pour le logicien
anglais, est la vraie définition, nous apprend simplement que, dans le langage, tel nom est le signe de telle
idée. — « Il peut exister une figure dont tous les points
de la ligne qui la termine sont à égale distance d'un
point intérieur. » — « Toute figure ayant cette propriété est appelée un cercle. » — On pourrait retourner
ces propositions et dire : un cercle est une portion de
plan terminée par une ligne dont tous les points sont
également distants d'un point intérieur ; et : il peut
exister une figure ayant cette propriété, et montrer que
la première seule est féconde en vérités nouvelles ;
mais, sans faire assaut de subtilité avec le plus subtil
des logiciens contemporains, il suffit d'accepter la
question telle que la pose M. Stuart Mill, pour en
tirer des conclusions opposées aux siennes. Il est in-

différent, nous le reconnaissons, que telle figure soit ou non appelée de tel nom ; aussi l'imposition des termes techniques aux choses suit-elle la découverte des choses et n'a-t-elle pour but que la brièveté du langage. Par conséquent, toute proposition de ce genre : j'appelle cercle ou triangle une figure possédant telle propriété, est postérieure à la proposition qui énonce la génération de cette figure ; on peut, par suite, refuser toute fécondité à la première, et voir dans la seconde seule l'origine des vérités ultérieurement démontrées. Mais, nous le demandons, n'est-ce pas abuser d'une confusion de mots créée à plaisir que d'appeler définition l'imposition d'un terme technique à une idée ; fait ou postulat, la possibilité de la conception désignée par ce terme, et de soutenir, après cela, que ces postulats, et non pas les définitions, sont les prémisses des vérités géométriques ? Si donc nous rendons aux mots leur sens véritable et appelons définition géométrique toute proposition énonçant que telle forme peut être construite dans l'espace, sans rechercher ici si une telle possibilité est admise en vertu d'une intuition *a priori* ou d'une preuve expérimentale, nous dirons avec M. Stuart Mill que « les termes techniques qui correspondent aux définitions d'Euclide pourraient être mis de côté sans que la certitude des vérités géométriques fût en rien altérée ; » mais nous serons autorisés à conclure contre lui que les définitions ont un rôle efficace dans la démonstration des théorèmes.

Quel est ce rôle ? Dugald-Stewart l'a comparé à celui des faits généraux desquels on déduit dans les sciences naturelles des phénomènes particuliers. C'est se contenter d'une analogie lointaine qui deviendrait dangereuse si on l'exagérait. A proprement parler, il n'y a pas de faits généraux dans la nature. Avant la science, l'univers est pour nous un chaos de phénomènes s'accomplissant chacun dans un point déterminé de l'espace et à un instant particulier du temps. La science, découvrant une succession constante entre ces faits, trouve l'ordre là où semblait exister l'anarchie; elle assigne à chaque phénomène une place fixe dans des séries indéfinies, où chaque terme est effet de celui qui le précède et cause de celui qui le suit. On appelle loi l'expression de ce rapport invariable de succession qui unit ainsi deux phénomènes. Mais, si la loi peut être dite un fait généralisé, si elle peut devenir le principe de déductions ultérieures, n'oublions pas qu'elle est un fruit de l'expérience, et que les conséquences qui en découlent sont des faits de même nature que les faits qui en ont été l'origine. La définition géométrique est, au contraire, antérieure à l'expérience phénoménale, et les conséquences qu'en peut tirer le raisonnement ne sont pas des cas particuliers dans lesquels on décomposerait une formule générale.

Considérons de plus près la démonstration géométrique, si nous voulons y découvrir la vraie fonction des définitions.

La démonstration géométrique ne doit pas être confondue avec le raisonnement déductif ordinaire. On fait un syllogisme pour répondre à une question

de ce genre : mortel est-il vrai de Socrate ? Comme
l'inclusion de l'attribut dans le sujet n'est pas immédiatement aperçue, pour résoudre la question on
place entre les deux termes, mortel et Socrate, un
terme d'extension et de compréhension moyennes,
homme par exemple, et l'on raisonne ainsi : mortel
est un des attributs du sujet homme ; homme est un
des attributs du sujet Socrate ; donc, comme l'attribut
est toujours affirmé du sujet avec toute sa compréhension, mortel est un des attributs du sujet Socrate. Tout
syllogisme revient à la formule suivante : A est en B,
B est en C, donc A est en C ; A, B, C, étant les symboles d'idées de qualité, d'extension et de compréhension différentes. L'analyse découvre, à la rigueur,
dans la démonstration géométrique trois termes et
trois propositions, mais qui sont loin de ressembler
aux termes et aux propositions du syllogisme ordinaire. Dans le syllogisme ordinaire, les prémisses sont
tantôt universelles, tantôt particulières ; dans la démonstration géométrique, elles sont toutes singulières et universelles. Bien qu'elles portent en particulier sur la figure individuelle prise comme échantillon,
elles sont vraies cependant de toutes les figures semblables que l'on peut construire en chaque lieu de l'espace indéfini. Dans le syllogisme ordinaire, les termes
sont des idées de qualité, douées chacune d'une compréhension et d'une extension propres, et qui, par
suite, s'incluent ou s'excluent l'une l'autre. Dans la
démonstration géométrique, les termes sont des idées
de quantité, c'est-à-dire des grandeurs qui, bien

qu'elles aient chacune une forme particulière, n'ont pas de compréhension ; si l'on dit, en effet, qu'un triangle est compris dans un hexagone comme l'attribut mortel est compris dans le sujet Socrate, c'est jouer sur les mots. Or tout raisonnement a pour but de découvrir des rapports entre des idées données, et la nature de ces rapports dépend de la nature même des notions considérées ; si donc entre les notions de qualité il n'existe que des rapports d'inclusion et d'exclusion, on cherchera, par le syllogisme ordinaire, si deux notions de qualité données s'incluent ou s'excluent l'une l'autre ; mais comme entre des notions de quantité il n'existe que des rapports d'égalité et d'inégalité, d'équivalence et de non-équivalence, on cherchera, par la démonstration géométrique, si deux grandeurs données, de forme semblable ou différente, sont égales ou inégales, équivalentes ou non équivalentes (1).

La nature des termes de la proposition géométrique une fois déterminée, comment procède la démonstration? L'énoncé de la question nous donne les deux grandeurs entre lesquelles on cherche des rapports géométriques. Ainsi je dis : la somme des trois angles d'un triangle rectiligne est-elle égale à deux droits? Un premier office de la définition consiste à poser en quelque sorte la question dans l'espace, devant l'imagination. Je ne puis entendre ces deux termes, triangle rectiligne et deux angles droits, sans me

____

(1) Cf. J. Lachelier, *De Natura syllogismi*.

représenter aussitôt, d'un côté, une portion du plan terminée par trois droites, et, de l'autre, deux droites qui se coupent en formant deux angles adjacents égaux, c'est-à-dire sans définir les deux notions exprimées par les termes, car, nous le savons, définir c'est engendrer dans l'espace des formes déterminées.

La question ainsi posée, il faut la résoudre; les deux grandeurs ainsi représentées, il faut voir si elles sont égales ou inégales, équivalentes ou non.

Dans certains cas le rapport cherché apparaît immédiatement, et, pour le saisir, il suffit de voir distinctement les deux termes de la question. Ainsi, quand je dis: la ligne droite est le plus court chemin d'un point à un autre, je ne puis me représenter une ligne droite sans voir aussitôt qu'elle est le chemin le plus bref entre les deux points qui en sont les limites, et je ne puis me représenter le plus court chemin d'un point à un autre sans voir qu'il est la ligne droite tracée entre ces deux points; les deux représentations se confondent; la synthèse du sujet et de l'attribut est immédiate. Ici, la vérité du théorème résulte directement de la définition.

D'autres fois, sans que le rapport apparaisse aussitôt que la question est posée, l'esprit le découvre sans avoir encore besoin d'intermédiaire. Pour cela, déplaçant une des grandeurs données, il les fait coïncider toutes les deux, et en constate ainsi l'égalité ou l'inégalité : c'est ainsi qu'on prouve l'égalité de deux triangles, de deux polygones, de deux moitiés de cercle, et de toutes les figures égales. Là encore, la vérité du théorème résulte immédiatement de la définition.

Le plus souvent, le rapport des grandeurs données n'apparaît pas directement, et la superposition des figures est impossible. Alors, entre l'attribut et le sujet de la question, il faut placer un intermédiaire. Par exemple, soit à démontrer cette proposition si simple déjà citée dans ce chapitre : les angles opposés par le sommet sont égaux.

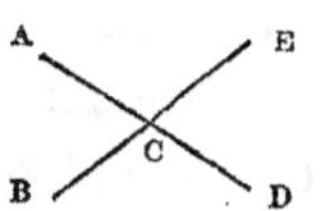

La question posée, je vois les angles ACB et ECB, mais je ne puis dire encore si ces deux quantités sont égales. Mais je vois que BCA + ACE est égal à deux angles droits, que ECD + ACE est aussi égal à deux angles droits ; le rapport demandé est découvert, et je puis mettre la démonstration sous la forme suivante :

$$ACB + ACE = 2 \text{ droits};$$
$$ECD + ACE = 2 \text{ droits};$$
$$\text{donc } ACB + ACE = ECD + ACE,$$
$$ACB = ECD.$$

Entre les deux quantités données par la question, et que je ne puis appeler grand terme et petit terme, car ces expressions éveillent l'idée d'une compréhension et d'une extension variables, mais qu'il m'est permis de nommer sujet et attribut de la question, j'ai placé une représentation intermédiaire, grâce à laquelle j'ai découvert le rapport cherché. Cette fois, les définitions m'ont rendu un double office : elles m'ont fourni d'abord les données de la question, puis l'intermédiaire qui les unit ; en effet cet intermédiaire est une figure, et nous ne pouvons nous représenter une figure sans l'avoir définie.

Toutes les démonstrations ne sont pas aussi simples que celle-ci, et souvent, entre la quantité sujet et la quantité attribut, il nous faut intercaler plusieurs intermédiaires ; mais toujours ces intermédiaires sont des représentations géométriques, c'est-à-dire des définitions. On nous fera remarquer sans doute que, dans de nombreux cas, au lieu de fatiguer l'imagination en la promenant ainsi de figure en figure, nous nous contentons d'invoquer une proposition précédemment démontrée, sans évoquer aucune représentation. Mais n'oublions pas qu'en géométrie, comme ailleurs, l'esprit, pour plus de rapidité, s'habitue à opérer sur les mots en négligeant les idées. Les notions géométriques sont des intuitions ; les propositions géométriques sont des séries d'intuitions ; mais, la vérité d'un théorème une fois trouvée, nous nous débarrassons au plus vite de l'appareil gênant des figures, et, fixant par des mots les rapports découverts, nous introduisons entre les deux quantités d'une question nouvelle non plus une série d'images, mais une série de mots exprimant une relation découverte précédemment entre des quantités primitivement représentées. Mais n'oublions pas que, sous chacune de ces propositions, se cache une série plus ou moins longue d'images dont l'égalité ou l'équivalence ont été saisies antérieurement par intuition. Aussi, qu'un obstacle nous arrête au milieu de ces déductions logiques d'où semblent bannies les représentations dans l'espace, si, fidèles au précepte de Pascal, nous substituons mentalement la définition au défini, les formes un instant effacées reparaissent tout à coup, et l'intuition redresse la logique abstraite.

Par conséquent toute démonstration géométrique peut être mise sous l'une des deux formes suivantes : 1° A est égal à A′, quand A et A′ sont des grandeurs de même forme; 2° A est équivalent à B, B à C, C à D, etc., quand A, B, C, D, etc., sont des grandeurs de formes différentes. Mais A, A′, B, C, D, etc., sont des représentations de portions déterminées de l'espace, lignes, surfaces, solides. Or la représentation d'une figure est le résultat de sa loi propre de construction, c'est-à-dire de sa définition. Nous sommes donc autorisés à conclure que les définitions fournissent les données des questions à résoudre et les intermédiaires qui les unissent dans la démonstration.

En résumé, les théorèmes de géométrie ne sont pas des propositions identiques, comme l'a voulu Condillac; autrement la géométrie tout entière ne serait qu'une immense tautologie; ils ne sont pas davantage des propositions analytiques, comme on le croit parfois; autrement un esprit doué d'une pénétration exceptionnelle verrait toutes les propositions d'Euclide dans les trente définitions placées en tête de ses *Éléments*. L'attribut de ces jugements n'est pas une répétition du sujet; il n'en est pas non plus un élément; mais l'attribut et le sujet sont les notions de quantités égales ou équivalentes, distinctes de forme, ou tout au moins distinctes de position, que l'on peut substituer l'une à l'autre. C'est toujours par une synthèse que la substitution est opérée ; tantôt il suffit de définir les termes de la question pour en faire la synthèse ; tantôt au contraire, bien que nettement définies, ces deux quantités restent isolées ; alors une ou plusieurs définitions évoquent à nos yeux une ou plusieurs quantités intermédiaires grâce auxquelles nous opérons la synthèse demandée.

Nous pouvons maintenant nous rendre compte de la nécessité des propositions géométriques. D'une façon générale, une proposition nécessaire est celle dont il nous est impossible de concevoir le contraire. Ceux d'entre les philosophes et les géomètres qui voient dans la seule expérience sensible l'origine des notions et des vérités géométriques ont prétendu que la nécessité des théorèmes dérivait de la constance des mesures empiriques. Depuis le jour où l'homme, mesurant pour la première fois les trois angles d'un triangle, les a trouvés égaux à deux angles droits, aucun fait n'est venu démentir ce premier résultat de l'expérience. Aussi l'habitude de les rencontrer toujours associées nous a-t-elle fait river l'une à l'autre ces deux notions, de telle sorte que nous les considérons aujourd'hui comme inséparables. Mais ce que nous appelons liaison nécessaire n'est qu'une liaison familière dont nous affirmons la permanence future en vertu d'une induction semblable à celle qui nous fait attendre avec confiance le retour des phénomènes naturels dont les antécédents seront donnés. Sans rentrer ici dans une discussion épuisée, il nous suffira de dire qu'une telle façon de concevoir la nécessité des propositions de la géométrie enlève à ces dernières toute certitude apodictique, et les réduit à n'être que des résumés du passé, sans valeur pour l'avenir. Que vaut, en effet, cette induction, dont le seul fondement est l'expérience des âges antérieurs? pourquoi ces liaisons ne seraient-elles pas changées d'un instant à l'autre ?

D'autres philosophes, et Dugald-Stewart est de ce nombre, pour sauver la certitude scientifique de la géométrie, ont fait des théorèmes les conséquences logiques des hypothèses, c'est-à-dire des définitions placées au début de la science. Il est vrai que les définitions géométriques ne s'imposent pas à l'esprit, qu'on peut les poser ou ne les pas poser ; il est vrai, d'autre part, qu'une majeure une fois posée, la conclusion en sort nécessairement. Mais nous avons vu que les définitions ne remplissent pas dans la démonstration géométrique le même office que les majeures dans les raisonnements syllogistiques; et, d'ailleurs, est-il légitime de les considérer comme des hypothèses ? Dans les sciences de la nature, faire une hypothèse, c'est imaginer un antécédent à un phénomène dont l'observation ne découvre pas l'antécédent réel. Telles ne sauraient être les prétendues hypothèses géométriques. Dans les raisonnements déductifs, une hypothèse est un rapport supposé entre deux idées, dont nous pourrions nous abstenir, et qu'il serait pos-

sible de remplacer par une supposition contraire. Or,
si nous pouvons nous abstenir de poser les définitions
géométriques , une fois posées, il nous est absolument
impossible d'y substituer des notions contraires ; dès
l'instant où nous avons engendré une figure , l'œuvre
objective de l'esprit s'impose à l'esprit, et demeure à
tout jamais ce que l'esprit l'a faite. La raison de la
nécessité géométrique n'est donc pas dans le prétendu
caractère hypothétique des définitions.

La nécessité, en général, est une liaison qui ne peut
pas ne pas être ; mais il faut distinguer l'une de l'autre
la nécessité physique, la nécessité logique et la nécessité géométrique. L'univers physique est un réseau immense de phénomènes unis entre eux par des liens in-
vincibles ; l'anarchie n'est pas plus dans la nature que
dans la pensée, et ce qui paraît au vulgaire confusion et
désordre se résout aux yeux du savant en systèmes har-
monieux. Tout fait a une place invariable dans ces séries régulières, mais si intimement entrelacées et en-
chevêtrées, qu'il a fallu des siècles pour en saisir la
trame. Tant que cette place fixe n'a pas été découverte,
rien ne semble nécessaire dans la production des phénomènes ; mais dès que l'esprit a trouvé les rapports des
faits , dès qu'il a démêlé sous la multiplicité sensible
l'unité intelligible, aussitôt la production d'un fait quelconque est subordonnée à l'apparition d'un fait antérieur ; les phénomènes, désormais rivés ensemble, forment des couples stables, qui, s'unissant l'un à l'autre,
constituent ces séries indéfinies où chaque terme dépend de celui qui le précède, et commande celui qui

le suit. Alors nous apparaît distinctement la notion de la nécessité physique : nous ne pouvons pas concevoir que, tel phénomène étant donné, tel autre phénomène ne suive pas. On voit par là que cette nécessité suppose deux choses : une matière sensible et une forme intelligible ; des phénomènes s'accomplissant objectivement dans l'espace, et, entre eux, des rapports constants et invariables. Si l'on peut soutenir avec quelque apparence de raison que le principe d'une telle nécessité est la pensée elle-même, on ne saurait pourtant contester que, sans les phénomènes particuliers auxquels s'applique cette pensée, une telle nécessité demeurerait éternellement subjective et formelle.

Toute autre est la nécessité logique. Tandis que les recherches du physicien portent sur des objets réels qui occupent une place déterminée dans l'espace et le temps, le logicien considère des notions générales, abstraction faite de l'espace et du temps. On peut dire avec raison que la logique formelle est une sorte de chimie intellectuelle, régie par ce principe : Quelles que soient les décompositions et les combinaisons des idées, toujours à la fin de l'opération on doit retrouver la même quantité de *matière*. Le logicien a pour instrument l'analyse ; il prend des idées complexes, d'une compréhension plus ou moins riche, et, sans se préoccuper de la façon dont ces composés ont été formés, il dégage les éléments qui y étaient enveloppés. De là le caractère propre des propositions logiques. Les jugements empiriques sont synthétiques ; les jugements logiques sont analytiques ; l'attribut, quel qu'il soit, était contenu dans le sujet, et l'œuvre de la pensée a été de l'en dégager. Aussi, dans ces jugements, le verbe exprime-t-il toujours une identité totale ou partielle entre l'attribut et le sujet. Il suit de là que la nécessité de ces propositions est tout idéale : je pose dans mon esprit une certaine somme d'attributs appelée sujet ; j'affirme de cette somme un des attributs qui en font partie ; il ne peut pas se faire que le rapport énoncé ne soit pas, ou qu'il soit autre qu'il est. Il y a encore là, si on veut, une matière et une forme ; mais la matière n'est plus un fait hors de l'esprit ; c'est une idée dans l'esprit.

Dans la proposition géométrique, au contraire, nous trouvons une forme intelligible et une matière qui, sans être phénoménale, est cependant extérieure à l'esprit, et qui, sans être idéale, est cependant intelligible. Nous avons vu que, pour créer la géométrie, l'esprit découpait en quelque sorte dans l'espace des portions déterminées. La matière de la proposition géométrique n'est donc pas un phénomène particulier, corps ou fait, mais la forme vide, dont tous les corps sont revêtus, et c'est entre les portions de l'espace déterminées par l'esprit lui-même qu'il s'agit de trouver des rapports. On conçoit, dès lors, que la nécessité géométrique ne ressemble ni à la nécessité physique, ni à la nécessité logique. En physique, la nécessité est une liaison de phénomènes dans le temps, abstraction faite de l'espace ; en logique, elle est une liaison d'idées, abstraction faite de l'espace et du temps ; en

géométrie, elle est une liaison de formes, abstraction
faite du temps. Dans la nature extérieure, les phénomènes apparaissent à un endroit particulier de l'espace ; mais, la loi trouvée, l'espace disparaît en quelque
sorte, et il ne reste qu'un ordre invariable de succession. Dans le monde des idées, les notions que la
logique analyse n'ont aucun rapport à l'espace et au
temps ; si le passage du sujet à l'attribut se fait dans le
temps, car les actes de l'esprit sont successifs, il n'en
est tenu aucun compte dans le résultat de l'opération.
Dans la géométrie, le sujet et l'attribut sont des déterminations de l'espace homogène, passif et indéfini.
La nécessité de l'attribution ne dérive pas d'une identité entre les deux termes de la proposition ; même
quand ces termes sont des notions de grandeurs égales
et de même forme, ils ne sont pas identiques, car
chacun d'eux occupe un lieu distinct dans l'espace :
autre chose est se représenter le triangle ABC ; autre
chose, imaginer le triangle A'B'C' ; à plus forte raison
une telle identité n'existe-t-elle pas quand les grandeurs mises en présence sont de forme différente ;
si, numériquement, les trois angles d'un triangle
sont égaux à deux angles droits ; autre chose est
se représenter une portion de l'espace terminée par
trois droites, et autre chose, imaginer deux portions
de l'espace adjacentes et égales, comprises entre
deux droites qui se coupent. La synthèse du sujet et
de l'attribut se fait en un, deux ou plusieurs temps :
tantôt par la superposition des figures, tantôt par la
substitution de grandeurs équivalentes à des gran-

deurs équivalentes. Toute démonstration est un déplacement de figures individuelles. Il semble, dès lors, que le résultat de l'opération n'ait qu'une valeur empirique, car rien ne force les images futures à entrer dans le même moule. La chose serait vraie si nous opérions sur les formes des corps naturels et non sur des déterminations de l'espace engendrées par nous-mêmes. Mais nous avons vu, dans un précédent chapitre, que, la loi de construction une fois posée par l'esprit, rien dans l'espace ne s'opposait à ce qu'elle fût réalisée. Dès lors, nous sommes assurés que partout et toujours nos définitions pourront être objectivées. Aussi, quand nous superposons deux figures égales, quand nous substituons l'une à l'autre deux grandeurs équivalentes, ne faisons-nous pas une simple constatation de fait, mais une démonstration véritable. Pour que la liaison des grandeurs réunies ne fût pas nécessaire, il faudrait que l'une d'elles pût changer de forme. Mais d'où viendrait la cause du changement, puisqu'elle ne saurait venir ni de l'espace absolument passif et partout homogène, ni de l'esprit qui peut varier à l'infini ses créations, mais non pas les altérer une fois qu'elles sont réalisées? La nécessité géométrique résulte donc du caractère essentiel et de la fonction des définitions.

Tout ce qui précède est vrai de la géométrie euclidienne traitée par la méthode des anciens; mais les choses ne se passent-elles pas autrement dans cette même géométrie traitée par la méthode des modernes et dans la géométrie non euclidienne?

Pour ce qui est de la géométrie analytique, la réponse est facile. Nous savons comment s'opère le passage du concret à l'abstrait ; la formule algébrique une fois substituée à la définition intuitive, l'esprit opère avec confiance sur les signes abstraits, convaincu que leurs rapports correspondent aux rapports des choses signifiées ; les représentations, absentes du calcul, ne reparaissent qu'à la fin pour interpréter la conclusion. Les moyens termes ne sont donc pas ici des images correspondant à des définitions, mais des symboles conventionnels. Pourtant, les opérations effectuées sur les signes algébriques, qui ont conduit les modernes à de si nombreuses découvertes, n'auraient pu, à l'origine, être comprises sans le secours des images. « On ne peut aborder l'étude de la géomé-
» trie analytique en partant directement de simples
» axiomes et définitions. Il faut, avant de commencer
» à faire usage de l'analyse, apprendre, par une géo-
» métrie synthétique, par une vue immédiate, quelles
» sont les propriétés des lignes et des angles. Toutes
» ces propositions synthétiques une fois connues, on
» peut en déduire d'autres algébriquement ; mais
» c'est seulement grâce à un double acte intuitif im-
» médiat : *premièrement*, lorsqu'on traduit l'énoncé
» géométrique en formules algébriques ; *secondement*,
» lorsqu'on substitue au résultat algébrique, s'il n'est
» pas purement quantitatif, sa signification géomé-
» trique. La solution de toute proposition, en géomé-
» trie analytique, n'est pas autre chose qu'une règle
» destinée à nous guider lorsque, par un nouvel

» usage de nos yeux ou de notre imagination, nous
» voulons construire les nouvelles lignes que doit
» nous fournir l'interprétation du résultat. L'analyse
» ne nous permet pas de nous dispenser des construc-
» tions synthétiques ; elle sert simplement à nous
» guider dans ces constructions, et elle nous dispense
» ainsi plus ou moins complétement de cette sorte de
» tact qu'exige la découverte des solutions géomé-
» triques (1). »

Nous ajouterons que les quantités négatives et les quantités imaginaires, qui ont fait si longtemps le désespoir des logiciens , ont reçu une interprétation géométrique féconde en résultats nouveaux (2).

Pour ce qui est de la géométrie imaginaire , il nous semble que les progrès dont elle est susceptible pour-ront modifier la méthode de démonstration suivie jus-qu'à ce jour. Nous avons vu que cette géométrie, convenablement interprétée , considérait un certain nombre de surfaces analogues , dont elle déterminait d'abord les propriétés communes, puis les caractères particuliers. La démonstration géométrique ordinaire va de l'égal à l'égal ou de l'équivalent à l'équivalent ; mais n'est-il pas possible de prévoir qu'un jour elle ira du genre à l'espèce ? En s'en tenant aux résultats

---

(1) W. R. Smith , *Le Raisonnement géométrique*. — *Rev. des cours scient.*, 19 fév. 1870.

(2) Sur l'interprétation des quantités négatives, *V*. Renouvier, *Essais de critique générale*, 1ᵉʳ essai, appendice ;

Sur l'interprétation des quantités imaginaires, *V*. Mourey, *La Vraie Théorie des quantités négatives et des quantités prétendues imaginaires.*

incontestables, acquis aujourd'hui, ne doit-on pas considérer le groupe des surfaces de courbure constante comme un genre, dont il faut déterminer d'abord les propriétés? Ces propriétés seront toujours prouvées par la méthode que nous avons analysée plus haut; mais, une fois démontrées du genre, ne les démontrera-t-on pas de l'espèce par un véritable syllogisme?

CHAPITRE V.

HIÉRARCHIE DES CARACTÈRES EMPIRIQUES.

Les sciences empiriques sont irréductibles aux sciences mathématiques. — On ne peut complétement substituer à la perception des qualités sensibles la connaissance de formules numériques. — Constitution des êtres naturels. — Constitution des idées générales. — Hiérarchie des caractères. — Classification. — Caractères dominateurs et caractères subordonnés.

Nous passons de la géométrie aux sciences de la nature, de l'étude des quantités à l'étude des qualités. Au premier abord, un abîme infranchissable semble séparer ces deux objets ; les quantités sont rationnelles ; les qualités sont sensibles. Pourtant, n'est-il pas possible de franchir l'abîme, c'est-à-dire de pousser la réduction des éléments sensibles jusqu'au mouvement géométrique ? Il nous faut d'abord résoudre cette question, si nous voulons savoir en quoi consiste la connaissance scientifique des êtres naturels.

Connaître, c'est expliquer. La science mal informée expliqua les êtres de la nature et les phénomènes dont ils sont le théâtre par l'action de forces cachées aux sens : pesanteur, chaleur, force magnétique, force électrique, affinité chimique, force vitale. Mais la science mieux informée a banni ces puissances mysté-

rieuses, et les a reléguées parmi « ces petits lutins de
facultés, dont se moquait Leibnitz, paraissant à propos
comme les dieux de théâtre, ou les fées de l'Amadis,
et faisant, au besoin, tout ce que voulait un philosophe,
sans façon et sans outils. » Elle a prouvé, d'abord,
que tous les phénomènes physiques sont corrélatifs,
qu'aucune des affections de la matière « ne peut être
dite la cause essentielle des autres, mais que chacune
d'elles peut produire toutes les autres ou se convertir
en elles (1). » Poussant plus loin la réduction, elle commence à prouver que ces phénomènes, en apparence si
divers, sont, au fond, des combinaisons de mouvements,
identiques pour la pensée qui en a dégagé les formules,
mais irréductibles pour la sensibilité, dont les organes
imposent des *formes* différentes à une même *matière*,
de telle sorte que nous prenons pour des différences
réelles des différences subjectives projetées par l'esprit
hors de lui-même. Les lois de tous les phénomènes
inorganiques, même des plus mystérieux en apparence,
seraient donc les lois du mouvement. Vous faites évaporer lentement une dissolution de sel ; les molécules
se déposent sur le fond du vase, se surperposent les
unes aux autres de façon à former un petit édifice
aux arêtes géométriques, aux faces régulières ; vous
n'imaginerez pas, pour expliquer la formation de ce
cristal, qu'une troupe d'ouvriers invisibles, obéissant
à un maître invisible comme eux, a construit l'édifice
cristallin, ainsi que furent construites les pyramides

---

(1) Grove, *De la Corrélation des forces physiques*, Introduction.

d'Égypte. « L'explication scientifique est que les mo-
» lécules matérielles réagissent les unes sur les autres,
» sans l'intervention d'aucun travail manuel, qu'elles
» s'attirent et se repoussent à certains points définis
» et dans certaines directions déterminées, et que la
» forme pyramidale est le résultat de ces attractions et
» de ces répulsions (1). » La physique et la chimie sont
donc des provinces de la mécanique, et la perception
sensible de tous les phénomènes de cet ordre peut
être remplacée par une formule mathématique. Ici la
réduction de la qualité à la quantité n'est pas chose
impossible, quelque difficulté qu'opposent au calcul
la petitesse infinie des masses mues et la complexité
extrême des procédés mis en œuvre pour les mouvoir.

Les lois qui régissent la matière brute s'étendent
aussi à la matière vivante. Longtemps on a cru que la
vie était l'œuvre d'une force spéciale, antagoniste des
forces inorganiques. Bichat la définissait l'ensemble des
fonctions qui résistent à la mort, et par mort il enten-
dait le triomphe des forces physiques et chimiques,
faisant rentrer dans leur domaine la portion de matière
qui leur avait un instant échappé. Mais la science a
renversé cette dernière idole de la métaphysique ; les
prétendues lois d'exception sont rentrées dans la règle
commune. Vivre est une forme de la mécanique ; nature, lois, produits, tout se ressemble dans les phénomènes de la matière brute et dans ceux de la matière

---

(1) Tyndall, *Les Forces physiques et la Pensée*. Revue des cours
scient. 1866.

vivante. Le minéral s'accroît par une juxtaposition de molécules ; l'être organisé transforme des matériaux empruntés au dehors, et se les assimile par intussusception. Cette différence est superficielle ; au fond, la science découvre une identité complète entre les phénomènes physico-chimiques et les phénomènes vitaux. Ce qui a si longtemps voilé la vérité et fait admettre, en désespoir de cause, cette prétendue force vitale, c'est la complexité des moyens employés dans la machine vivante pour produire des résultats identiques à ceux des machines inorganiques ; mais, sous ces procédés complexes, la science retrouve chaque jour les procédés plus simples de la physique et de la chimie, c'est-à-dire de la mécanique. L'animal est un composé de combinaisons d'oxygène, d'hydrogène, d'azote, de carbone, de phosphore, de fer et de quelques autres corps simples, en proportions diverses ; ces corps sont tour à tour empruntés et rendus au monde extérieur ; les combinaisons et les décompositions s'accomplissent dans le laboratoire animé comme dans le laboratoire inerte du chimiste ; les aliments introduits dans l'appareil y sont soumis à l'action de certains réactifs fournis par l'appareil lui-même, et résultant d'une combinaison chimique et d'un filtrage physique. Transformés en substances assimilables, ils pénètrent, en vertu d'une loi purement physique d'imbibition et de capillarité, dans le milieu intérieur ; ils y rencontrent des gaz inorganiques, portés là en vertu de la loi physique de la diffusion des gaz, et retenus par des condensateurs analogues à certains condensateurs minéraux ; des

réactions chimiques s'établissent entre ces substances
solides, liquides et gazeuses, et le milieu circonvoisin,
dont les produits sont éliminés de l'organisme phy-
siquement et mécaniquement. Les lois de la physique
et de la chimie suffisent donc à expliquer ces échanges
et ces métamorphoses de matière, qui sont le trait essentiel de la vie dans l'être pleinement développé.

Si maintenant nous considérons l'évolution de cet
être, il ne sera pas besoin, pour l'expliquer, de faire
intervenir une puissance mystérieuse. « Plaçons un
» grain de blé dans la terre, et soumettons-le à l'ac-
» tion de la chaleur; en d'autres termes, maintenons
» dans un certain état d'agitation les molécules du
» grain de blé et celles de la terre qui l'entoure, car,
» vous le savez, aux yeux de la science, la chaleur est
» un mouvement vibratoire. Dans ces conditions, le
» grain et les substances qui l'entourent réagissent les
» unes sur les autres, et le résultat de cette réaction
» est un édifice moléculaire. Un bourgeon se forme;
» ce bourgeon atteint la surface, où il se trouve exposé
» aux rayons du soleil, qu'il faut considérer aussi
» comme une sorte de mouvement vibratoire; et de
» même que le mouvement de la chaleur, communi-
» qué aux grains et aux substances qui l'environnent,
» a fait un tout du grain et de ces substances, de même
» aussi le mouvement spécifique des rayons du soleil
» permet à la plante de se nourrir de l'acide carbo-
» nique et de la vapeur aqueuse présents dans l'air,
» de s'approprier les constituants de ces deux corps,
» pour lesquels elle a une attraction spéciale, et de

» laisser les autres reprendre leur place dans l'air.
» Ainsi, des forces sont en activité dans la racine, des
» forces sont en activité dans la tige ; les matières
» contenues dans la terre, les matières contenues dans
» l'atmosphère sont attirées vers la plante, et la plante
» grandit. Tour à tour nous voyons le bourgeon, la
» tige, l'épi, le grain dans l'épi ; car les forces qui
» sont ici en jeu agissent en un cycle qui se complète
» par la production de grains semblables à celui par
» lequel il a commencé.

» Or il n'y a rien, dans cette évolution, qui dépasse
» nécessairement le pouvoir de notre intelligence telle
» qu'elle existe. Une intelligence semblable à la nôtre,
» si elle était seulement suffisamment développée,
» pourrait suivre cette évolution entière depuis le
» commencement jusqu'à la fin. Nous n'avons besoin,
» pour cela, d'aucune faculté intellectuelle entièrement
» nouvelle. Un esprit suffisamment développé verrait
» dans cette évolution un exemple du jeu de la force
» moléculaire ; il verrait chaque molécule venir pren-
» dre la place qui lui appartient, guidée qu'elle est
» par les attractions et les répulsions spécifiques qui
» s'exercent entre elle et les autres molécules. Que
» dis-je ! étant donné le grain et ce qui l'environne,
» une intelligence semblable à la nôtre, mais suffi-
» samment développée, pourrait tracer *a priori* chaque
» pas de l'évolution ; pourrait, par l'application des
» principes mécaniques, démontrer que le cycle doit
» finir comme nous le voyons finir, par la reproduc-
» tion de formes semblables à celles par lesquelles il

» a commencé. Nous retrouvons ici une nécessité
» semblable à celle qui guide les planètes dans leur
» course autour du soleil (1). » On pourrait en dire
autant de l'évolution animale. Ensemble de molécules
aux positions définies, enveloppé par un ensemble de
molécules aux positions non moins définies, l'œuf s'accroît et se transforme, parce qu'entre lui et la matière
ambiante s'établit un courant d'actions et de réactions, duquel résulte cette machine complexe dont les
diverses pièces se sont ajoutées les unes aux autres, à
mesure qu'une modification dans les masses réagis-
santes changeait la direction ou l'intensité du courant
moléculaire. En un mot, un animal qui croît est une
formule qui se développe, formule qu'un œil assez
pénétrant pourrait lire dans l'œuf, origine de l'évolution.

La vie est donc une forme particulière de la mécanique ; mais c'en est la forme la plus complexe, celle
où les lois du mouvement s'accomplissent sous les conditions les plus variées, et où tant d'intermédiaires
sont intercalés entre le point de départ et le terme de
la métamorphose, qu'il est extrêmement difficile d'en
retrouver la suite et la liaison.

Il résulte de là que chaque être vivant aurait une formule, expression rationnelle des qualités sensibles,
et que nous serions au-dessous de la science tant que
nous ne l'aurions pas découverte. Ainsi la quantité
remplacerait la qualité, des combinaisons numériques

----

(1) Tyndall, *loc. cit.*

seraient substituées aux combinaisons des propriétés physiques, chimiques et vitales. Nous cherchons à ramener les êtres juxtaposés dans l'espace à certains types constants de caractères subordonnés les uns aux autres; il nous faudrait les réduire à certaines relations de nombre; nous cherchons comment des qualités s'unissent pour constituer des formes distinctes; il nous faudrait chercher en quelles proportions des nombres se combinent pour constituer des formules différentes. Tous les êtres qui vivent sont pour nous comme les variations de plus en plus riches d'un même thème sensible, la vie, réalisée selon son degré d'intensité par des organes de plus en plus nombreux, de plus en plus spécialisés; ils deviendraient comme les variations d'un même thème numérique, d'abord fort simples, puis de plus en plus complexes, à mesure qu'augmenteraient le nombre et la distinction des termes mis en rapport.

Avant de nous demander si cet idéal de la science naturelle n'est pas une chimère irréalisable, constatons que nous sommes loin de l'avoir atteint. Certes, les découvertes des sciences physiques et chimiques sont considérables; nous ne nierons pas non plus que beaucoup des phénomènes organiques, rapportés naguère encore à la mystérieuse force vitale, soient rentrés sous la règle commune à la physique et à la chimie. Toutefois on doit reconnaître qu'il y a loin de là à la découverte de formules mathématiques qui seraient les expressions rationnelles de chaque espèce minérale, végétale et animale. Mais peut-on découvrir ces formules? et, en admettant que la chose fût possible, cette découverte serait-elle le degré le plus élevé de la science des êtres naturels ?

Une première donnée indispensable pour établir de telles expressions mathématiques, et que l'observation ne fournira jamais, c'est le nombre exact des éléments réagissant. Un animal est un système d'appareils; un appareil, un système d'organes; un organe, un système de tissus; un tissu, un système de cellules. Si l'on suppose que ces cellules sont les éléments irréductibles de l'organisme, quel microscope assez puissant permettra de les distinguer toutes, et quel esprit assez patient pourra jamais les compter? On sait à peu près quel est le nombre des stomates semés sur les deux faces d'une feuille ; mais ce ne sont là que des moyennes dont un mathématicien ne saurait se contenter pour établir des formules précises ; et, s'il est déjà très-difficile d'analyser un millimètre carré d'épiderme, combien la difficulté ne deviendrait - elle pas plus grande le jour où l'on entreprendrait de décomposer de la même façon un organisme entier ! Toutefois il n'y a là aucune impossibilité absolue. Mais voilà que l'élément, en apparence irréductible, se résout ; dans la cellule infiniment petite, le microscope découvre des infiniment petits de second ordre : un nucléus, des granulations, un liquide où elles flottent, une membrane qui enveloppe le tout. Chacune de ces parties est elle-même composée de parties ; chaque partie de partie est divisible, et ainsi de suite. Or, tandis que la pensée poursuit ainsi, sans l'atteindre jamais, l'élément irré-

ductible, l'observation s'est arrêtée depuis longtemps :
nous sommes donc en présence de l'infini. Ce n'est pas
tout ; une seconde donnée aussi indispensable que la
première, c'est l'évaluation précise des actions et des
réactions mutuelles des éléments constitutifs du système. Or le nombre de ces éléments est infini ; le
nombre des forces agissantes dont chacun est doué
l'est donc aussi. Or l'action de chaque élément est modifiée par les actions de tous les autres ; l'état d'un de
ces éléments, à un instant donné, résulte donc d'une
infinité d'actions différentes : nous sommes, par conséquent, en présence de l'infini élevé à une puissance
infinie. Établissez maintenant la formule de ce système où tout est infini, et le nombre des éléments, et
le nombre des actions, et le nombre des réactions, et
le nombre des combinaisons de ces influences réciproques.

La difficulté que nous venons de signaler est insur-
montable ; cependant on peut toujours croire que
l'idéal des sciences empiriques serait de réduire les
qualités sensibles aux quantités abstraites, tout en
plaçant cet idéal hors de notre prise. Montrons que si,
par impossible, on opérait cette réduction complète,
nous n'aurions pas encore une connaissance vraiment
scientifique des êtres naturels.

Pour concevoir que des relations de quantité soient
partout substituées à des relations de qualité, il faut
admettre que tout est mécanisme dans la nature, et
que sous ce mécanisme n'est caché aucun fait d'un
autre ordre. Pour ce qui est de la nature inanimée,

la chose semble vraie ; là, en effet, les phénomènes élémentaires se ramènent à des combinaisons plus ou moins complexes d'éléments géométriques, et forment des séries sans fin où chaque terme est déterminé par celui qui le précède, et détermine celui qui le suit. Pourtant nous voyons déjà poindre, dans la nature inorganique, un je ne sais quoi dont les seules lois de la mécanique ne sauraient rendre compte. Ainsi les molécules d'un sel en dissolution se superposent et constituent des cristaux réguliers, quand on fait évaporer lentement le liquide. On pourrait, à la rigueur, trouver la formule mathématique de tous ces mouvements. Mais comment se fait-il que ces séries d'antécédents et de conséquents convergent vers un centre commun, concourent, chacune pour une part déterminée, à la construction de cet édifice aux formes immuables ? Cette direction propre à chaque série de mouvements, cette concurrence constante de toutes les séries vers un rendez-vous unique, sont-elles le résultat des actions et des réactions moléculaires ? Mais alors pourquoi, si vous précipitez l'évaporation, les molécules du sel dissous tombent-elles pêle-mêle, sans ordre, sur le fond du vase ? Ce résultat, si différent du premier, est toujours l'œuvre des mêmes lois mécaniques. Ce ne sont donc pas ces lois qui déterminaient auparavant la convergence des mouvements élémentaires. Dira-t-on que du premier cas au second les circonstances ont varié, qu'en accélérant l'évaporation on a introduit un élément de discorde au milieu des actions et des réactions moléculaires ? On aura raison ; mais il n'en reste pas moins vrai que des seules lois du mouvement on ne saurait déduire les formes définies qu'affecte la matière inorganique, pas plus qu'on n'en déduit la forme de nos machines industrielles. Inventer une machine, ce n'est pas simplement tirer par déduction une conséquence d'une loi donnée ; c'est faire servir les lois de la mécanique à la réalisation d'une idée préconçue. Dans les machines naturelles, l'idée qui forme le centre, et, par suite, le lien des divers éléments du système, ne résulte pas des lois mêmes de la mécanique.

Cette lacune de la théorie mécaniste de la nature est beaucoup plus apparente encore dans l'explication de la vie. On ne saurait contester, sans nier les progrès de la science, l'identité des phénomènes physico-chimiques et des phénomènes dont l'être organique, pleinement développé, est le théâtre. Mais dans cet être, ce qui n'est pas l'œuvre du pur mécanisme, c'est le milieu, le laboratoire vivant où s'accomplissent ces phénomènes. La respiration n'est qu'un échange de gaz réglé par les lois de la diffusion ; la nutrition, une série de dédoublements et de combinaisons chimiques ; l'absorption, un phénomène d'endosmose et de capillarité ; la circulation, le résultat d'une impulsion et d'une pression mécaniques ; mais, pour produire ces phénomènes physiques, chimiques et mécaniques, la nature vivante emploie des appareils et des procédés que le savant ne peut construire ni imiter. Ce qui caractérise la vie, c'est l'évolution organique de laquelle résultent les instruments de ces phénomènes physico-chimiques, qui, loin d'être la vie, n'en sont que les manifestations. C'est là aussi ce que le mécanisme est impuissant à expliquer. Qu'on nous donne le germe, dit-on, et nous en déduirons toutes les phases de la métamorphose. Mais ce germe contient la vie qu'il s'agit précisément d'expliquer. On suppose donc donné ce dont on prétend se passer. Créez de toutes pièces la cellule primordiale, dites-nous de quelles actions, de quelles réactions moléculaires elle résulte, et vous aurez gain de cause; mais, jusque-là, nous sommes en droit de dire que l'évolution tout entière est dirigée par cette vie qui gît obscure et virtuelle au fond de l'embryon, et qui, excitant peu à peu ses puissances, fait servir à son complet achèvement les séries des mouvements moléculaires.

L'idée de vie ne se résout pas dans l'idée de mouvement. Chez l'être vivant pleinement achevé, tout phénomène est régi par une loi physique ou chimique; mais, en même temps, à ce mécanisme préside une loi organique de finalité. Un organisme est un système de moyens appropriés à une fin commune. Les cellules forment des tissus; les tissus, des organes; les organes, des appareils; les appareils, la machine entière; mais cellules, tissus, organes et appareils ont chacun une fonction spéciale qui concourt à la fin totale de l'ensemble. Le système des organes et des fonctions est clos de toutes parts, et la place et le rôle de chaque élément y sont déterminés par la fin du tout. Par conséquent, si la vie est l'effet des organes, elle en est aussi la cause. Si, les moyens disparaissant,

la fin n'est plus réalisée, la fin supprimée, les moyens
disparaissent. Supprimez la vie, et aussitôt ces forces
mécaniques, physiques et chimiques qui naguère tra-
vaillaient de concert à un résultat commun se dis-
socient, et travaillent chacune pour son compte; il
reste une matière et des phénomènes inorganiques,
mais organes et fonctions ont disparu. Il y a donc dans
l'organisme un double et constant courant du centre
à la périphérie, et de la périphérie au centre; l'unité
vivante produit une pluralité de parties vivantes elles-
mêmes, et cette pluralité d'organes réalise et alimente
l'unité centrale. La vie crée donc elle-même les
moyens de sa propre réalisation. La chose sera plus
évidente encore si l'on considère l'évolution organique. L'origine est une simple cellule qu'anime à
peine une vie vacillante; le terme est un être complexe,
aux énergies intenses et variées. Pour passer du mini-
mum au maximum, la vie a besoin d'instruments
qu'elle crée peu à peu, et qui, au fur et à mesure de
leur apparition, réalisent les diverses puissances de
la vie. Si une fin virtuelle encore, mais cependant
efficace, ne préside pas à ces créations successives, ne
coordonne pas à un but commun les organes nais-
sants, on ne comprend pas pourquoi la même matière, soumise à l'action des mêmes forces moléculaires, régie par les mêmes lois mécaniques, produit
des instruments divers, pourquoi ces instruments se
réunissent en appareils, pourquoi ces appareils forment un système clos où toutes les actions particulières sont dirigées harmonieusement vers un centre

unique. Or c'est cette finalité intentionnelle, dont tout être vivant est imprégné, que le mécanisme n'explique pas ; il nous montre bien comment un fait est déterminé par un antécédent ; mais la vie est autre chose que ce déterminisme rigide et en quelque sorte linéaire ; elle résulte du concours sympathique des séries d'antécédents et de conséquents vers une fin commune. Vouloir la réduire au mécanisme pur, c'est la supprimer, et l'on prétend qu'on en a rendu compte !

Par conséquent, alors même qu'on finirait par découvrir la formule de tous les mouvements qui s'accomplissent dans l'être organisé, plante ou animal, il resterait toujours à expliquer la vie qui l'anime, et cette vie ne peut s'exprimer en nombres. Ne rêvons donc pas une réduction complète de la qualité à la quantité. Si loin que l'esprit puisse aller dans cette voie, il sera toujours en présence de groupes irréductibles d'éléments inconnus ; jamais il ne remplacera le concret par l'abstrait, la sensation par le chiffre. Cherchons maintenant en quoi consiste la connaissance vraiment scientifique des êtres naturels.

Les individus apparaissent chacun dans un point particulier de l'espace et dans un instant déterminé du temps. Le nombre en est par conséquent indéfini ; aussi ne pouvons-nous avoir la prétention de les connaître jamais tous. Mais la science réduit cette multiplicité à l'unité ; aux intuitions individuelles, en nombre nécessairement illimité, elle substitue un type unique, extrait des intuitions antérieures, et qui nous dispense des intuitions futures. A parler en toute rigueur, il n'y a pas dans la nature deux êtres absolument identiques ; eussent-ils d'ailleurs mêmes caractères, ils différeraient toujours par leur situation particulière. Mais dans ces êtres différant tous l'un de l'autre, disséminés dans l'espace et se succédant dans le temps, l'esprit découvre certaines propriétés communes et permanentes. Si j'analyse l'animal que je viens de voir, je trouve : un poil luisant, une allure fière, un œil ardent, des naseaux ouverts, une crinière abondante, six incisives à chaque mâchoire, six molaires à couronne carrée, marquées par des lames d'émail en croissant, un espace vide entre les incisives et les molaires, des membres antérieurs accolés sans clavicule à l'omoplate, pas de doigts distincts, mais des sabots au bout des pattes. Je rencontre plus loin un autre animal, je l'analyse et je trouve : un poil terne, une démarche humble, un œil sans feu, des narines flasques, une crinière maigre, et six incisives à chaque mâchoire, six molaires à couronne carrée, incrustées d'émail en croissant, un vide entre les incisives et les molaires, pas de clavicule, pas de doigts, mais un sabot à l'extrémité des membres. Malgré des différences notables, ces deux animaux se ressemblent, et je puis les réunir dans une pensée unique. Si, maintenant, laissant de côté les caractères que je vois varier dans chaque individu, je conserve seulement ceux qui ne varient pas, j'en forme une image, ou, si l'on aime mieux, une idée, vraie de tous les individus observés jusqu'à ce jour, et de tous les individus semblables qui pourront exister plus tard. A l'observation impossible d'un nombre illimité d'êtres particuliers, je supplée par une pensée unique ; je passe des intuitions individuelles, vraies seulement dans un point de l'espace et dans un instant du temps, au type général, vrai partout et toujours.

Telle est notre première démarche dans la réduction de la multiplicité phénoménale à l'unité. Mais l'esprit ne tarde pas à s'apercevoir que les éléments constitutifs des types généraux ainsi obtenus n'ont pas tous même extension ; c'est pour lui un trait de lumière et l'occasion d'un progrès nouveau. Je vois un lion et un tigre. Le corps du premier est vigoureux et trapu ; sa tête est grosse, son poil serré et d'un brun fauve ; l'extrémité de sa queue est floconneuse. Le corps du second, vigoureux aussi, est plus allongé, ses pattes sont plus courtes, son pelage n'est plus d'une couleur uniforme, mais sur un fond jaune ardent se détachent des bandes noires tirées assez régulièrement du dos vers le ventre ; çà et là, à la face interne des oreilles, à la gorge, au poitrail, des taches d'un beau blanc, et enfin, au bout de la queue, quinze anneaux noirs sur un fond jaunâtre. Voilà deux images parfaitement distinctes l'une de l'autre, et que je ne puis fondre en une seule. Le groupe de qualités sensibles qui forme la première appartient à tous les lions ; celui qui constitue la seconde est vrai de tous les tigres.

Si je pousse plus loin l'analyse, outre les propriétés que je viens de décrire, je trouve dans les deux animaux soumis à mon examen des canines très-fortes, des molaires lacérantes, une tête et un museau arrondis, une arcade zygomatique voûtée, des mâchoires courtes, une langue à papilles cornées, aux pointes dirigées en arrière, un mufle petit, des narines percées de côté, des oreilles courtes, droites et triangulaires, cinq doigts aux membres antérieurs, quatre aux membres postérieurs, tous armés d'ongles rétractiles. Voilà une collection de propriétés communes aux deux images précédemment obtenues. Nous en faisons un type de second degré, et les types de premier degré, tels que ceux du lion et du tigre pris pour exemples, et encore ceux du jaguar, du léopard, de la panthère et du chat, impliquent tous ce type plus général.

Mais l'analyse et la description de nos deux individus ne sont pas épuisées. Outre les caractères qui ont formé le type du deuxième degré, je vois en eux : six incisives et deux canines à chaque mâchoire, huit molaires tranchantes ou tuberculeuses à la mâchoire supérieure, six à la mâchoire inférieure, les maxillaires inférieurs solidement enchâssés dans la cavité glénoïde, et incapables de mouvements horizontaux, des orbites non séparées des fosses temporales, des arcades zygomatiques écartées et relevées, un estomac simple et membraneux, un intestin court, un cerveau sillonné, sans troisième lobe, et ne recouvrant pas le cervelet. Voilà une nouvelle collection de propriétés qui n'appartient en propre ni aux deux types de premier degré choisis pour point de départ, ni au type de deuxième degré que j'en ai dégagé, mais qu'on rencontre dans un nombre plus ou moins considérable de types de deuxième degré précédemment obtenus, dans le chien par exemple, dans le chacal, le renard, l'ours, l'hyène, le raton, le blaireau, la loutre et le putois. Je suis conduit à en faire un type de troisième degré, impliqué dans un certain nombre de types du deuxième degré.

On doit aller plus avant encore. Dans les deux formes animales prises comme exemples, outre les propriétés énoncées jusqu'ici, je trouve : une mâchoire supérieure fixée au crâne, sept vertèbres cervicales, des côtes antérieures soudées à un sternum, des omoplates non articulées, une tête articulée par deux condyles sur la première vertèbre, un cerveau, deux hémisphères réunis par un corps calleux, une allantoïde autour du fœtus, un appareil mammaire. Voilà une quatrième collection de caractères qui n'appartient pas en propre aux types desquels nous l'avons extraite, mais qu'on retrouve, unie à des caractères différents de ceux que nous avons rencontrés jusqu'alors, dans l'homme, dans le singe, l'éléphant, la chauve-souris, le phoque et la baleine. J'en fais un type de quatrième degré qui sera impliqué dans un certain nombre de types du troisième ordre.

Je ne puis m'arrêter encore. Dans le lion et le tigre, je trouve : un encéphale et une moelle épinière logés dans une boîte osseuse, un squelette intérieur, du sang rouge, un cœur musculaire, des organes distincts des sens. Voilà une cinquième collection de caractères, plus générale encore que toutes les collections précédemment dégagées, car je la rencontre non-seulement dans les êtres appartenant à notre type de quatrième degré, mais dans les poissons, les oiseaux, les reptiles et les batraciens. J'en fais un type de cinquième degré, qui sera impliqué dans un certain nombre de types du quatrième degré, malgré les différences qui les séparent.

Enfin ce lion, ce tigre digèrent, respirent, sentent, se meuvent, se reproduisent et sont sortis d'un œuf. Voilà une dernière collection de caractères, encore plus générale que les précédentes, car elle se trouve non-seulement impliquée dans notre type du cinquième degré, mais dans toute forme animale, dans un escargot, dans un helminthe, dans une méduse. Je suis ainsi conduit par les progrès de l'analyse à établir au-dessus des types obtenus jusqu'ici un type commun à tout le règne animal, qui sera impliqué dans tous les types des degrés inférieurs.

L'individu est donc, aux yeux de la science, un système de dispositions organiques formant des groupes de plus en plus généraux, subordonnés les uns aux autres. Avant que l'esprit ait découvert cette hiérarchie de caractères, l'individu, isolé dans le monde, ne pouvait être un objet pour la pensée ; il nous apparaît maintenant comme un élément d'un vaste système dont les mailles enveloppent le règne animal tout entier, et comme le produit d'une alliance de qualités générales qui, en s'unissant suivant des rapports variés, constituent la diversité des formes animales. Ainsi, partis du cercle infini des individus, nous rencontrons des cercles concentriques, aux rayons de plus en plus petits, jusqu'à ce que nous parvenions enfin au centre un et indivisible, source inépuisable, d'où nous voyons s'écouler en des sens divers, et par des canaux de plus en plus ramifiés, le torrent infini des formes animales.

Si, maintenant que nous sommes parvenus au terme infranchissable de la pensée, dans la réduction de la multiplicité à l'unité, nous revenons de là vers le point de départ, nous verrons comment, sur une sorte d'étoffe uniforme, la nature elle-même détermine des circonscriptions de plus en plus restreintes, remplies par des dessins de plus en plus variés.

Tout animal vit, se reproduit et sent ; il faut des appareils pour réaliser ces fonctions essentielles ; mais il n'est pas nécessaire que la disposition générale des organes indispensables à la vie soit la même chez tous les animaux ; une fin unique peut être réalisée par des systèmes différents de moyens. Aussi voyons-nous que toutes les formes animales n'ont pas été coulées dans le même moule ; on a trouvé dans la nature quatre ou cinq grands plans de structure différents l'un de l'autre ; tantôt les parties du corps sont paires et disposées symétriquement des deux côtés d'un plan médian longitudinal ; tantôt le corps, toujours symétrique et binaire, est composé de parties qui se répètent, de tronçons homologues ; tantôt, au lieu de suivre une ligne droite, il se contourne en spirale ; tantôt les divers organes rayonnent plus ou moins régulièrement autour d'un centre ; tantôt enfin ils sont unis sans symétrie et sans ordre apparent. Chacun de ces plans généraux de structure, auxquels corres-

pondent des dispositions différentes du système nerveux, caractérise un *embranchement.*

Un plan de structure posé, il peut être poursuivi de
façons différentes. Ainsi le rayonnement des organes
est la marque caractéristique de l'embranchement des
radiaires. Mais la manière dont l'idée de rayonnement, fondamentale dans leur structure, est réalisée
en acte dans tous les animaux qui le présentent, est variable. Chez les uns, on trouve dans le corps une cavité
partagée en compartiments par des cloisons rayon-
nantes ; chez d'autres, le corps est une masse compacte sillonnée par des canaux qui vont isolément du
centre à la périphérie ; chez d'autres enfin, une enveloppe rigide entoure une cavité où des organes distincts
sont disposés en rayons plus moins réguliers. Voilà
donc trois réalisations distinctes d'un plan commun ;
chacune de ces combinaisons des éléments de structure caractérise une *classe.* On pourra, suivant la complexité ou la simplicité de ces combinaisons, ranger
ces classes dans un ordre hiérarchique, comme on a
pu grouper hiérarchiquement les grands embranchements eux-mêmes d'après la supériorité et l'infériorité
des plans qui les caractérisent ; mais, au point de vue
où nous sommes placés ici, les classes sont des divisions parallèles et de même importance, subordonnées
immédiatement aux embranchements.

Étant donnée une collection particulière de moyens
destinés à réaliser un plan général de structure, on
conçoit que l'agencement en soit plus ou moins compliqué. Ainsi l'anatomie découvre dans la tortue et le

serpent les mêmes éléments organiques ; aussi ces animaux appartiennent-ils tous deux à la classe des reptiles ; mais de ces éléments organiques communs , les uns sont rudimentaires chez le serpent , et exagérés chez la tortue, les autres sont soudés et coalescents chez la tortue, et multipliés chez le serpent. Il y a donc lieu d'établir dans les classes des subdivisions caractérisées par le degré de complication des éléments de structure. Ces subdivisions seront les *ordres*.

Mais de cette complication d'organes , propre à chaque ordre, peuvent résulter des formes différentes. Ainsi, dans l'ordre des chéloniens , la forme des tortues de mer ne saurait être confondue avec celle des tortues d'eau douce. La carapace des premières est déprimée et cordiforme ; celle des secondes est bombée et à peu près elliptique. On doit donc établir parfois, dans les ordres, des subdivisions caractérisées par la forme qu'affecte la réunion des éléments anatomiques. Ces subdivisions sont les *familles*.

Considérons maintenant plusieurs animaux de même forme ; le détail des parties ne se ressemble pas chez tous. Ainsi les rolliers et les corbeaux , de la famille des conirostres , ont, les premiers, un bec comprimé vers le bout, et des narines nues , les seconds, un bec aplati sur les côtés et des narines couvertes de plumes. On est donc conduit à diviser les familles en groupes de moindre importance, caractérisés par les détails dans la structure des organes. Ce sont les *genres*.

Enfin, si nous examinons plusieurs individus d'un même genre , nous verrons qu'ils diffèrent entre eux par la stature, la proportion des parties, la couleur, l'ornementation. Ces différences caractérisent, dans chaque genre, des groupes de moindre importance, les *espèces*. Là s'arrêtent les subdivisions progressives du règne animal ; l'espèce est indivisible.

Ainsi nous voyons, d'une part, dans l'individu, une série de formules organiques, de moins en moins compréhensives, mais de plus en plus générales, comme emboîtées les unes dans les autres, et, d'autre part, une formule commune à tout le règne animal, engendrant par son alliance, avec des groupes distincts de propriétés nouvelles, des formules plus compréhensives, mais moins générales, dont chacune, à son tour, et par un procédé semblable, donne naissance à des formules d'une compréhension de plus en plus riche, mais d'une extension de plus en plus restreinte. Par conséquent, connaissant les caractères spécifiques d'un individu, on peut dire à quel genre, à quelle famille, à quel ordre, à quelle classe, à quel embranchement il appartient ; mais la réciproque n'est pas vraie : connaissant l'embranchement d'un individu, on ne saurait dire de quelle classe, de quel ordre, de quelle famille, de quel genre, de quelle espèce il est le représentant. Les caractères des groupes inférieurs sont subordonnés aux caractères des groupes supérieurs ; aussi la présence des premiers dénote-t-elle l'existence nécessaire des seconds. Mais les caractères des groupes supérieurs dominent et commandent les caractères, non pas d'un seul, mais de plusieurs groupes inférieurs. Aussi la présence des premiers laisse-t-elle le choix entre un certain nombre d'organisations subordonnées. Par exemple, tout mammifère est vertébré ; mais tout vertébré peut être mammifère, oiseau, reptile, batracien ou poisson.

On s'expliquera aisément et la variété des formes animales, et les rapports étroits des groupes inférieurs aux groupes supérieurs, et les relations plus larges des divisions générales aux subdivisions moins générales, si l'on comprend ce qu'est la vie. La vie est une fonction totale réalisée par une pluralité de fonctions partielles. Considérons l'une de celles-ci, la respiration par exemple. C'est essentiellement un échange de gaz entre le milieu extérieur et le milieu intérieur. Pour que ce but soit atteint, il faut que l'organe reçoive par l'une de ses faces le gaz extérieur, libre ou dissous dans un véhicule, et par l'autre le gaz intérieur dissous ou fixé dans le sang, et que l'écran qui sépare les deux fluides élastiques soit perméable à l'un et à l'autre. Ces conditions pourront être réalisées de plusieurs façons : tantôt l'écran perméable sera la surface tégumentaire elle-même, baignée au dehors par l'air atmosphérique ou par un liquide chargé d'oxygène, et en dedans par le sang chargé d'acide carbonique ; tantôt ce seront des appendices saillants, remplis du fluide nourricier, et recevant à l'extérieur le contact du fluide respirable ; tantôt enfin ce seront des poches logées dans le corps, dans les parois desquelles le sang circule par d'étroits canaux, et qui reçoivent l'air dans leur intérieur. Voilà trois dispositions générales des organes respiratoires ; toutes les trois réalisent la même fonction ; toutes les trois permettent l'échange de l'oxygène et de l'acide carbonique. Mais chacune de ces formes essentielles peut recevoir des modifications secondaires et des perfectionnements de détail. Ainsi, dans la respiration branchiale, les lamelles saillantes se subdivisent, se multiplient ; au lieu de rester sans abri, flottant au dehors, elles se logent sous les bords soudés d'un manteau ou sous les lames protectrices d'un opercule ; dans la respiration pulmonaire, les parois gorgées de sang s'étalent, se replient sur elles-mêmes, se boursouflent, et augmentent ainsi la surface par laquelle s'opère l'échange des gaz.

Une fin unique peut donc être réalisée par des systèmes variés et plus ou moins compliqués de moyens. La diversité des formes animales est une conséquence de la flexibilité du rapport qui unit les moyens à la fin. On comprend donc que si toutes les espèces du règne animal ont une même fonction générale, celle-ci peut être poursuivie dans chacune d'elles par des voies différentes.

Mais comment se fait-il que certains caractères soient subordonnés, et que d'autres soient dominateurs ? Si l'organisme animal était un système unique d'éléments mécaniques, l'un d'eux ne pourrait pas modifier les autres ; la fin seule exerce une influence efficace sur l'agencement et la disposition des moyens. Mais, dans cet organisme, les moyens mis en œuvre sont eux-mêmes des organismes distincts ; la vie est une fin à laquelle concourent plusieurs fins secondaires. Aussi que cette fin totale soit modifiée, et aussitôt les fins secondaires le sont aussi, et aussi les moyens employés à réaliser chacune d'elles. La fin essentielle de l'animal , c'est la sensibilité et le mouvement spontané. Les plantes vivent et se reproduisent, a dit Linné ; les animaux vivent, se reproduisent, se meuvent et sentent. Il résulte de là que, dans l'animal, toutes les fonctions n'ont pas même importance et même dignité ; la plus élevée commandera donc naturellement aux autres , puisqu'elle en est la fin commune. Or le caractère des fonctions ou des fins détermine le caractère des organes ou des moyens. Aussi les appareils des fonctions secondaires sont-ils subordonnés aux appareils de la fonction principale. Voilà pourquoi, dans la classification naturelle de Cuvier, les caractères dominateurs les plus généraux sont tirés du système organique qui préside à la sensibilité et au mouvement ; voilà pourquoi toute modification de ce système entraîne une modification dans les systèmes organiques dont les fonctions propres ne sont pas la fin essentielle de l'animal. Si l'on veut bien se rappeler maintenant qu'une certaine latitude est toujours laissée dans la mise en œuvre et dans la combinaison des moyens destinés à réaliser une fin proposée, on comprendra qu'une modification dans l'appareil dominateur laisse le choix entre plusieurs modifications des appareils subordonnés, mais qu'une modification dans un des appareils subordonnés est la conséquence, et, par suite, l'indice infaillible d'une modification dans l'appareil dominateur. La variété des formes organiques et la subordination des caractères résultent donc de la nature même de l'organisme en général.

On voit par tout ce qui précède que la connaissance scientifique des individus implique la connaissance du règne entier auquel ils appartiennent. Isolé dans l'espace et dans le temps, l'individu est un objet pour la sensibilité et non pour la pensée. Nous le décomposons, et nous trouvons en lui des caractères de plus en plus généraux que nous superposons hiérarchiquement les uns aux autres. A mesure que nous gravissons ces degrés, notre horizon s'étend, et enfin, parvenus au faîte, nous contemplons dans son ensemble la réalité minérale, ou végétale, ou animale. De là nous voyons les éléments constitutifs des êtres se détacher en quelque sorte de chacun des degrés inférieurs, s'unir, se combiner, et converger vers un centre commun, et nous assistons ainsi à la composition des formes individuelles. Nous sommes vraiment alors en possession de la science; les éléments phénoménaux, multiplicité indéfinie, espace, temps, ont disparu. Au nombre illimité et insaisissable des individus, est substitué un nombre fini de types généraux, unis dans une même pensée par les rapports les plus intimes; nos cadres sont ouverts à tous les êtres actuellement existants; et enfin, grâce à la subordination des caractères, nous devançons le temps et prédisons à coup sûr que tel caractère sera toujours accompagné de tel autre caractère.

CHAPITRE VI.

PRINCIPE A PRIORI DE LA CLASSIFICATION.

Exigences de la pensée. — Relations universelles et nécessaires de nos idées. — Principe directeur de la connaissance. — Objectivité de ce principe. — L'ordre dans la succession; loi mécanique. — L'ordre dans la coexistence; loi dynamique.— Application de cette loi à la science des êtres naturels.

Toute classification implique une double induction. Nous n'avons pas analysé tous les êtres actuellement existants dans l'espace, ni tous ceux qui pourront exister plus tard; pourtant nous ne laissons pas de croire que nos cadres s'étendent à toute la réalité présente et à toute la réalité future; nous concluons donc du particulier à l'universel, du présent à l'avenir. Supprimez cette double induction, et la classification perd toute valeur scientifique ; elle n'est plus que le résumé et la coordination de nos expériences passées. Or, puisque la connaissance des individus est obtenue par la classification, il importe au plus haut degré de se demander ce que vaut cette distribution hiérarchique des caractères généraux extraits des individus, et de savoir si nous sommes vraiment autorisés à croire à l'universalité des rapports et des types qui constituent le fond commun des êtres de la nature.

L'auteur de la classification la plus naturelle du règne animal, Cuvier, a dit : « L'histoire naturelle a aussi un principe rationnel qui lui est particulier, et qu'elle emploie avec avantage en beaucoup d'occasions : c'est celui des conditions d'existence, vulgairement nommé des causes finales. Comme rien ne peut exister s'il ne réunit les conditions qui rendent son existence possible, les différentes parties de chaque être doivent être coordonnées de manière à rendre possible l'être total, non-seulement en lui-même, mais dans ses rapports avec ce qui l'entoure, et l'analyse de ces conditions conduit souvent à des lois générales, tout aussi démontrées que celles qui dérivent du calcul ou de l'expérience (1). » Ce principe est vrai ; mais est-il une suggestion de l'expérience ou une révélation de la raison ? on comprend tout l'intérêt de cette question. Si l'idée qui nous a guidés dans la longue et laborieuse construction des cadres du règne minéral, ou du règne végétal, ou du règne animal, est le fruit de l'expérience, ces édifices sont bâtis sur une base trop étroite pour pouvoir en quelque sorte couvrir l'univers entier, trop fragile pour que nous soyons assurés que, du soir au lendemain, ils ne seront pas renversés.

Nous pensons, c'est là un fait incontestable. Penser, c'est juger ; juger, c'est affirmer ; affirmer, c'est unir des idées. Avant de nous demander si cette pensée correspond à un objet réel, il nous faut en rechercher les conditions. On a soutenu souvent que tout était

---

(1) *Règne animal,* Introduction.

phénomène dans l'esprit ; il n'en saurait être ainsi ; le caractère essentiel du phénomène, c'est d'apparaître et de disparaître. Si donc tout était phénomène en nous, les éléments de la pensée, idées ou représentations, de quelque nom qu'on les appelle, naîtraient et mourraient aussitôt pour faire place à d'autres apparitions non moins passagères. A chaque instant la pensée brillerait donc d'un éclat soudain mais éphémère, comme ces phares qui s'allument et s'éteignent de minute en minute dans l'obscurité des nuits. L'homme borné à un présent insaisissable serait alors sans souvenir et sans prévision. On ne peut pas dire qu'un pareil état mental serait la folie, car la folie, cette anarchie du dedans, suppose une pluralité consciente d'éléments incohérents, et, dans l'hypothèse, nous n'aurions conscience que d'un seul élément à la fois : ce serait quelque chose d'inconcevable et d'inqualifiable, une sorte de nihilisme intellectuel. Le jugement le plus simple est une synthèse de deux instants successifs, de deux idées, du sujet et de l'attribut. Mais si nous nous bornions à former des jugements isolés l'un de l'autre, la pensée mourrait après chaque couple d'idées, pour renaître avec le premier terme du couple suivant, et cet état ne différerait guère du précédent ; la lumière brillerait un peu plus longtemps ; mais ses subites clartés s'éteindraient toujours à de courtes périodes. La pensée suppose un passage continu entre tous les instants de notre vie, une liaison non interrompue entre toutes nos idées. Nos jugements ne sont pas isolés ; mais ils forment des séries dont chaque terme est uni à celui qui le précède et à celui qui le suit ; toute solution de continuité dans cette chaîne partagerait notre existence en deux tronçons qu'on ne saurait réunir et souder.

Mais ces relations qui font un tout de nos divers éléments de pensée peuvent-elles être capricieuses et arbitraires ? On doit distinguer dans l'esprit humain deux états possibles : la santé et la maladie. Quand l'esprit est malade, les éléments conscients sont toujours unis entre eux ; leur dissociation complète serait la mort ; mais les rapports qui les unissent sont éphémères et fortuits, et les combinaisons qui en résultent sont incohérentes. Un fou dira aujourd'hui que deux et deux font cinq, qu'il porte une tête d'éléphant sur un corps d'homme ; le lendemain, que deux et deux font dix, que sa tête est celle d'un cheval ; son esprit est plein d'éléments anarchiques qui s'accouplent au hasard, et divorcent de même. Mais les expressions que nous venons d'employer supposent un autre état mental où tout est ordonné par des rapports immuables. Alors même que la pensée vagabonde, elle ne court pas tout à fait à l'aventure ; quand nous bâtissons nos châteaux en Espagne, nous faisons comme les architectes de tous les pays : nous en plaçons toujours les fondements en bas et la toiture en haut. Des règles invariables président toujours à l'union des éléments de nos pensées. Les relations de nos idées sont assez diverses : tantôt c'est un effet que nous lions à sa cause, une qualité que nous rattachons à une substance, un moyen que nous rapportons à sa fin ; tantôt c'est un tout complexe que nous décomposons en ses parties, un total que nous résolvons en unités. Mais, quelque différents qu'ils soient les uns des autres, tous ces rapports ont deux caractères communs et indestructibles : l'universalité et la nécessité. L'homme endormi que l'on transporterait dans un pays inconnu se croirait fou à son réveil. Un rapport de succession dans le temps unirait bien ses perceptions nouvelles à ses anciennes représentations; mais la pensée réclame autre chose; si la raison de cette succession ne lui apparaît pas, elle est déroutée et devient, par suite, incohérente. Mais expliquez à cet homme que vous l'avez pris endormi, que vous l'avez transporté à son insu là où il se trouve, énumérez-lui les lieux qu'il a traversés sans le savoir, et son esprit, saisissant un lien rationnel entre ses états successifs, reprendra son assiette ordinaire. Nous aussi, nous nous éveillerions à chaque instant en pays nouveau, si les rapports de nos idées étaient particuliers et fortuits. Ici, en cet instant, telle relation unit en nous deux idées; mais si là, et dans cet autre instant, les mêmes idées s'offrant à moi, le même rapport ne les unit plus, la trame de ma pensée est brusquement interrompue ; je ne me reconnais plus. Si à cent lieues d'ici, et dans vingt ans, les rapports qui lient aujourd'hui et dans ce lieu mes diverses idées changent sans raison, voilà une nouvelle solution de continuité dans la série de mes pensées, voilà une vie nouvelle qui commence. Le fou change en quelque sorte d'existence à chaque instant; l'homme pensant suit sans interruption la même existence jusqu'au terme suprême. La chose n'est possible que si nous sommes assurés qu'en tout temps, en tout lieu, les mêmes rapports uniront en nous les mêmes éléments de pensée. Supprimez cette garantie, et l'esprit n'aura plus devant lui qu'un mobile tableau, aux images changeantes ; ce sera pour lui l'hébétement, la folie.

L'universalité des liaisons qui unissent nos idées en implique la nécessité. Une liaison nécessaire est celle qui ne peut pas ne pas être, quand les termes qu'elle relie sont mis en présence. Il est aisé de voir que cette nécessité est la seule garantie possible de l'universalité indispensable à la pensée. Je pense, en ce moment, que la somme des trois angles d'un triangle rectiligne est égale à deux angles droits ; si, dans un instant, dans un an, dans dix ans, ce rapport peut changer, dans un instant, dans un an, dans dix ans, le fil de mes pensées sera brisé. Mais, en même temps que je pense dans le présent, je crois à la possibilité future de la pensée. Enlevez-moi cette sécurité pour l'avenir, et, semblable à la brute, je suis confiné tout entier dans les impressions actuelles. Il me reste, il est vrai, le souvenir, mais que me fait le souvenir sans la prévision ? que vaut le passé, si je n'en puis déduire l'avenir ? quel fruit me revient-il de l'expérience accumulée des âges antérieurs, si d'un instant à l'autre l'ordre de mes pensées peut être brusquement interrompu ? L'esprit, pour penser, veut des gages de stabilité ; il n'en aura pas si des rapports nécessaires n'enchaînent pas nos idées.

La pensée consiste donc à ajouter aux représentations phénoménales des liaisons universelles et nécessaires. Comment se fait cette addition ? Par l'expérience elle-même, répond le sensualisme. Ce n'est pas le lieu de rapporter et d'examiner en détail les arguments de Locke et de ses successeurs contre l'*innéité* de certaines idées. Mais, si le sensualisme triomphe aisément de quelques exagérations de la doctrine opposée, il ne peut, ce semble, sortir du dilemme suivant : ou bien les rapports de nos idées sont particuliers et fortuits, et alors la pensée est impossible ; ou bien ils sont universels et nécessaires, et alors ils ne viennent pas de l'expérience. Dans le premier cas, à quoi bon se torturer l'esprit à chercher l'explication d'une pensée qui n'existe pas ! vivons, mais ne pensons pas. Dans le second, les efforts du raisonnement le plus subtil ne feront jamais que l'immensité et l'éternité, indéfiniment étendues, rentrant en quelque sorte en elles-mêmes, se concentrent dans le point où nous sommes et dans l'instant où nous vivons.

On espère échapper à ces conséquences en invoquant les effets de l'habitude, ou bien encore en tirant de l'expérience passée un principe général que nous appliquerions par anticipation aux expériences futures ; mais on ne réussit pas à transformer cette garantie expérimentale en garantie rationnelle. L'habitude de voir unis deux phénomènes nous fait attendre le retour du second quand le premier est donné ; l'habitude de voir tous les phénomènes liés entre eux par des relations que rien n'a troublées jusqu'à ce jour nous fait croire qu'il en sera toujours ainsi; mais ce sont là des présomptions, et non des assurances certaines. Pourquoi demain les phénomènes associés jusqu'ici ne se dissocieraient-ils pas? pourquoi demain ne se produirait-il pas des phénomènes réfractaires à la règle des phénomènes passés? Réduite à elle-même, de quelque façon qu'on en combine les résultats, l'expérience est impuissante à franchir les limites de l'expérience; un immense inconnu l'entoure dans l'espace et s'ouvre devant elle dans le temps.

Il faut donc admettre que l'esprit ne reçoit pas la pensée toute faite, mais qu'il en fournit un des éléments constitutifs. Le principe directeur de toute connaissance se présente à nous sous différents aspects, selon les matières diverses auxquelles il s'applique ; mais, dégagé de cette variété extérieure et d'emprunt, on peut le formuler ainsi : il existe entre tous les éléments de la pensée des rapports universels et nécessaires. Qu'on l'appelle *principe de la raison suffisante,* avec Leibnitz, *principe de l'universelle intelligibilité*, avec un philosophe contemporain (1), c'est la même chose sous des noms différents. La raison suffisante d'une chose, c'est un rapport invariable qui l'unit à une autre; ce qui est partout et toujours intelligible, ce ne sont pas les phénomènes, mais les relations universelles et nécessaires qui en font ce système multiple et un tout à la fois, que l'esprit peut parcourir

---

(1) A. Fouillée, *La Philos. de Platon*, 3ᵉ part., liv. I, ch. I.

en tous sens sans s'égarer jamais, parce qu'il suit des voies établies par lui-même.

C'est maintenant une question de la plus haute importance que de savoir si l'ordre des choses correspond à l'ordre de nos pensées, si la suite des phénomènes est réglée, comme la suite de nos idées, par une loi universelle et nécessaire. Il serait inutile de consulter l'expérience, elle ne saurait répondre. Qu'elle nous ait jusqu'ici montré des liaisons régulières entre les phénomènes, qu'en conclure? Sommes-nous présents à tout l'espace et à tout le temps? Impuissant à résoudre expérimentalement une question qui semble du ressort de l'expérience, l'esprit est réduit aux hypothèses. Ou bien nous ne savons pas si le monde existe, la pensée tout entière est notre œuvre, et ce que nous prenons pour une réalité objective n'est que la projection de nos conceptions subjectives hors de nous-mêmes ; ou bien le monde existe, mais nous n'en connaissons pas la loi, et l'on peut supposer alors que les phénomènes extérieurs suivent un autre cours que nos pensées ; ou bien le monde existe, et l'enchaînement des phénomènes correspond à l'enchaînement de nos idées. Examinons successivement ces trois réponses.

Il faut avouer que la première semble amenée et justifiée par tout ce qui précède. Nous connaissons les exigences de la pensée ; elle veut de l'ordre, de la régularité, de la stabilité. Mais, pour qu'elle soit satisfaite, est-il besoin d'un monde sensible? Ne se contenterait-elle pas aussi bien d'un monde purement algébrique où les phénomènes seraient remplacés par des symboles abstraits, unis d'une manière invariable par des rapports déterminés ? Ne se contenterait-elle même pas d'un monde possible, à la condition que tout y fût régulièrement ordonné ? Réalité ou rêve, peu lui importe, si le rêve est bien réglé. Que la pensée ait pour objet un monde sensible, un monde géométrique et algébrique, ou, plus simplement encore, un monde possible, on reconnaîtra qu'elle n'est pas une absolue unité, mais l'unité d'une pluralité réelle ou imaginaire. Dans tout jugement, il faut distinguer deux choses : les termes mis en rapport, et le rapport qui les unit ; supprimez les termes, le rapport persiste, mais à l'état de pure puissance. Dans la pensée en acte, la multiplicité est aussi indispensable que l'unité. Que la pensée n'exige rien au-delà d'un monde simplement possible, nous l'accordons volontiers ; mais nous demandons d'où vient cette pluralité d'éléments imaginaires à laquelle l'esprit applique ses formes *a priori*. La fera-t-on dériver de la pensée elle-même ? mais alors on demandera comment l'unité, avec ses seules ressources, engendre la pluralité. Le possible, c'est le réel dont nous projetons les lignes au-delà de notre expérience. On ne saurait donc expliquer cette pluralité d'éléments inhérents à toute pensée, qu'on la suppose réelle ou imaginaire, sans un autre facteur que l'esprit lui-même. D'ailleurs il est en nous d'autres exigences que celles de la raison. Si celle-ci se contente de pures possibilités, la sensibilité veut des réalités. Il n'y a pas de différence pour la pensée entre la formule chimique d'un vin délicat et ce vin lui-même ; mais la formule ne suffit pas au sens du goût ; les symboles abstraits ne déterminent aucun plaisir. Si la raison est idéaliste, la sensibilité est réaliste, et nous ne saurions, sans courir un grand danger, sacrifier la seconde à la première.

Une seconde hypothèse consiste à admettre l'existence d'un monde réel, sur la foi de la sensation, mais à nier que nous en puissions connaître les lois. Le monde existe, puisqu'il fait impression sur nous ; c'est de lui que viennent nos plaisirs, nos douleurs et nos représentations ; mais, comme les lois de la pensée sont l'œuvre de l'esprit, nous ne sommes pas assurés que les combinaisons formées par nous avec les représentations sensibles correspondent aux combinaisons des choses ; peut-être le monde est-il anarchique, tandis que la pensée est ordonnée ; peut-être obéit-il à une loi complétement hétérogène à la loi de notre entendement. Une pareille hypothèse, loin de concilier les exigences de la sensibilité avec celles de la raison, n'aboutirait qu'à des contradictions manifestes. On part d'un double fait : la sensation, et la nécessité de principes *a priori* dans la pensée humaine ; on cherche à combiner ces données, et, en fin de compte, on étend un voile impénétrable sur la réalité objective dont on affirme l'existence. Considérons d'abord le cas d'un monde anarchique. Une telle réalité ne saurait entrer dans la pensée ; la raison établit entre tous les éléments qui lui sont présentés des rapports invariables ; d'après l'hypothèse, les phénomènes extérieurs se produiraient, se succéderaient au hasard, et pourtant ils seraient les objets des représentations combinées par la pensée. Comment celle-ci peut-elle coordonner des éléments désordonnés? Le désordre cesse-t-il dans le monde aussitôt qu'apparaît et intervient la raison humaine ? alors le monde cesse d'être anarchique, mais il faut expliquer comment est possible l'action de ce démiurge intellectuel sur une matière extérieure à lui, et par elle-même rebelle à toute loi. Le désordre persiste-t-il dans le monde lors même que nos représentations forment des séries régulières ? alors ce que nous prenons pour réalité n'est qu'un rêve, et derrière le rideau sans lacunes de nos représentations se cache à tout jamais la réalité véritable. Mais s'il en est ainsi, ou bien les éléments de nos pensées ne sont pas fournis par le monde extérieur, et l'on retombe dans l'hypothèse précédemment rejetée ; ou bien, si nos représentations sont l'œuvre des choses, ces images désordonnées, s'imposant à nous, doivent rompre la trame de nos pensées. Considérons maintenant le cas d'un monde ordonné, mais dont l'ordre différerait de celui de la pensée ; les conséquences seront toujours les mêmes. Si l'univers suit un cours, et la pensée un autre, jamais la suite de nos pensées ne rencontrera celle de nos représentations. D'où viendront alors les éléments multiples qu'unit l'entendement ? Si l'on suppose qu'elles se rencontrent toutes deux, un conflit en résultera ; le monde poursuivra sans doute son cours, car l'esprit ne saurait l'arrêter, mais la pensée sera bouleversée, anéantie. Par conséquent, on ne saurait admettre que nous sommes assurés de l'existence du monde, mais que nous en ignorons les lois.

On est donc conduit par élimination à une troisième hypothèse, qui consiste à admettre que l'ordre des phénomènes est semblable à l'ordre des idées, qu'à une pensée une correspond un monde un, que si l'esprit est fait pour penser la réalité, la réalité est faite pour être pensée. On ne saurait démontrer cette thèse; mais n'est-elle pas suffisamment justifiée par l'impuissance ou les contradictions des thèses opposées? Toute science débute par un acte de foi. Je crois à la réalité des phénomènes physiques, je crois à la réalité de la vie, je crois à la vérité des axiomes mathématiques, je crois à l'existence passée de l'humanité; je crois à la loi morale. Je démontre les lois de l'univers, je démontre les théorèmes de l'arithmétique et de la géométrie, je démontre le progrès du monde moral, je démontre la nécessité de la justice; mais, physicien, géomètre, historien, moraliste, je pars d'un fait indémontrable. Refuserait-on à la philosophie le bénéfice accordé aux autres sciences, sous prétexte qu'elle est la science universelle, et, qu'à ce titre, elle doit pouvoir se passer de tout postulat? Mais on reconnaîtra du moins que l'objet à expliquer doit être donné avant l'explication. Partant du fait, on pourra peut-être en découvrir la raison; le cercle vicieux sera manifeste; mais l'esprit, qui n'est pas l'auteur des choses, peut-il s'en affranchir? Le grand problème philosophique est la découverte du premier principe; le point de départ de la spéculation doit être pris dans la réalité immédiate-

ment connue ; le principe trouvé, on en tirera la raison
de la réalité ; mais on n'en sera pas moins parti d'une
réalité dont l'existence était acceptée et non pas démontrée. Que faire ? Se taire éternellement, ou se
résigner au postulat. Depuis Platon, l'esprit humain a
fait son choix.

Nous croyons donc que l'ordre est en nous, et qu'il
est aussi hors de nous, que des rapports universels
et permanents unissent les éléments multiples de la
pensée et de la réalité , et que le principe directeur de
notre entendement dirige aussi l'univers. Mais cet
ordre, qui consiste essentiellement en liaisons invariables, peut offrir différents aspects, selon les
matières diverses où il est réalisé. Or la nature nous
présente une double matière : dans le temps, des
phénomènes successifs ; dans l'espace, des phénomènes simultanés. Qu'est-ce que l'ordre dans la succession ? qu'est-ce que l'ordre dans la simultanéité ?
On pourrait d'abord répondre que l'ordre dans la
succession est la succession elle-même. Puisqu'une
nécessité invincible de l'esprit et des choses nous force
à placer tout événement à la suite d'événements antérieurs, la série s'ordonne en quelque sorte spontanément ; les faits sont régulièrement disposés dans le
temps, par cela seul qu'ils apparaissent l'un après
l'autre. La réponse serait complète si aucun phénomène ne revenait sur la scène après l'avoir quittée.
Aux premiers jours de la vie, tout est nouveau pour
nous, mais bientôt nous revoyons ce que nous avons

déjà vu ; la loi du temps, qui ne permet pas à deux événements d'une même série d'être simultanés, ne suffit plus à régler cette réapparition des phénomènes. Que deviendra l'ordre si tout phénomène peut se produire indifféremment après tout phénomène ? La pensée, dont nous connaissons les voies, se perdra dans ces successions fortuites et capricieuses. A la succession doit donc s'ajouter une loi de succession. Non-seulement tout phénomène en précède ou en suit un autre, mais il en est encore l'antécédent ou le conséquent. Tant que nous demeurons dans la simple succession, nous voyons les faits se produire l'un après l'autre ; mais rien ne nous garantit que demain cet ordre d'apparition ne sera pas changé ; lorsqu'à la succession nous avons ajouté la loi de succession, chaque événement a une place déterminée dans le temps ; nous n'avons plus affaire à une simple suite de phénomènes successifs, mais à une série de couples dont les termes ne sauraient être disjoints sans que l'ordre de la nature et de la pensée fût troublé ; un événement qui surgirait isolé, sans antécédent, dans cette série continue, ne saurait pénétrer, sans la rompre, dans la trame de la pensée ; il serait un élément d'anarchie au dehors et de folie au dedans.

Tel est l'ordre rigide de la succession. Quel est maintenant l'ordre dans la simultanéité ? La nature, développée dans l'espace, est constituée par une infinité de ces séries linéaires dont nous venons de déterminer l'enchaînement régulier ; la perception, même la plus limitée, nous en découvre toujours un certain nombre en même temps. Pour entrer dans la pensée sans y apporter le désordre, les divers éléments de cet ensemble doivent être ordonnés entre eux. La question est donc de savoir quels rapports peuvent unir des séries coexistantes. A ce sujet, trois hypothèses sont possibles : ou bien les séries linéaires des antécédents et des conséquents suivent, en se développant, des directions obliques et croisées; ou bien elles suivent des directions parallèles, ou bien elles rayonnent vers un centre commun.

La première hypothèse a pour conséquence la négation de la pensée. Si les séries phénoménales se croisent, se mêlent, se confondent, elles forment un réseau inextricable, dont l'esprit ne saurait suivre la trame irrégulière ; il exige en effet de l'unité et de la constance dans les rapports des éléments soit successifs, soit simultanés qu'il unit. Or, dans l'hypothèse, une simple juxtaposition de hasard rapprocherait pour un instant des éléments de séries distinctes qui, après s'être unies ici, se sépareraient là pour former de nouveaux mélanges aussi instables et aussi fortuits que les premiers : le chaos serait dans l'espace. On peut aller plus loin et prétendre qu'un pareil état de choses détruirait même l'ordre de succession dans le temps. Ces suites de phénomènes qui se croiseraient ainsi à l'aventure se pénétreraient-elles mutuellement sans se détruire? mais alors comment suivre le développement propre de chacune d'elles ? comment les retrouver et les reconnaître à leur sortie de ce mélange où elles se seraient un instant confondues ? Il y aurait

donc à chaque confluent solution de continuité dans
la pensée. Si elles restent distinctes, tout en se heur-
tant l'une contre l'autre, de ces conflits incessants ne
résultera-t-il pas des ruptures sans nombre dans la
trame des choses, et aussi dans la trame de la pensée ?
Il est donc impossible, si la pensée doit exister et
penser le monde, que les séries phénoménales courent
en quelque sorte follement, à droite, à gauche, et
qu'elles se rencontrent ici et se séparent là.

Admettra-t-on qu'elles se développent parallèlement
les unes aux autres ? ce ne sera plus le désordre, mais
ce ne sera pas encore l'ordre véritable. Des gouttes
de pluie qui tombent toutes suivant la perpendiculaire
ne se font pas mutuellement obstacle : elles des-
cendent simultanément vers le sol, en conservant
leurs distances respectives, si on les suppose toutes
animées d'une même vitesse ; mais il n'existe entre
elles que des rapports de situation dans l'espace. De
même, les éléments de séries phénoménales qui sui-
vraient des directions parallèles seraient toujours également distants l'un de l'autre ; mais la pensée veut
autre chose : elle exige des liaisons rationnelles entre
les phénomènes successifs, et, quand il s'agit de phénomènes coexistants, elle ne saurait se contenter d'une
juxtaposition géométrique qui laisserait subsister, sous
un ordre apparent, de véritables solutions de continuité entre les éléments rapprochés dans l'espace ;
parce qu'un phénomène s'accomplit en même temps
qu'un phénomène voisin, ce n'est pas une raison pour
qu'il y ait passage de l'un à l'autre ; des éléments in-

cohérents peuvent être donnés simultanément sur une
même ligne horizontale. Une telle hypothèse main-
tiendrait donc l'ordre dans la succession, mais elle
n'expliquerait pas l'ordre dans la coexistence ; d'ailleurs, elle nous met en présence d'un infini insaisissable. Sans commencement et sans fin dans le temps,
ces séries linéaires emplissent l'immensité de l'espace ; nous ne saurions donc avoir la prétention de les
parcourir et de les saisir en entier. Nous ne percevons que des individus limités dans le temps et dans
l'espace. Mais que peuvent être les individus dans une
telle hypothèse ? Sont-ils constitués chacun par une
seule série phénoménale ? alors ils sont sans commencement et sans fin ? Comprennent-ils au contraire plusieurs séries parallèles ? ils sont encore illimités dans
le temps, et les limites qu'on leur suppose dans l'espace
sont arbitraires, puisque toutes les séries parallèles
n'ont entre elles que des rapports de juxtaposition.

Il faut donc accepter la troisième hypothèse : les
séries phénoménales convergent vers un centre com-
mum. *A priori* il n'est pas impossible que l'univers
entier soit un vaste organisme où l'idée du tout dirige
harmonieusement les parties en les attirant à elle. L'expérience ne nous fournit aucune lumière à ce sujet ;
bien que, par l'induction, nous puissions étendre au-
delà des limites de notre expérience les résultats observés, nous ignorons, et, vraisemblablement, nous
ignorerons toujours la totalité universelle. L'homme ne
connaît pas encore le petit coin du monde qu'il habite ;
quand connaîtra-t-il le système planétaire dont son

monde fait partie? Connaîtra-t-il jamais tous ces mondes semés au-delà de notre soleil? La métaphysique parviendrait peut-être à démontrer que l'ensemble des choses doit réaliser harmonieusement une fin posée par le premier principe; mais, sans sortir du sujet proposé, il nous suffit que cette convergence universelle vers un but unique n'ait rien de contradictoire aux lois de la pensée, et qu'elle les satisfasse. La pensée veut partout des liaisons rationnelles entre les phénomènes coexistants, aussi bien qu'entre les phénomènes successifs. Si toutes les séries phénoménales concourent vers un centre commun, les phénomènes sont en quelque sorte placés, dans l'ordre de la coexistence, sur des cercles concentriques, et, dans l'ordre de la succession, sur des rayons appartenant à tous ces cercles; le passage est désormais possible dans tous les sens, d'arrière en avant, et de gauche à droite, et ce n'est plus seulement une juxtaposition géométrique, mais une subordination dynamique qui détermine la place invariable de chaque élément du tout; l'ordre existe, et la pensée est satisfaite.

Mais les organes de cet organisme total sont eux-mêmes des organismes. Le monde se compose d'êtres individuels; chacun d'eux est pour nous un ensemble de séries phénoménales; celles-ci, nous venons de le voir, ne peuvent se développer suivant des directions obliques ni croisées, ni suivant des directions parallèles; il reste qu'elles rayonnent vers un centre commun. Le mécanisme qui réduit tout à un enchaînement linéaire de mouvements géométriques aboutit à une dispersion universelle de la réalité dans l'espace. A la loi mécanique de la succession il faut donc ajouter une loi organique de coexistence, qui rassemble et concentre en un certain nombre de foyers déterminés les séries géométriques indéterminées par elles-mêmes. Que cette concentration soit une œuvre d'art ou le fruit d'un instinct, qu'elle résulte d'une tendance inconsciente et pourtant efficace, inhérente aux phénomènes eux-mêmes, ou de l'action d'un être extérieur et supérieur à la nature, c'est ce qui n'est pas en question ici; il nous suffit de savoir que la pensée pourra suivre ses voies à travers les éléments coordonnés de ces systèmes. Logiquement, en effet, l'idée du tout préexiste aux parties, la fin aux moyens. Chaque partie est dès lors subordonnée à l'idée du tout, et les relations des moyens entre eux résultent de cette fin commune à laquelle tous concourent; la juxtaposition des éléments n'est plus le résultat passager d'un hasard aveugle, mais l'œuvre durable d'une finalité intentionnelle. Nous ne pouvons penser le simultané que si les phénomènes donnés en même temps à la perception sont unis entre eux par des rapports de subordination; cet ordre dans l'espace, qu'exige la pensée, est aussi le seul fondement et la seule garantie de notre croyance à l'union permanente des qualités qui constituent, à nos yeux, les êtres naturels.

On remarquera que cette loi dynamique de coexistence est loin d'être aussi rigide que la loi mécanique de succession. L'enchaînement dans le temps est inflexible, parce que les termes enchaînés sont des unités successives; l'harmonie dans l'espace est flexible au contraire, parce que des combinaisons différentes des mêmes éléments peuvent être toujours harmonieuses. Nous avons montré, dans le précédent chapitre, que la nature, quand elle réalise un type donné, peut se mouvoir dans de certaines limites. De même, la loi de finalité qui préside à l'épanouissement du monde dans l'espace souffre une assez grande latitude dans les variations des combinaisons phénoménales; elle exige que celles-ci forment des systèmes clos, aux éléments coordonnés entre eux et subordonnés à une fin commune; mais là se bornent ses exigences; elles ne vont pas jusqu'à imposer d'une manière absolue et définitive les fins à réaliser. On conçoit, en effet, qu'étant donné un nombre quelconque d'éléments à coordonner, on puisse en former successivement des systèmes différents, qui tous répondront au besoin d'ordre inhérent à la pensée, puisque tous seront des harmonies. Toutes les mélodies sont faites avec les treize sons musicaux de la gamme chromatique.

Il résulte de là que, si nous n'avons pas à craindre de voir rompre l'union des qualités essentielles d'un être donné, la permanence indéfinie des espèces n'est pas garantie par la pensée; du reste, l'expérience confirme cette conclusion *a priori* : la plupart des premiers habitants de la terre n'ont pas laissé de descendants. Nous n'avons pas à prendre parti pour la théorie des transformations lentes, ni pour celle des créations successives. Nous n'avons pas abordé le problème métaphysique des origines, et, dans l'état actuel de la science positive, on ne peut se prononcer entre Darwin et ses adversaires. Si l'esprit se refuse à admettre qu'un être organisé apparaisse subitement dans un milieu où rien ne vivait avant lui, il lui répugne aussi de concevoir que la matière inerte s'organise spontanément ; quelque petite qu'on suppose la quantité de vie obscure qui gît dans l'organisme rudimentaire, elle n'en manifeste pas moins un fait irréductible aux phénomènes inorganiques. Mais qu'on accepte la thèse de Darwin ou qu'on la combatte, on ne saurait nier qu'une multitude de formes organiques ont disparu sans retour, pour faire place à des formes nouvelles. Si nous avions à retracer les vicissitudes et les progrès de la vie végétale ou de la vie animale, il nous serait aisé de montrer les divers ordres apparaissant tour à tour à des époques déterminées, arrivant tour à tour à leur maximum de développement, puis s'éteignant l'un après l'autre, ou ne nous transmettant que des représentants rares et débiles d'espèces autrefois riches et vigoureuses. Par conséquent, si le fond commun de la nature demeure toujours identique, la forme qu'il revêt peut se renouveler, et se renouvelle en réalité.

Nous savons maintenant sur quel fondement repose notre croyance à la subordination des caractères essentiels des êtres naturels. La pensée veut, entre toutes les représentations et toutes les idées qu'elle unit, des liaisons rationnelles : elle pense le monde, donc il

existe entre les éléments des choses des liaisons correspondant aux liaisons des éléments de pensée. Dans
l'ordre du temps, l'enchaînement des antécédents et
des conséquents est rigoureux et inflexible, et la ré-
gression et la progression des effets aux causes et des
causes aux effets peut aller à l'infini ; dans l'ordre de
l'espace, l'adaptation harmonieuse des moyens à une fin
commune souffre des écarts et des transformations,
sans pouvoir cependant cesser jamais d'exister et de
présenter à l'esprit des systèmes nettement définis.
Nous trouvons la garantie de cette permanence, absolue dans le temps, relative dans l'espace, dans les
besoins mêmes de la pensée.

Une telle conception de la nature paraîtra peut-être
en contradiction avec la liberté humaine. La volonté
n'est pas seulement la faculté de prendre une résolution avec la conscience qu'on pourrait en prendre une
autre ; un tel pouvoir n'aurait qu'une demi-efficacité.
Deux possibles sont en présence dans mon esprit, as-
pirant tous deux à l'existence pour des raisons différentes ; après délibération, je me décide pour l'un ou
pour l'autre ; si j'en reste là, le possible préféré demeure toujours à l'état de virtualité : il est maître du
terrain, mais sa victoire est stérile, puisqu'il ne reçoit
pas l'existence objective que mon choix semblait lui
promettre. Une telle volonté ne serait-elle pas illusoire, semblable à celle d'un fou, qui, se croyant mo-
narque, commanderait à des ministres, à des généraux, à des soldats imaginaires ? Vouloir, c'est tout à
la fois terminer le conflit entre plusieurs possibles qui

sollicitent de nous l'existence, et réaliser, à l'aide des
matériaux fournis par la nature, le possible préféré.
Mais, si les phénomènes naturels, pour être des objets
de pensée, doivent former une trame continue, l'homme
ne peut diriger à son gré les phénomènes vers des
fins posées par lui, et auxquelles ils ne tendent pas
naturellement, sans rompre les mailles du réseau. Sa
liberté détruirait donc sa pensée.

Il est incontestable que les phénomènes forment des
séries où chaque terme résulte de ceux qui le précèdent et produit ceux qui le suivent. Mais, si la première fonction de la nature est d'enchaîner chaque
phénomène à un antécédent par le lien d'une nécessité
rigide et aveugle, nous avons vu que ces séries de
phénomènes sont coordonnées par groupes, suivant
une loi de convenance et d'harmonie. Tout mouvement est à la fois produit par les mouvements antérieurs, et déterminé à une certaine direction par le
but auquel il tend; si la production est nécessaire et
mécanique, la direction est intentionnelle et variable.
S'il est vrai que rien ne se crée et ne se perd dans la nature, que la même quantité de mouvement, ou mieux
de force se conserve toujours, il est évident aussi, et
l'étude des anciennes formes de la vie le prouve, que
les systèmes constitués par une association de mouvements et de forces sont temporaires et changeants; la
nature, inflexible dans le mécanisme, montre une très-
grande flexibilité dans ses formes. A ce dernier point
de vue, la volonté fait ce que fait la nature : elle pose
des fins temporaires et variables, puis elle y coordonne

des séries de phénomènes ; elle ne fait donc pas violence à des lois qui ne sauraient disparaître sans entraîner avec elles la perte de la pensée ; elle détermine
seulement la direction des phénomènes suivant ses
fins, mais son pouvoir ne va pas jusqu'à créer des
mouvements nouveaux, ni jusqu'à soustraire les mouvements existants à la nécessité du déterminisme universel. Dans ce cas seulement on serait en droit de voir
en elle un principe de désordre et d'anarchie, contraire au principe même de toute pensée. Elle existe,
mais elle est limitée par les lois mêmes de la réalité,
dont le respect est la première condition du succès de
ses œuvres. Nous sommes libres, mais nous ne faisons pas de miracles. Il n'est donc pas à craindre que
l'homme apporte lui-même la perturbation dans la
nature et dans sa pensée.

CHAPITRE VII.

CARACTÈRES DES DÉFINITIONS EMPIRIQUES.

La définition empirique suppose une classification. — Imperfections
des procédés pratiques de classification. — La définition empirique
qui se fait par le genre et la différence est variable, temporaire et
toujours provisoire.— Elle est un résumé et non pas un principe.

La nature se compose d'individus qui sont pour
nous l'objet de représentations distinctes ; mais ces
images ne sauraient entrer dans la science; aussi la
pensée y substitue-t-elle des notions générales d'où
les accidents sont éliminés. Ces notions sont à la fois
l'œuvre de l'expérience et de l'esprit lui-même. Nous
commençons par analyser nos représentations sensibles ; puis, recueillant un à un les éléments communs
ainsi extraits des images, nous en formons un tout,
dont la permanence nous est garantie par la loi de
subordination qui règle à la fois la coexistence des
qualités essentielles dans les choses, et des idées élémentaires dans l'esprit. Cette synthèse d'éléments
empiriques n'est donc pas arbitraire, puisqu'elle suit
et reproduit l'ordre même de la nature.

Définir une telle notion, c'est en déclarer la compréhension ; c'est en quelque sorte étaler ce que nous

avons enfermé dans une idée. Ainsi, je forme l'idée d'homme par une synthèse successive des caractères communs à un certain nombre d'individus ; je la définis en faisant sortir l'un après l'autre ces caractères du tout qu'ils constituent, et je dis : l'homme est un être, animal, vertébré, mammifère, bimane.

On doit, dans toute notion empirique, distinguer la matière et la forme. La matière, ce sont les qualités comprises dans la notion ; la forme, c'est le lien qui fait de ces qualités un tout permanent ; la matière est *a posteriori*, et la forme *a priori*. La matière varie d'une notion à l'autre ; la forme est la même dans toutes les notions ; il suit de là que les définitions empiriques ont une forme commune *a priori*, et des matières distinctes *a posteriori*. Il est aisé de voir que toutes ces définitions se ramènent à la formule suivante : les êtres naturels sont des tissus de propriétés générales incluses les unes dans les autres ; substituez à ce sujet et à cet attribut indéterminés un sujet déterminé et un groupe déterminé de propriétés subordonnées, et vous aurez une définition.

Mais les propriétés essentielles des êtres n'ont pas toutes même extension. Si l'on trouve dans les individus de l'espèce humaine, par exemple, des caractères qui les distinguent des individus de toutes les autres espèces, on y rencontre aussi des propriétés communes à tous les mammifères, à tous les vertébrés, à tous les animaux et à tous les êtres. La notion complexe de l'espèce enveloppe toujours les notions de plus en plus simples du genre, de la famille, de l'ordre, de la classe et de l'embranchement, et, pour la former, il faut savoir comment les caractères de l'embranchement sont modifiés par ceux de la classe, ceux de la classe par ceux de l'ordre, ceux de l'ordre par ceux de la famille, ceux de la famille par ceux du genre, et enfin ceux du genre par ceux de l'espèce. Cette connaissance est le résultat de la classification, dont les degrés doivent reproduire la hiérarchie et la subordination des caractères naturels. La classification est donc antérieure à la notion, et, par suite, à la définition empirique; il résulte de là que notion et définition valent ce que vaut la classification.

Toute distribution naturelle des êtres en groupes de plus en plus étendus repose sur le principe de la subordination des caractères. Théoriquement, rien ne semble plus facile que de tracer ces cadres où doit entrer la réalité tout entière. Si la fonction la plus importante du végétal est la reproduction, les caractères des groupes les plus généraux seront tirés des organes reproducteurs; si une modification de l'appareil reproducteur entraîne des changements dans le système de nutrition, c'est à ce dernier qu'on devra emprunter les caractères des groupes inférieurs. Si, dans le règne animal, la fonction la plus élevée en dignité et en importance est la sensibilité et le mouvement spontané, le système nerveux et le système locomoteur fourniront les caractères des embranchements; si une sensibilité intense réclame un sang chaud, et si une sensibilité moins vive se contente d'un sang plus froid, les modifications du système circulatoire permettront d'établir des classes dans les embranchements; si un sang chaud exige une respiration active, si au sang froid suffit un échange lent entre les gaz intérieurs et les gaz extérieurs, l'appareil respiratoire fournira les caractères des ordres; si la nutrition est subordonnée à la respiration, les caractères génériques seront tirés de l'appareil de nutrition; et enfin, si de la nature des aliments dépend la forme des organes de préhension, on trouvera dans ces derniers les différences spécifiques. Il semble donc aisé de dégager des individus les caractères des divisions les plus étendues et des subdivisions les plus restreintes.

Mais en pratique, la chose est moins simple qu'en théorie. Les sciences qui font usage de la classification sont la minéralogie, la botanique et la zoologie. Les minéraux sont les moins complexes des êtres; ils n'ont entre eux que des rapports de forme géométrique et de composition chimique; rien ne paraît donc plus facile, au premier abord, que d'en déterminer les espèces et les genres; pourtant il y a cent ans à peine que Werner a reconnu que « le système de la nature » minérale doit être constitué à la fois d'après la nature » chimique et la forme cristalline des corps, » et, si aujourd'hui les principes de la cristallographie semblent définitivement arrêtés, les savants sont loin de s'entendre sur les espèces chimiques. Les plantes, objet de la botanique, sont des êtres beaucoup plus complexes que les minéraux; elles vivent et se reproduisent; aussi la distribution en sera-t-elle beaucoup moins aisée encore. On sait combien a été lent l'avénement de la méthode naturelle en botanique ; sans parler ici des vues d'Aristote, combien d'essais imparfaits ont précédé le système de Linné ! Depuis les travaux des deux Jussieu, nous possédons les principes d'une classification naturelle des plantes ; mais quelles difficultés ne rencontre-t-on pas quand on les applique ! Dans la méthode de Jussieu, les familles formaient une série linéaire, comme si la dernière famille des monocotylédons était supérieure en organisation à la famille la plus parfaite des acotylédons, comme si la dernière famille des dicotylédons présentait un organisme plus parfait que celui de la famille la plus élevée des monocotylédons. Cette disposition des familles sur une seule ligne ne suivait pas exactement la hiérarchie naturelle, et, de plus, elle laissait dans l'ombre certaines analogies importantes. On a reconnu le besoin de la modifier, et de substituer à cette unique série linéaire des séries parallèles ; on peut ainsi exprimer un plus grand nombre de rapports intimes, sans sacrifier les différences. Toutefois, malgré la relative simplicité des organismes végétaux, malgré les avantages incontestables de la distribution des familles en séries parallèles, on est loin encore d'avoir pu comprendre dans un seul tableau la subordination et la parenté de tous les groupes du règne végétal. Aussi les notions et, par suite, les définitions des êtres contenus dans ces groupes sont-elles incomplètes et provisoires.

C'est en zoologie surtout que se manifeste l'imperfec-

tion peut-être irrémédiable de nos procédés pratiques
de classification. Toute notion empirique suppose une
classification, et toute définition s'y réfère. Mais quand
il s'agit de définir une espèce animale, quelle classification choisir ? adopterons-nous la classification de
Cuvier, celles de Lamark, de Blainville, d'Ehrenberg,
de Burmeister, d'Owen, de Milne Edwards, ou de
Leukart, celles d'Oken, de Fitzinger, de Leay, celles
de Baer, de Van Beneden, de Kölliker, de Vogt, ou
enfin celle de Hæckel? Cuvier, Blainville, Ehrenberg,
Milne Edwards, partagent le règne animal en embranchements caractérisés par des plans différents de
structure et par des dispositions spéciales du système
nerveux ; Lamark divise les animaux en *apathiques*,
sensitifs et *intelligents;* les physio-philosophes alle-
mands Oken et Fitzinger, partant de cette idée que
l'homme est le prototype de l'organisation animale,
admettent que tous les animaux inférieurs à l'homme
sont pour ainsi dire l'homme fragmenté et dispersé, et,
faisant de chaque appareil humain la caractéristique
d'un groupe animal, superposent, dans l'ordre de perfection, les *animaux-digestion*, les *animaux-circula-
tion*, les *animaux-respiration*, les *animaux-os*, les
animaux-muscles, les *animaux-nerfs* et les *animaux-
sens*. Pour les embryologistes, « les formes animales
» supérieures, à diverses phases du développement de
» l'individu depuis le commencement de son existence,
» jusqu'à son achèvement parfait, correspondent à
» des formes permanentes de la série animale ; le dé-
» veloppement de quelques animaux suit les mêmes

» lois que la série tout entière des animaux ; par
» suite, l'animal de l'organisation la plus élevée passe,
» durant son développement individuel, et pour tout
» ce qui est essentiel, à travers des phases, qui, chez
» des êtres moins nobles, sont l'état permanent ; si
» bien que les différences périodiques de l'individu
» peuvent être ramenées aux différences des formes
» permanentes des animaux (1). » De là cette classification de Baer en quatre types : le type périphé-
rique, le type longitudinal, le type massif et le type
vertébré. Pour ceux enfin qui voient dans tous les individus du règne animal des descendants d'un type
unique, perfectionnés par la double et incessante action de la concurrence vitale et de la sélection naturelle, la classification devra figurer le développement
du règne organique et la filiation des types.

On voit, par ce rapide aperçu, combien peu les
naturalistes sont d'accord sur la nature des caractères
propres aux embranchements. La diversité serait plus
grande encore si nous passions des embranchements
aux classes, des classes aux ordres, des ordres aux
familles, des familles aux genres. Pourtant chacune de
ces classifications repose sur une distinction réelle, et
sur une subordination naturelle des caractères. C'est
que l'animal est si compliqué, c'est que les organes
qui le constituent sont si nombreux et si variables,
qu'on ne saurait exprimer en même temps toutes les

---

(1) Cité par Agassiz, *De l'Espèce et de la Classification en zoologie,*
ch. III, sect. VI.

analogies qui les unissent et toutes les différences qui les séparent. Aussi, chaque classification particulière n'est-elle qu'un fragment de la classification idéale. « La nature elle-même, a dit Agassiz, a son
» système propre, à l'égard duquel les systèmes des
» auteurs ne sont que des approximations succes-
» sives, d'autant plus grandes, que l'intelligence
» humaine comprend mieux la nature. » Le mieux serait sans doute d'unir et de combiner ces fragments épars d'un même tout; mais nos procédés graphiques sont impuissants à rendre les analogies et les homologies si variées de toutes les espèces d'un même règne.

On a cru d'abord que les embranchements du règne animal étaient comme soudés bout à bout en une série unique; mais on a bientôt reconnu l'erreur de cette doctrine. « Ainsi, les insectes ont certainement une
» organisation plus élevée que les derniers représen-
» tants des vertébrés, notamment les poissons cyclo-
» stomes; les mollusques céphalopodes l'emportent de
» beaucoup sur certains crustacés et sur les articulés
» inférieurs, vers et helminthes, et ces derniers, de
» même que les mollusques bryozoaires, restent au-
» dessous des échinodermes et des rayonnés supé-
» rieurs. Il est donc impossible de souder bout à bout
» les embranchements pour en faire une série unique,
» puisqu'ils empiètent les uns sur les autres par leurs
» extrémités. Au lieu de les figurer au moyen d'une
» seule ligne formée de cinq parties d'inégale lon-
» gueur, on doit les représenter par cinq lignes droites,

» verticales et parallèles (1). » Maintenant, si , dans un même embranchement, les classes s'échelonnent parfois régulièrement du simple au composé, souvent aussi l'une d'elles ne se termine pas où l'autre commence ; on aura donc dans un même embranchement des groupes isolés et des groupes parallèles. « Au lieu » de s'étendre sur une ligne verticale unique, les » divers éléments d'un ensemble peuvent s'étaler sur » une surface plane. Les groupes et les séries paral- » lèles prennent place les uns à côté des autres, de » manière que leurs termes homologues se trouvent » sur la même ligne horizontale, chaque série formant » d'ailleurs une colonne verticale dans laquelle les » termes se succèdent du simple au composé. Les » séries et les groupes qui ne sont pas parallèles entre » eux se succèdent également sur la verticale, du » simple au composé, et les types isolés sont inter- » calés dans l'ensemble selon leurs affinités. La situa- » tion en haut, en bas, à droite ou à gauche, indique » la supériorité ou l'infériorité, suivant les conven- » tions. Telle est, en peu de mots, la méthode de » classement par séries parallèles, dont Is. Geoffroy » Saint-Hilaire a fait de si heureux emplois (2). » Cette méthode a l'avantage d'exprimer à la fois les rapports directs et les rapports collatéraux des êtres classés ; mais elle manque de simplicité et elle laisse dans l'ombre les rapports divergents. Un naturaliste

---

(1) Contejean, *Des Classifications et des Méthodes*, Revue des Cours Scient., 22 mai 1869.

(2) Contejean, *loc. cit.*

anglais, M. Leay, a cru qu'on pourrait encore exprimer un plus grand nombre de rapports, si l'on distribuait *circulairement* les divers représentants du règne animal. Il dispose tous les animaux de manière « à former un grand cercle, qui lui-même touche ou » se rattache à un autre grand cercle composé des » plantes, au moyen des êtres les moins organisés » du règne végétal. Les parties composantes de ce » cercle général sont cinq grands cercles formés par » les mollusques, les acrites et polypes, les rayonnés » ou étoiles de mer, les insectes ou annelés, et les ver- » tébrés. Chacun d'eux passe et s'enchaîne au suivant » au moyen d'un groupe, beaucoup plus petit comme » étendue, mais qui forme un anneau ou cercle oscu- » lant... Chacun de ces grands cercles contient cinq » groupes ou cercles moindres, dont chacun peut, à » son tour, se résoudre en cinq autres plus petits, » décrits suivant le même procédé... Ainsi, il y a » des cercles dans des cercles, *des roues dans des* » *roues*, — un nombre infini de relations complexes, » mais toutes réglées par un principe uniforme, la » *circularité* de chaque groupe (1). » Le nombre des analogies et des homologies figurées par cette méthode circulaire est certainement plus considérable que dans la méthode des séries parallèles ; mais il est encore incomplet. Il faudrait pouvoir disposer les embranchements, les classes et les ordres sur les faces et dans l'intérieur d'un parallélipipède, ou bien sur la surface

____

(1) Agassiz, *De l'Esp. et de la Classif. en zool.*, ch. III, sect. v.

et dans l'intérieur d'une sphère ; et pourtant on ne parviendrait pas encore à mettre en saillie les rapports divergents : il faudrait, pour cela, distribuer les êtres dans un de ces *hyperespaces* rêvés par les auteurs de la *géométrie imaginaire*. Du reste, les divisions ne sont pas toujours aussi nettement accusées dans la réalité que dans nos classifications. La distinction des embranchements est bien tranchée, et l'on ne peut espérer que les découvertes de la paléontologie viennent un jour l'effacer ; mais parfois la transition est insensible entre deux classes, entre deux ordres successifs. Ainsi, pour ne citer qu'un exemple, les chéiromys ont à la fois les caractères des singes et ceux des rongeurs ; auquel de ces deux ordres les rapporter ? On serait donc conduit, si l'on voulait exprimer toutes les affinités des espèces animales, à les disposer tantôt sur des lignes sinueuses, tantôt sur des cercles, tantôt sur des droites ; ici en groupes isolés, là en séries parallèles ; en cherchant l'ordre le plus grand, on aboutirait à la confusion. Il faut donc renoncer à l'espoir de faire tenir en un tableau tous les rapports qui unissent les innombrables représentants du règne animal.

On voit par là combien les définitions empiriques sont loin d'être assurées et immuables. Quand nous définissons une idée par le genre et par la différence, les deux éléments de l'attribut évoquent, l'un, le groupe des qualités propres à l'espèce, l'autre, le groupe des qualités communes à un certain nombre d'autres espèces. Il faudrait donc s'accorder d'abord

sur les caractères des espèces et des genres. Si, dans la
définition, on ne mentionne pas l'ordre, la classe et
l'embranchement, c'est qu'ils sont impliqués dans le
genre, en vertu de la subordination des caractères ; il
faudrait donc être aussi d'accord sur la subdivision
du règne animal ou végétal en embranchements, des
embranchements en classes, des classes en ordres ou
en familles. Il résulte de là que la définition d'une
espèce naturelle variera selon le système de classification adopté ; on peut employer les mêmes noms pour
désigner les espèces, les genres, les familles, les
ordres, les classes et les embranchements sans s'accorder sur le fond des choses. En effet, chacune des
subdivisions d'un règne naturel est l'expression de
certaines analogies plus ou moins étendues, et les
divers systèmes ne sont, nous l'avons vu, que des
approximations variées de la vérité. Ainsi, le terme
mammifère n'a pas la même signification dans la classification de Linné et dans celle de Cuvier : pour
celui-ci, il exprime un nombre plus considérable de
caractères et d'affinités organiques que pour celui-là.
Bien que Hæckel fasse usage de ce terme *mammifère*,
consacré par l'usage, il n'y attache pas le sens qu'y
attachait Cuvier ; pour ce dernier, les mammifères
sont une classe autonome en quelque sorte, sans
parenté directe avec les autres classes du règne animal ; pour le premier au contraire, ils sont une classe
issue, par voie de transformations lentes, d'un arché-
type animal, sorti lui-même de la monère autogone,
souche commune des végétaux et des animaux. Il n'est

pas impossible qu'on parvienne un jour à fondre en un seul tous les systèmes de classification qui se partagent aujourd'hui les savants; mais jusque-là, les définitions empiriques ne seront pas irrévocablement closes; là formule n'en variera peut-être pas; dans un siècle, on pourra définir encore l'homme un mammifère bimane; mais les choses désignées par ces mots, mammifère et bimane, auront peut-être changé; on aura peut-être reconnu la fausseté de certaines affinités admises aujourd'hui comme vraies; on aura découvert de nouvelles analogies encore cachées à nos yeux. Par conséquent, jusqu'à la constitution définitive des systèmes naturels, les définitions empiriques doivent rester à l'état instable.

Mais, le jour où tout désaccord aurait cessé entre les savants sur la valeur et les caractères propres des subdivisions de la nature, les définitions seraient encore loin d'être complètes et définitives. En premier lieu, il faut toujours tenir compte des méprises possibles de l'expérience; l'observation anatomique est des plus délicates; l'œil doit souvent s'armer du microscope, et, alors, à quelles illusions n'est-il pas exposé! De cette façon, l'erreur peut toujours s'introduire dans une classification dont les degrés correspondraient cependant à la hiérarchie véritable des caractères naturels; de là l'erreur passe dans la définition; celle-ci ne saurait donc jamais être affranchie de tout soupçon. En second lieu, nous avons vu qu'il était impossible à l'homme de figurer, avec les procédés dont il dispose, les analogies si variées qui unissent entre elles les espèces d'un même règne. Les définitions, si remplies qu'on les suppose, ne contiendront donc jamais l'essence entière des êtres définis; elles sont des expressions de plus en plus approchées d'une réalité qui ne sera jamais exprimée d'une manière adéquate.

Supposons même que, par impossible, l'esprit humain ait pénétré le détail infini des êtres naturels, qu'il en ait découvert tous les rapports intérieurs, extérieurs, directs, collatéraux et divergents, qu'il ait réussi à exprimer, sans en omettre aucune, toutes les différences et toutes les affinités des espèces, la classification et les définitions qui l'accompagnent ne seraient pas encore immuables. L'analyse des lois de la pensée nous a prouvé que les fins poursuivies et les formes réalisées pouvaient changer, sans que l'ordre fût détruit; l'expérience nous montre qu'elles ont changé et qu'elles changent encore. Des espèces, des classes même sont disparues; d'autres espèces, d'autres classes les ont remplacées, et disparaîtront sans doute à leur tour. Que les groupes nouveaux rentrent dans les cadres généraux de nos systèmes, c'est ce qu'on admettra, en vertu de la loi de finalité qui règle la coexistence des êtres; mais on reconnaîtra qu'ils n'occupent pas juste dans ce cadre la place laissée vide par les groupes disparus. Voilà donc de nouveaux termes, et, par suite, de nouveaux rapports introduits dans les systèmes; les lignes générales de la classification demeurent, mais il faut en modifier le détail. La classification parfaite ne serait donc que le tableau temporaire de la nature, et la durée en serait subordonnée aux vicissitudes de la nature elle-même. La définition empirique ne saurait donc être éternelle ; elle s'évanouit lorsque l'être qu'elle exprimait n'est plus.

On voit, par ce qui précède, quels sont le rôle et la place des définitions de cette sorte dans la science. Nous percevons des individus ; ces individus sont pour la pensée des systèmes de propriétés de plus en plus générales ; chaque propriété résulte de certaines dispositions intérieures et de certaines affinités extérieures ; c'est par l'expérience que nous constatons ces dispositions et ces affinités, et, à mesure que s'étendent la puissance et le champ de notre observation, nous pénétrons plus avant dans la texture des êtres, et nous saisissons entre eux des rapports de plus en plus amples. Le terme de la science serait la découverte et la distribution hiérarchique de toutes les propriétés de tous les êtres ; nous croyons *a priori* qu'il existe un système de la nature, nous en traçons même les cadres ; mais c'est à l'expérience seule qu'il appartient d'accumuler les caractères concrets dans ces formes. La classification et la définition sont donc à la fin, et non pas à l'origine de la science. Les anciens avaient raison de dire que savoir c'est définir ; mais, ici, la définition n'est que le développement de la notion, et la notion empirique est le résultat d'une synthèse progressive.

Les définitions empiriques ne sont qu'un résumé, moins condensé que la notion, des propriétés de l'être défini. Nous faisons tenir en un certain nombre

d'idées générales, exprimées par des noms communs,
toutes les propriétés spécifiques et toutes les affinités
génériques des êtres de nature. Si la chose était possible, ces notions devraient suivre la découverte de
tous les caractères qu'elles doivent contenir ; mais si
nous les formons prématurément, nous ne les fer-
mons pas ; elles demeurent ouvertes à toutes les qualités que l'expérience découvre chaque jour. Ces résumés des résultats empiriques devraient nous suffire ;
mais ils ont le grave défaut d'être pour l'esprit, si on
ne les décompose pas, des touts irréductibles l'un à
l'autre, et nous savons que les êtres distincts sont
cependant unis par des liens plus ou moins étroits ; ce
sont ces relations que la définition a pour objet de
mettre au jour ; elle se fait par la différence spécifique
et par le genre. La différence spécifique nous apprend
par quoi l'espèce définie se distingue de toutes les
autres espèces ; le genre, par quoi elle se rattache à
toutes les subdivisions du règne auquel elle appartient ; les notions non développées demeurent à tout
jamais isolées l'une de l'autre ; les notions développées,
c'est-à-dire définies, restent distinctes, et pourtant
elles soutiennent toutes ensemble des rapports mu-
tuels. La science est à l'état latent dans la notion ; la
définition la fait passer à l'acte.

CHAPITRE VIII.

CONCLUSION.

Résumons brièvement les résultats obtenus.

Toute notion générale contient une matière et une forme ; la matière, ce sont les éléments constitutifs ; la forme, c'est le lien qui fait de ces éléments des ensembles permanents et déterminés ; la matière est donc essentiellement multiplicité, et la forme, unité.

La matière des notions géométriques, c'est l'espace indéfini, passif, indéterminé et partout semblable à lui-même ; aussi toutes les notions géométriques ont-elles un fond identique, et ne peuvent-elles être distinguées l'une de l'autre par leur contenu ; les lignes, les surfaces, les solides sont des déterminations d'un même espace ; la distinction ne vient donc pas de la matière. On peut, il est vrai, diviser cette matière commune en unités semblables, et il semble alors que les notions doivent être distinguées l'une de l'autre par le nombre des éléments qu'elles contiennent ; mais l'espace est par lui-même un continu homogène, et c'est idéalement que nous le partageons en unités de grandeur constante et déterminée ; la division de la matière en éléments constitutifs ne vient donc pas de la matière elle-même ; et d'ailleurs en vînt-elle, comme ces unités étendues sont

juxtaposées sans aucune solution de continuité, elles
ne sauraient former par elles-mêmes des ensembles
limités et définis. Du reste, les accroissements ou les
diminutions du contenu n'altèrent en rien l'essence
de la notion géométrique ; les limites des figures peuvent se mouvoir dans l'espace ; leur contenu, par suite,
croître ou décroître ; si les relations des limites ne
changent pas, la notion demeure toujours identique.
La matière est donc, en géométrie, le principe de
communauté, et non pas le principe de spécification.

Il en est autrement dans les notions empiriques. Le
contenu est ici un ensemble de qualités variées et irréductibles. Je perçois par les sens des individus isolés
dans l'espace ; par l'abstraction, j'en dégage les propriétés communes et j'en élimine les accidents ; mais il
ne faudrait pas croire qu'en passant ainsi de la sensation à l'idée, je me sois débarrassé de la diversité et de
la qualité. Si loin que je pousse la réduction, je suis
toujours en présence d'un certain nombre de types
qu'on ne saurait fondre en un seul, et chacun d'eux
est un groupe de qualités qu'il m'est impossible de
transformer en formules purement intelligibles. Ici, la
matière est donc fournie par les sens, et l'élaboration
qu'elle subit pour pouvoir entrer dans la science ne
lui enlève pas son caractère primitif ; en devenant objet
pour la pensée, elle ne cesse pas d'être objet pour la
sensibilité, ou mieux pour l'imagination. Par conséquent, au contraire de ce qui a lieu en géométrie, la
matière est, dans les notions empiriques, un principe
de diversité et non de communauté.

La forme, en géométrie, est l'œuvre de l'esprit.
L'espace homogène, indifférent à toute détermination,
nous est donné ; nous appliquons l'unité réelle de la
pensée à cette multiplicité virtuelle et indéterminée, et
de cette union résultent des notions multiples et unes
à la fois. Si l'espace n'était, comme le veut Leibnitz,
que l'ordre des coexistences possibles, nous n'engendrerions que des nombres; mais, bien qu'il ne soit pas
un objet de sensation, il est cependant un objet d'intuition ; aussi les limites que nous imposons à la multiplicité virtuelle qu'il contient sont-elles aussi des
objets d'intuition. Mais il résulte de là qu'un intermédiaire, un et multiple à la fois, est indispensable
entre l'esprit et l'espace : c'est le mouvement qui
réalise hors de nous l'unité, qui, sans lui, resterait toujours idéale. Étant donnés l'esprit un, le mouvement,
un par son origine et multiple par ses points d'application, l'espace multiple en puissance, et par là même
indéterminé, il est aisé de concevoir et de se représenter la génération des notions géométriques ; chacune
d'elles est une réalisation distincte de l'unité dans la
mutiplicité, par l'intermédiaire du mouvement. La loi
à laquelle le mouvement obéit pour engendrer ainsi
les figures résulte à la fois de l'esprit et de l'espace ;
c'est l'esprit qui la pose; mais les conditions que la
pensée impose au mouvement impliquent l'existence
de la multiplicité indéterminée qu'il s'agit de déterminer. L'esprit est donc le principe actif, et l'espace, le
principe passif de la loi de construction, qui, réalisée,
devient la limite d'une figure définie. Or l'espèce propre

d'une figure résulte non de son contenu, mais de sa limite ; cette limite est tracée par le mouvement ; mais le mouvement ne fait qu'appliquer à la multiplicité de l'espace l'unité de la pensée ; l'esprit lui-même est donc, en dernière analyse, l'auteur de la diversité spécifique en géométrie.

C'est encore lui qui fournit leur forme aux notions empiriques ; mais, ici, la forme est un principe de communauté et non plus de diversité. Toute notion empirique n'est pas un simple ensemble, mais un système de qualités sensibles : si ces éléments pouvaient se séparer au hasard, s'ils n'avaient pas entre eux des rapports permanents, il ne nous servirait de rien de substituer la notion à la sensation, et jamais nous ne pourrions parvenir à la science. Mais une nécessité invincible de l'esprit nous force à concevoir que les qualités des choses sont unies par un lien durable ; autrement les phénomènes simultanés ne sauraient entrer dans la pensée. Il résulte de là que, pour l'esprit, un être naturel est un système de qualités enchaînées et subordonnées les unes aux autres. Telle est la forme de toutes les notions empiriques ; nous extrayons des sensations les éléments communs qu'elles renferment, et nous les réunissons en un tout, non sur la foi de la sensation elle-même, mais sous la garantie du principe rationnel qui préside à la science des phénomènes coexistants. Ce cadre vide de toutes les notions empiriques ne préexiste pas plus à l'expérience que les formes géométriques à l'intuition de l'espace ; mais aussitôt que les qualités nous sont don-

nées par la sensation, nous les unissons instinctive-
ment d'une façon durable; c'est l'analyse qui, plus tard,
sépare dans la notion la forme de la matière ; mais
tandis qu'en géométrie, de chaque notion elle dégage
une forme nouvelle, dans les notions empiriques elle
trouve partout et toujours une forme unique et invariable ; par conséquent, tandis qu'en géométrie la
forme est un princique d'unité et de diversité, elle est,
dans les notions empiriques, un principe d'unité et de
communauté.

De là résultent les différences profondes des définitions géométriques et des définitions empiriques.

Puisque, dans la notion géométrique, la matière est
passive, indifférente et partout homogène, et que l'essence résulte de la limite, c'est cette limite que la définition doit énoncer. Mais la limite, c'est la forme, et la
forme dérive d'une loi posée par l'esprit, et réalisée
par le mouvement. La définition fera connaître cette
loi ; on est donc autorisé à l'appeler *définition par génération*, ou encore *définition formelle*.

Dans les notions empiriques, au contraire, la forme
est partout la même, et l'essence résulte du contenu
variable qu'elle enveloppe ; c'est ce contenu que la définition doit énoncer. Mais ce contenu est un système
de qualités sensibles ; la définition énumérera ces qualités constitutives, en respectant leurs rapports mu-
tuels, garantis par la loi de la subordination. On peut
donc l'appeler *définition par composition*, ou encore
définition matérielle.

La loi qu'énonce la définition géométrique est

l'œuvre de l'esprit ; les qualités qu'énumère la définition empirique sont des révélations de l'expérience. La définition formelle est donc *a priori*, et la définition matérielle *a posteriori*.

Toute notion complexe résulte d'une synthèse ; mais, en géométrie, la synthèse trace des limites dans la quantité extensive ; dans les sciences de la nature, elle accumule des qualités intensives dans une forme vide donnée par l'esprit ; la définition des notions géométriques en expose la limite ; la définition des notions expérimentales en développe le contenu ; la première peut donc encore recevoir le nom de *définition synthétique*, et la seconde celui de *définition analytique*.

La notion géométrique est, pour ainsi parler, engendrée d'un seul coup ; la définition en est, par conséquent, définitive et immuable. La notion empirique se remplit graduellement par les découvertes successives d'une expérience qu'on ne peut jamais déclarer pleinement achevée ; la définition en est donc progressive et toujours provisoire.

La forme, essence de la notion géométrique, vient de l'esprit lui-même ; l'espace passif la reçoit sans opposer de résistance, et la conserve sans l'altérer ; la définition géométrique est donc aussi durable que la pensée elle-même. Le système de qualités sensibles, essence de la notion expérimentale, vient de la perception ; sans parler des méprises de l'expérience, qui nous font souvent confondre l'accident et l'essence, ces qualités peuvent disparaître ou se modifier ; la définition empirique n'est donc que l'expression temporaire d'une réalité changeante.

Enfin, les définitions géométriques sont des principes de connaissance ; les définitions empiriques ne ne sont que des résumés. Les unes et les autres contiennent la science à l'état virtuel, mais avec cette différence que les premières en précèdent le développement, et que les secondes le suivent. En géométrie , nous posons des définitions grosses de conséquences ; la détermination de l'espace y est la première démarche de l'esprit ; mais on peut s'en tenir là et s'abstenir de dérouler la série des théorèmes. Dans les sciences de la nature, avant de poser les définitions, il faut avoir fait la science, et celle-ci, pour pouvoir se concentrer dans la notion et dans la définition , retourne à l'état de puissance, après avoir existé en acte. Par conséquent, alors même que l'on parviendrait à réduire la qualité intensive à la quantité extensive, la science géométrique et la science empirique différeraient encore par la genèse et le rôle de leurs notions fondamentales.

TABLE DES MATIÈRES.

INTRODUCTION.

De la définition en général. . . . . Page 7

CHAPITRE I.

ORIGINE DES NOTIONS GÉOMÉTRIQUES.

Examen de la théorie empirique ; les notions géométriques ne sont le
résultat ni de l'expérience brute, ni de l'abstraction, ni de la généralisation. — Examen de la théorie idéaliste; les notions géométriques
ne sont pas l'œuvre de la pensée pure; elles supposent une matière,
l'espace. — La géométrie à n dimensions. — L'hyperespace. — Interprétation de la géométrie non euclidienne. 19

CHAPITRE II.

ORIGINE DES NOTIONS GÉOMÉTRIQUES (SUITE).

Principes des notions géométriques : espace, esprit, mouvement. —
Génération des lignes, des surfaces, des volumes. — Passage de la
géométrie élémentaire à la géométrie analytique. — L'infini géométrique. — L'imagination en géométrie. 44

CHAPITRE III.

CARACTÈRES DES DÉFINITIONS GÉOMÉTRIQUES.

Les définitions géométriques se font par génération. — Contenu et
forme des notions définies. — La définition doit énoncer la forme.

— Elle est *a priori*. — Distinction des définitions caractéristiques et des définitions explicatives. — La définition géométrique ne se fait pas par le genre et la différence spécifique. — Elle n'est pas une définition de mots. 78

CHAPITRE IV.

RÔLE DES DÉFINITIONS DANS LA DÉMONSTRATION GÉOMÉTRIQUE.

Rôle des axiomes dans la démonstration géométrique. — Examen de la théorie du docteur Whewell. — Définition des axiomes. — Stérilité des axiomes. — Rôle de la définition dans la démonstration géométrique. — Examen de la théorie de Stuart Mill. — Examen de la théorie de Dugald-Stewart. — Différence du syllogisme et du raisonnement géométrique. — La définition nous fournit les termes et les intermédiaires entre les termes dont il s'agit de prouver l'égalité ou l'équivalence. — Source de la nécessité des jugements géométriques. — Démonstration dans la géométrie analytique. — Démonstration dans la géométrie imaginaire. 99

CHAPITRE V.

HIÉRARCHIE DES CARACTÈRES EMPIRIQUES.

Les sciences empiriques sont irréductibles aux sciences mathématiques. — On ne peut complétement substituer à la perception des qualités sensibles la connaissance de formules numériques. — Constitution des êtres naturels. — Constitution des idées générales. — Hiérarchie des caractères. — Classification. — Caractères dominateurs et caractères subordonnés. 132

CHAPITRE VI.

PRINCIPE A PRIORI DE LA CLASSIFICATION.

Exigences de la pensée. — Relations universelles et nécessaires de nos idées. — Principe directeur de la connaissance. — Objectivité de ce principe. — L'ordre dans la succession; loi mécanique. — L'ordre dans la coexistence; loi dynamique. — Application de cette loi à la science des êtres naturels. 160

CHAPITRE VII.

CARACTÈRES DES DÉFINITIONS EMPIRIQUES.

La définition empirique suppose une classification. — Imperfections
des procédés pratiques de classification. — La définition empirique
qui se fait par le genre et la différence est variable, temporaire
et toujours provisoire. — Elle est un résumé et non pas un principe. 185

CHAPITRE VIII.

CONCLUSION. 201

Vu ET LU, *à Paris, en Sorbonne, le 10 avril
1873 , par le doyen de la Faculté des
lettres,*

PATIN.

Vu et permis d'imprimer :
Le vice-recteur de l'Académie de Paris,
A. MOURIER.

Poitiers. — Typ. de A. Dupré, rue Nationale.

Poitiers. — Typ. de A. Dupré

PREMIÈRE PARTIE.
Droit Romain.

—

La législation romaine sur les secondes noces comprend trois phases bien distinctes, et correspondant aux trois époques suivantes : époque de l'ancien droit, époque d'Auguste, époque des empereurs chrétiens.

Sous la première période, les seconds mariages sont indifférents pour le législateur, qui les traite sans faveur, comme sans hostilité. Plus tard, le divorce fait irruption dans la société romaine ; le mariage perd tout son prestige et toute sa dignité ; le pouvoir intervient alors pour relever cette institution chancelante, et dans ce but, il encourage les secondes noces par tous les moyens possibles. Enfin, vers le IVe siècle de notre ère, l'influence croissante du christianisme détermine l'avènement d'une nouvelle législation, qui, sans condamner les seconds mariages, tend à les rendre moins fréquents. Nous allons examiner successivement ces trois périodes.

CHAPITRE I.

Ancien Droit Romain.

La polygamie que l'on rencontre établie chez la plupart des peuples de l'antiquité, ne fut jamais permise à Rome ; aussi est-il fort aisé de poser la règle fondamentale de la matière : pour pouvoir contracter une seconde union, il faut que la première ait cessé d'exister ; il faut qu'elle ait pris fin par l'un des modes de dissolution que la loi consacre : la mort, le divorce ou la captivité. *Neminem, qui sub ditione sit romani nominis, binas uxores habere posse, vulgo patet*, tels sont les termes d'une constitution par laquelle les empereurs Dioclétien et Maximien sanctionnent la législation des siècles précédents (Cod., *de incest. et inut. nup.* (L. 2). Un autre texte porte encore : *qui matrimonio conjunctus est, eo non dissoluto, aliud matrimonium contrahere prohibetur.*

Le principe du sujet est donc certain, mais il ne suffit pas de l'indiquer ; nous devons encore tracer les règles de détail auxquelles donne lieu son application. Afin de procéder avec méthode, nous passerons en revue dans trois sections distinctes :

1° Le cas où le premier mariage a été dissous par la mort ;

2° Le cas où il a été dissous par le divorce ;

3° Le cas où il a été dissous par la captivité.

SECTION I.

DU CAS OU LE PREMIER MARIAGE A ÉTÉ DISSOUS PAR LA MORT.

Deux hypothèses peuvent se présenter : ou c'est la femme qui reste veuve, ou au contraire c'est le mari qui survit à sa femme.

PREMIÈRE HYPOTHÈSE. — *La femme survit à son époux.* — Le premier monument législatif qui ait visé cette situation est une loi très-ancienne du roi Numa. Cette loi, qui, suivant Plutarque, avait principalement pour but de régler la durée du deuil chez les femmes, d'après le degré de parenté et l'âge des défunts, interdisait à la veuve de se remarier pendant le délai de deuil qu'elle lui imposait pour pleurer son mari. Ce délai était d'un an, ou, pour mieux dire, de dix mois, car l'année de Romulus ne comprenait que dix mois.

Le préteur, trouvant cette disposition fort sage, s'empressa de la reproduire. Elle est consignée au Digeste, dans la loi 1 du titre *de his qui not. inf.* Nous aurons bientôt l'occasion d'analyser ce texte; mais auparavant cherchons quelle est la raison d'être de la règle qu'il contient. Il est aisé de la découvrir. Si le législateur a voulu que la veuve ne pût se remarier avant l'expiration du délai de dix mois, c'est qu'il a redouté une confusion de part, c'est qu'il a craint de ne pouvoir fixer avec certitude l'époque de la conception d'un enfant, dont la paternité pourrait dès lors être attribuée aussi bien au second mari de la mère qu'à son premier. Tel est du reste le motif indiqué par les textes. La loi 11, § 1 (*De his qui not. inf.*), s'exprime en ces termes : « *Etsi talis sit maritus, quem more majorum lugeri non* » *oportet, non posse eam nuptum intra legitimum* » *tempus collocari; prætor enim ad id tempus se retulit* » *quo vir elugeretur, qui solet elugeri,* PROPTER TURBA- » TIONEM SANGUINIS. » La même loi, § 2, admet qu'un second mariage peut être célébré avant l'expiration du délai réglementaire, si la veuve a mis au monde un enfant depuis la mort de son premier mari. La loi 10, § 1, décide qu'une femme peut être fiancée pendant l'année de deuil. Enfin, une disposition remarquable, contenue dans la loi 11, pr., déclare que le deuil des enfants et autres proches parents ne constitue point un empêchement aux secondes noces. Ces solutions révèlent donc clairement la pensée du législateur, et nous pouvons nous résumer en disant que toutes les fois que la crainte de la *perturbatio sanguinis* est écartée, la veuve recouvre la plus entière liberté.

Au surplus, la règle qui interdit à la femme de se remarier avant l'expiration du délai de deuil, porte avec elle une sanction énergique. Voici, en effet, sur ce point important, la traduction de l'édit du préteur :

« Est noté d'infamie..... celui qui, ayant sa fille sous sa
» puissance, la marie après la mort de son gendre, et avant
» l'expiration du délai de deuil, pourvu qu'il ait connu la
» date du décès de celui-ci ; — celui qui a épousé une veuve
» la sachant dans ces conditions, et sans l'ordre de celui
» sous la puissance paternelle duquel il se trouve ; — celui
» qui, ayant un fils sous sa puissance, a permis qu'il épousât
» une veuve qui n'avait pas achevé le deuil de son mari ; —
» enfin, celle-là même qui, n'étant sous la puissance de
» personne, a spontanément, après la mort de son mari, et
» en connaissance de cause, convolé en secondes noces,
» avant l'expiration du temps pendant lequel il est d'usage
» de pleurer son époux. » (Fragm. du Vatican, n° 320, et Dig., l. 1, *eod. tit.*)

La note d'infamie, telle est la peine encourue par la veuve qui n'observe pas les dix mois de viduité et par les autres personnes mentionnées dans l'édit. Mais quelle est au juste la gravité de cette peine ? L'infamie entraîne la perte de *l'existimatio*, c'est-à-dire de la considération dont jouit tout bon citoyen, observateur fidèle de la loi ; mais indépendamment de cette déchéance morale, elle produit certaines conséquences juridiques assez importantes : ainsi, celui qui a perdu *l'existimatio* ne peut plaider devant le préteur ; il est, en outre, exclu de certaines charges publiques ; il ne

peut être nommé sénateur, etc.; il n'a plus qualité pour se porter accusateur public. Il y a loin encore de la note d'infamie à la *capitis deminutio*; elle constitue cependant une sanction suffisamment efficace, surtout si l'on songe à quel point les Romains étaient jaloux de leur honneur et de leur dignité de citoyen.

Les dispositions de l'édit reproduit ci-dessus appellent quelques remarques. Constatons d'abord que la veuve trop prompte à contracter une seconde union n'est pas toujours atteinte par les rigueurs de la loi. Pour qu'il en soit ainsi, il f.ut qu'elle ait agi spontanément et en connaissance de cause; il est donc nécessaire qu'elle n'ait pas été contrainte par celui sous la puissance duquel elle se trouve. D'un autre côté, la loi punit ses complices : celui qui l'a épousée sachant qu'elle n'était pas dans les conditions voulues pour se marier, le père qui permet à son *filiusfamilias* de prendre pour femme une veuve encore en deuil de son mari. En un mot, elle frappe tous ceux qui, de près ou de loin, participent à la violation des règles qu'elle a établies.

Toutefois, la connaissance de la mort du premier mari est indispensable : la veuve qui l'a ignorée, aussi bien que le second conjoint ou le *paterfamilias* qui n'en ont pas été informés, sont à l'abri de la note d'infamie. *Notātur... sed si sciens* (Dig., 1. 11, § 4, *eod. tit.*) De plus, l'erreur de fait est nécessaire, l'erreur de droit ne suffit pas : *ignorantia enim excusatur non juris, sed facti (ibid.).* La veuve ne saurait donc invoquer pour sa justification son ignorance de la règle qui lui interdit de se remarier avant l'expiration du délai de deuil.

Quel est maintenant le point de départ de ce délai? La réponse ne saurait être douteuse : c'est le jour de la mort du premier mari. Il y a plus, le délai est continu, c'est-à-dire qu'il court sans interruption, dès l'instant du décès jusqu'au dernier jour des dix mois ; la circonstance que la mort du mari n'est point parvenue à la connaissance de sa femme est entièrement indifférente. D'où la déduction suivante : une veuve peut être dispensée de tout deuil et de tout délai si elle n'apprend la mort de son conjoint qu'après l'expiration intégrale des dix mois de viduité. Cette conséquence remarquable est exprimée en ces termes par le jurisconsulte Ulpien, qui l'emprunte lui-même à Labéon : « *Et ideo si post legitimum* » *tempus cognovit, Labeo ait, ipsa die et sumere eam* » *lugubria et deponere.* » (Dig., l. 8, *eod. tit.*)

Seconde hypothèse. — *Le mari survit à la femme.* — Ici la règle est toute différente : *Uxores viri lugere non compelluntur*, dit Paul (l. 9, pr., *eod. tit.*) ; ce qui signifie que le mari survivant est dispensé de tout délai et qu'il peut se remarier le lendemain de la mort de sa femme, si bon lui semble. Cette disposition se justifie d'ailleurs sans peine. En effet, si le législateur impose à la veuve un délai de dix mois, c'est uniquement parce qu'il redoute une confusion de part ; ce danger n'étant pas à craindre lorsque l'on se trouve en présence d'un mari survivant, il n'y a plus aucune raison pour prescrire à celui-ci un délai de veuvage.

SECTION II.

Du cas ou le premier mariage a été dissous par le divorce.

Il semble au premier abord que les solutions devraient être les mêmes qu'au cas précédent, car les motifs qui ont inspiré le législateur dans notre première hypothèse se rencontrent également ici ; pourtant nous aurons à noter des modifications importantes : pour le mari, tout se passe comme dans l'hypothèse de prédécès de la femme ; mais en ce qui concerne celle-ci, des règles différentes sont applicables.

Et d'abord, le délai de dix mois imparti à la veuve est supprimé ; l'épouse qui divorce est placée dans la même situation que son conjoint et peut se remarier sur-le-champ. Cette règle n'est écrite nulle part ; elle est néanmoins certaine, car, dans aucun texte, les jurisconsultes n'appliquent à la femme divorcée la prohibition dont ils frappent la veuve ; la veuve est donc seule empêchée de se remarier avant l'expiration du délai de deuil. L'histoire d'ailleurs vient corroborer notre manière de voir. Dans le très-ancien droit romain, le divorce, quoique admis en principe par la législation, était repoussé par les mœurs, et s'il faut en croire le témoignage de Valère-Maxime, ce ne fut que 520 ans après la fondation de Rome que le premier cas de divorce se présenta (1). Pendant toute la période antérieure à cette époque, le législateur n'eut donc pas à s'occuper du divorce et à régler les différentes situations qui pouvaient naître d'un usage fréquent de ce mode de dissolution du mariage ; aucune loi ne fut édictée sur cette matière. Plus tard, lorsque le divorce se répandit dans la société romaine, la lacune primitive ne fut pas comblée, et il en résulta que la femme divorcée fut assimilée, quant à sa position juridique, à la femme libre encore de tout engagement. La prohibition qui frappait la veuve ne s'étendit pas jusqu'à elle.

Mais alors va se poser la question suivante : comment prévenir la confusion de part qui, au cas de divorce comme au cas de veuvage, peut être le résultat de la célébration immédiate d'une nouvelle union ? L'ancien droit étant muet sur ce point, il fallut innover, car il était bien impossible

______

(1) *Val.-Max. factorum dictorumque memor.*, l. II, ch. 1, n° 4.

de laisser subsister le danger que nous venons de signaler sans rien faire pour le conjurer. Aussi le législateur édicta-t-il un ensemble de précautions fort sages et dans le détail desquelles nous allons entrer.

C'est dans un sénatus-consulte rendu sous Adrien, et connu sous le nom de sénatus-consulte Plancien, que nous trouvons la plupart des indications relatives à notre sujet. Voici l'analyse de cet important document :

Lorsque la femme divorcée se croit enceinte, elle doit, dans les trente jours qui suivent le divorce, faire connaître sa grossesse au mari, ou à l'ascendant sous la puissance duquel il se trouve ; la même obligation est imposée au *pater-familias* de la femme. La signification peut d'ailleurs être exécutée par un mandataire.

La femme doit simplement signifier à son mari qu'elle est enceinte de ses œuvres. Mais elle ne fait pas cette signification afin que le mari envoie des gens pour la garder et l'observer ; c'est à celui-ci d'envoyer des gardiens ou de répondre à la signification que la femme n'est point enceinte de ses œuvres. Lorsqu'il ne prend aucun de ces deux partis, la loi suppose qu'il se considère comme le père de l'enfant et le force à reconnaître celui-ci. Si au contraire le mari a répondu que la femme n'est point enceinte de ses œuvres, il ne sera plus obligé de reconnaître l'enfant, à moins toutefois que sa paternité ne soit établie en justice. S'il a envoyé des gardiens, il faut faire la distinction suivante : ou bien la femme les reçoit, ou bien elle refuse de les admettre près d'elle : dans le premier cas, les gardiens accomplissent leur mission, qui a pour but de prévenir une supposition de part, et l'enfant né sous leurs yeux est réputé appartenir au mari ; dans le second cas, cette présomption disparaît, et le mari n'est pas tenu de reconnaître l'enfant, mais ce dernier a toujours le droit de prouver contre lui sa filiation légitime.

Il faut remarquer que c'est à la femme et non au mari à faire la première signification. Le mari peut cependant offrir à sa femme des gardiens, sans attendre qu'on lui fasse de signification ; les solutions seront d'ailleurs les mêmes que plus haut, soit au cas de refus, soit au cas d'acceptation des gardiens par la femme.

Si la femme n'a pas signifié sa grossesse dans le délai de trente jours, elle pourra encore être admise à le faire dans la suite, mais cette faculté ne lui sera accordée qu'en connaissance de cause *(cognitâ causâ)*. Enfin, si elle néglige complétement de faire la signification prescrite, le mari n'est pas tenu de reconnaître l'enfant ; mais la loi veut que l'omission de la mère ne porte aucun préjudice à cet enfant, de sorte qu'en toute hypothèse son droit reste intact ; peu importe que les formalités du sénatus-consulte Plancien aient été ou non accomplies, il peut toujours établir qu'il est né des œuvres du conjoint divorcé.

Observons en dernier lieu que les trente jours accordés à la femme pour faire la signification courent depuis le divorce, et qu'en outre ils sont continus et non pas utiles. (Dig., *de agn. et al. lib.*, l.1 , § 1-9.)

Tel est le sénatus-consulte Plancien. Pour avoir une théorie complète sur cette matière, il faut lui joindre quelques dispositions remarquables empruntées à un rescrit de Marc-Aurèle à *Valerius Priscianus*, préteur de Rome, et se rapportant au cas où le mari affirme que sa femme est grosse, tandis que la femme prétend le contraire. Voici la marche à suivre dans cette hypothèse. Le mari sollicitera du préteur l'autorisation de faire procéder à l'inspection du ventre. Le magistrat indiquera alors la maison d'une matrone respectable, dans laquelle la femme que l'on croit enceinte devra se rendre ; il nommera en outre trois sages-femmes (cinq, suivant certains textes) qui seront chargées de la visiter. Si à la majorité elles reconnaissent que la femme est grosse, le mari pourra faire venir des gardiens près d'elle. Si elles déclarent que la femme ne paraît pas enceinte, il n'y aura plus aucune raison de lui donner des gardiens, elle sera mise en liberté et reconduite dans sa demeure. (Dig., *de inspic. ventr.*, l. 1, pr. — Paul *Sent.*, lib. II, tit. XXIV, § 7-9.)

Voilà, dans son ensemble, le système ingénieux à l'aide duquel le législateur romain a évité les dangers pouvant résulter de la célébration trop précipitée du second mariage d'une femme divorcée.

Nous n'insisterons pas davantage sur ce point ; toutefois, avant de terminer notre section II, nous croyons devoir faire une remarque importante, et constater que toutes ces précautions que nous venons de faire connaître et que la loi a prises dans le but de prévenir une confusion de part, prouvent encore une fois l'exactitude de la thèse que nous soutenions tout à l'heure, à savoir que la prohibition faite aux femmes veuves de se remarier avant l'expiration d'un délai de dix mois n'existe pas à l'encontre des épouses divorcées ; car si elle leur était applicable, à quoi bon toutes ces règles renfermées aux titres de *agnoscendis et alendis liberis* et de *inspiciendo ventre ?* Elles constitueraient une superfétation inexplicable, et que nous ne pouvons gratuitement reprocher au législateur.

SECTION III.

Du cas ou le premier mariage a été dissous par la captivité.

Comme la mort et le divorce, la captivité est un mode de dissolution du mariage, mais à la différence des deux premiers, celui-ci n'engendre pas toujours des effets absolus et définitifs. En d'autres termes, la dissolution du mariage occasionnée par la perte de la liberté n'est pas nécessairement irrévocable; l'union conjugale, rompue pendant la durée de l'esclavage, peut parfois revivre lorsque le captif est débarrassé de ses fers.

Distinguons d'ailleurs, pour plus de méthode, l'hypothèse où les deux époux sont faits prisonniers, et celle où l'un d'eux seulement tombe entre les mains de l'ennemi.

PREMIÈRE HYPOTHÈSE. — *Les deux époux sont faits prisonniers.* — A vrai dire, la possibilité d'une seconde union n'existe pas alors, car, de deux choses l'une : ou les deux conjoints meurent dans l'esclavage, et la question d'un second mariage ne saurait être agitée ; ou bien encore ils reviennent ensemble à Rome, et en vertu de la fiction du *postliminium*, d'après laquelle le captif ou prisonnier de guerre, de retour dans ses foyers, est réputé n'avoir jamais perdu le *status libertatis* et les prérogatives qui y sont attachées, leur mariage revit, et même est censé n'avoir jamais été dissous (Dig., *de capt. et postl.*, 1. 25). Objectera-t-on que l'un d'eux seulement peut redevenir libre et qu'alors se présentera une situation nouvelle ? Soit, mais nous retombons dans la seconde hypothèse que nous devons examiner.

SECONDE HYPOTHÈSE. — *Un seul conjoint est fait pri-*

sonnier. — Il est certain tout d'abord qu'en cas de retour de l'époux captif, la fiction du *postliminium* ne saurait être invoquée par lui, comme précédemment, dans le but de faire revivre l'union rompue. Cette solution est, en effet, indiquée formellement par les textes. *Non, ut a patre filius, ita uxor a marito jure postliminii recuperari potest* (Dig., *de capt. et postl.*, l. 8; dans le même sens, l. 14, § 1). Cependant, quoique le mariage soit réellement dissous par la captivité, quoique la fiction du *postliminium* soit impuissante, le mari pourra reprendre son épouse toutes les fois qu'elle n'aura pas convolé à de secondes noces. Une seule condition lui sera imposée, c'est qu'il obtienne le consentement de sa femme (*consensu redintegratur matrimonium*, l. 14, § 1, *loc. supr. cit.*), et il l'obtiendra sans difficulté, puisque la loi punit tout refus non justifié par des peines sévères : *quod si voluerit, nulla causâ probabili interveniente, pœnis dissidii tenebitur* (l. 8).

Lorsque la femme a convolé, la première union, avons-nous dit, ne peut revivre. L'épouse du captif a donc en principe la faculté de se remarier; mais cette faculté est soumise à des restrictions importantes. La loi 6, *de div. et repud.*, s'exprime à cet égard dans les termes suivants : « Les femmes de ceux qui sont captifs chez l'ennemi con-
» servent encore la qualité de femmes mariées, en ce sens
» du moins qu'elles ne peuvent pas librement prendre un
» autre époux. La règle générale que l'on peut formuler
» sur ce point est que, tant qu'il demeure certain que leur
» mari captif est encore vivant, elles ne peuvent convoler
» en secondes noces sans recourir au divorce. Que si l'on
» ignore si le mari est vivant ou mort à l'étranger, la
» femme pourra se remarier lorsque cinq ans se seront
» écoulés depuis l'époque de la captivité. »

Ces décisions de la loi 6, bien qu'elles satisfassent la raison et la morale, ont néanmoins lieu de nous étonner. N'est-il pas, en effet, admis en principe que le mariage est dissous par la captivité, et dès lors ne devait-on pas dire que du jour où le mari est emmené en servitude, sa femme peut contracter une seconde union ? Assurément, cette solution était la seule qui fût logique; mais ici le législateur a cru devoir avant tout tenir compte de la réalité des faits : l'esclavage n'est souvent que de courte durée; il peut prendre fin, par exemple, par suite d'un échange de prisonniers; dans ces conditions, n'était-il pas plus sage d'ajourner et même de défendre la célébration du second mariage de l'épouse du citoyen captif? La captivité n'est que l'absence; or, un mari absent n'est pas perdu pour toujours, Donc, en résumé, le mariage subsistera en fait, à moins que l'absence ne se prolonge assez longtemps pour faire croire que la mort a enlevé le prisonnier.

Nous avons supposé jusqu'ici que le mari était emmené en captivité, mais la femme peut subir le même sort. *Quid* dans cette hypothèse? La réponse est facile à donner : *eodem jure et in marito in civitate degente et uxore captivâ observando* (l. 6 *in fine*).

Telles sont dans l'ancien droit romain les principales dispositions relatives aux secondes noces. Comme nous l'affirmions plus haut, les législateurs de cette première période voient les seconds mariages d'un œil indifférent; ils ne les encouragent pas, ils ne cherchent pas non plus à les entraver. Ils ne les encouragent pas, parce qu'ils n'y trouvent aucun intérêt pour l'Etat; parce que les premiers mariages, honorés et pratiqués par la grande majorité des Romains, fournissent un assez grand nombre de citoyens, et qu'il est dès lors inutile de chercher à augmenter le chiffre de la population ; ils ne leur créent pas d'entrave, parce qu'ils n'y voient aucun danger, sauf celui qui aurait pu résulter d'un convol trop prompt de la veuve, et nous avons vu comment, à l'aide d'une règle fort sage, ce danger avait été conjuré.

Comment maintenant expliquer l'apparition au siècle d'Auguste d'une législation conçue dans un esprit tout différent et éminemment favorable aux seconds mariages ? La cause de ce changement est facile à indiquer. A l'époque où nous nous plaçons, la pureté primitive des mœurs a depuis longtemps disparu pour faire place à une grande dissolution ; le mariage n'est plus en honneur comme autrefois, le divorce devient de jour en jour plus fréquent, et, suivant l'énergique expression de Sénèque, les femmes ne comptent plus leurs années par les noms des consuls, mais par ceux de leurs maris. Les époux s'unissent pour se quitter bientôt ; ils se quittent pour se reprendre ensuite. On en arrive enfin (c'était dans la logique des choses) à trouver trop pesant encore le lien conjugal, pourtant si commode et si léger ; on lui préfère le célibat qui, dans cette société dégradée, offre tous les avantages du mariage sans en avoir les inconvénients. Mais, comme résultat de cette dissolution effrayante, comme conséquence des liaisons éphémères et stériles qui se multiplient à l'infini, le nombre des enfants décroît rapidement, la population ingénue surtout diminue dans une proportion considérable, et de là un danger social qui ne pouvait manquer d'attirer l'attention du législateur.

C'est en effet pour apporter un remède au mal terrible que nous venons de signaler qu'Auguste édicta successivement les lois *Julia de adulteriis, Julia de maritandis ordinibus* et *Papia Poppœa*. Nous dirons peu de chose de la loi *Julia de adulteriis,* car elle ne se rattache que très-indirectement à notre sujet; mais les deux autres lois ont, au point de vue qui nous occupe, une importance capitale, et nous en ferons une étude plus approfondie.

CHAPITRE II.

Législation d'Auguste.

Augmenter le chiffre de la population ingénue, tel est le but que poursuit le législateur. Pour l'atteindre, il pousse les citoyens à contracter mariage; il encourage par les moyens qu'il croit les plus efficaces les secondes et subséquentes unions. Quels sont au juste ces moyens? C'est ce que va nous apprendre l'examen des lois rendues sous Auguste.

La première en date est la loi *Julia de adulteriis et de fundo dotali*. Bien que dirigée spécialement contre l'adultère, elle renferme cependant quelques dispositions qui sont de nature à fixer notre attention. Ainsi, elle défendait au mari, d'une façon absolue, d'aliéner les immeubles de sa femme sans le consentement de celle-ci, et de les hypothéquer même avec son consentement. Or, il est certain que le motif de cette prohibition était d'assurer aux femmes l'intégrité de leur dot et de leur permettre, par suite, de se remarier plus facilement au cas de dissolution du premier mariage; car, à Rome, comme dans nos sociétés modernes, le désintéressement était fort rare, et une femme sans dot ne trouvait qu'avec peine un nouvel époux. La justesse de cette observation a été contestée, mais elle ressort clairement, suivant nous, de ce texte du jurisconsulte Paul : *interest reipublicœ mulieres dotes salvas habere, per quas nu-*

bere possint (Dig., *de jure dot.*, l. 2). — La loi Julia contenait une autre règle se rattachant au même ordre d'idées,
et d'après laquelle le mari ne pouvait restituer à la femme
sa dot pendant le mariage. Le législateur ne voulait pas que
la femme pût dissiper ses biens dotaux et se trouvât ainsi,
à la dissolution du premier mariage, dans une situation
défavorable et peu propice à une seconde union.

Peu de temps après la loi Julia *de adulteriis*, fut promulguée la loi Julia *de maritandis ordinibus*. Quoique la date
de cette dernière ait été l'objet de vives controverses, nous
pensons, avec la plupart des commentateurs, qu'elle se place
en l'an 757. Cinq ans plus tard, fut rendue la loi Papia
Poppæa. Ces deux lois forment un ensemble de législation
compacte, et duquel nous allons détacher les principales dispositions relatives à notre matière.

Pour mettre un terme aux déplorables conséquences de la
liberté illimitée de répudiation, et surtout pour détourner les
citoyens du célibat, pour les encourager à contracter mariage,
les lois Julia et Papia Poppæa décidèrent que les célibataires
et les veufs sans enfants seraient incapables de recueillir en
tout ou en partie, soit les legs, soit les hérédités testamentaires qui leur seraient dévolus, et que leurs parts seraient
attribuées aux pères de famille inscrits dans le même
testament ; à leur défaut, au fisc. Par l'effet de cette règle,
la société romaine se trouva partagée en deux classes bien
distinctes : ceux qui réunissaient les conditions exigées par
les lois caducaires (1), ceux au contraire chez qui ces conditions ne se rencontraient pas. Pour ces derniers, la capacité

______

(1) C'est le nom que l'on donne souvent aux lois Julia et Papia Poppæa ;
caducaires vient du mot *caduca* ; on appelait ainsi les parts non recueillies
par suite des incapacités résultant de ces lois.

de recevoir par testament (la *factio testamenti* passive) subsistait bien, mais une incapacité d'origine nouvelle venait les frapper, l'incapacité *de capere hereditatem* : ils pouvaient être institués héritiers, légataires, mais ils ne pouvaient exercer leur droit, s'ils n'étaient en règle avec les lois Julia et Papia Poppæa.

Quelles étaient, d'une façon précise, les personnes atteintes par ces lois, et quelles étaient celles dont le droit restait intact en tout ou en partie? C'est ce qu'il nous semble indispensable d'indiquer brièvement, afin de rendre plus claires et plus compréhensibles les explications qui vont suivre.

Sont frappés de l'incapacité de *capere hereditatem* :

1° Les *cœlibes*, c'est-à-dire les célibataires, et par ce mot il faut entendre non seulement les hommes qui n'ont jamais été mariés, mais encore, et c'est ce point surtout qui nous intéresse, ceux qui depuis leur veuvage ou leur divorce n'ont pas convolé à de secondes unions.;

2° Les *orbi*, c'est-à-dire ceux qui, actuellement mariés, n'ont pas encore d'enfants. Toutefois, la loi était moins rigoureuse pour ceux-ci que pour les *cœlibes*; elle ne leur enlevait que la moitié des biens qui leur étaient attribués par le testament ;

3° Les *solitarii patres*, qui probablement (car ce point est toujours resté obscur) sont les veufs avec enfants. Suivant l'opinion qui nous semble préférable, il faut les assimiler aux *orbi*, quant à la proportion dans laquelle ils sont atteints par les lois caducaires ;

4° Les femmes qui n'ont pas obtenu le *jus liberorum*. Cette prérogative était accordée aux femmes mères de plusieurs enfants (de trois enfants, s'il s'agissait d'une ingénue; de quatre, s'il s'agissait d'une affranchie).

Sont maintenant à l'abri des incapacités créées par les lois caducaires :

1° Les *patres*, c'est-à-dire les hommes mariés en justes noces, qui ont un ou plusieurs enfants vivants lors de l'ouverture du testament ;

2° Les *matres*, c'est-à-dire les femmes mariées à qui le *jus liberorum* a été concédé parce qu'elles ont donné le jour à trois enfants ou bien à quatre, suivant la distinction que nous venons d'établir ;

3° Les personnes vis-à-vis desquelles la loi laisse subsister l'ancien droit (le *jus antiquum*), c'est-à-dire les ascendants et les descendants jusqu'au 3° degré ;

4° Enfin celles à qui elle confère la *solidi capacitas*, savoir : l'homme au-dessous de 25 ans et après 60, la femme au-dessous de 20 ans et après 50, les eunuques, l'empereur et l'impératrice, le soldat en campagne, le citoyen absent pour le service de l'Etat et les cognats jusqu'au 6° degré.

Cette double énumération indique bien l'esprit et la portée des lois caducaires : lois essentiellement hostiles au célibat et à la viduité, essentiellement favorables aux premiers et aux seconds mariages. Mais ce n'est pas tout, et nous n'avons pas encore une idée suffisamment exacte du système inauguré par les lois *Julia* et *Papia Poppæa*. Non contentes, en effet, de mettre les *patres* à l'abri des incapacités qu'elles édictent, elles les récompensent d'une façon exceptionnelle en leur attribuant par préférence les parts d'hérédité et les legs qu'elles enlèvent aux *cælibes*, aux *orbi* et aux *patres solitarii*; de sorte que les *patres* recueillent d'abord la totalité de leurs parts héréditaires et des legs à eux personnels, et en outre, les portions d'hérédité et les legs devenus caducs par application des lois nouvelles. Juvénal a admirablement résumé ce double résultat dans le vers suivant :

Jam pater es.... !
Legatum omne capis, nec non et dulce caducum.

Les *patres* peuvent donc réclamer les *caduca*; ils ont ce que l'on appelait à Rome le *jus caduca vindicandi*; mais il est à remarquer que cette prérogative considérable leur appartient en propre : ni les *matres* qui ont obtenu le *jus liberorum*, ni les *solidi capaces*, ni les personnes jouissant du *jus antiquum* ne peuvent revendiquer les parts caduques. Cette solution se justifie d'ailleurs à merveille en ce qui concerne ces deux dernières catégories de personnes, car s'il est vrai de dire qu'à raison de leur situation toute particulière elles ne méritent pas d'être frappées de déchéances rigoureuses, il est également exact d'affirmer qu'elles n'ont aucun droit à la faveur de la loi. La loi veut encourager le mariage ; or, elles ne sont pas mariées, elles ne sauraient donc participer aux avantages attribués aux *patres*. Quant aux femmes qui ont obtenu le *jus liberorum*, la logique semblerait exiger qu'on leur accordât le droit de réclamer une part dans les *caduca*, puisque les *caduca* sont en quelque sorte la récompense de la fécondité. Ce système a même été soutenu par quelques commentateurs, mais leur erreur est manifeste ; car, pour exercer le *jus caduca vindicandi*, il faut avoir un ou plusieurs enfants sous sa *patria potestas* ; or, la *patria potestas* appartient aux hommes seuls.

Tel est dans son ensemble le système introduit par Auguste pour pousser les Romains au mariage et augmenter le nombre des enfants légitimes. Nous en apprécierons un peu plus loin la valeur et la moralité. Mais auparavant, nous croyons devoir indiquer certaines règles posées par les lois caducaires, et qui se rattachent spécialement à notre sujet.

Tout d'abord il résulte de l'aperçu général que nous venons

d'exposer qu'un changement considérable s'est produit dans la condition des époux veufs ou divorcés. L'ancien droit romain les laissait libres de contracter ou de ne pas contracter une seconde union après la dissolution de la première; la législation nouvelle leur impose l'obligation de se remarier, sous peine de perdre les successions et les legs qui leur seraient attribués. Toutefois, cette règle si sévère comportait un palliatif remarquable. En effet, l'incapacité qui frappait le conjoint non remarié n'était pas définitive et sans remède. Le législateur, en lui enlevant la faculté de recueillir l'hérédité à laquelle il était appelé, n'avait pour but que de lui faire acquérir la qualité qui lui manquait, celle de *pater* ou tout au moins d'*orbus*, que de le forcer par suite à convoler à de secondes noces : aussi lui laissait-il le temps nécessaire pour se mettre en règle vis-à-vis de la loi; il lui accordait cent jours à partir de l'ouverture des tablettes du testament, ou de l'événement de la condition, lorsqu'une condition était apposée à la libéralité; mais, si à l'expiration de ce délai, le vœu de la loi n'était pas rempli, la disposition testamentaire devenait caduque et passait en d'autres mains.

Du reste, ce délai de cent jours n'était pas le seul qui fût imparti au conjoint veuf ou divorcé. D'après la loi Julia, les femmes avaient un délai ou *vacatio* d'un an lorsque le mariage était dissous par la mort du mari, de six mois lorsqu'il était rompu par le divorce ; la loi Papia porta à deux ans la durée du premier, à un an et demi la durée du second (Ulp. *Reg.*, tit. XIV). — Quant aux hommes, aucun délai ne leur était accordé, d'où cette conséquence étonnante, mais logique pourtant, que si le lendemain du jour où se plaçait la mort de sa femme ou bien encore le divorce, un citoyen était institué héritier, il était incapable de recueillir la succession qu'il aurait pu toucher la veille (La rigueur de cette déduction était bien entendu atténuée par l'existence du délai de cent jours). Au reste, cette différence si remarquable qui existait entre les hommes et les femmes s'expliquait tout naturellement : si la loi concédait seulement à celles-ci un délai d'un an et demi ou de deux ans, suivant les cas, c'est qu'elle ne pouvait forcer une femme à se remarier le lendemain de la mort de son conjoint ou le lendemain du divorce, sous peine d'engendrer une confusion de part ; mais pour les hommes, le même danger n'étant pas à craindre, le second mariage devait avoir lieu immédiatement.

Nous n'avons pas épuisé la série des dispositions des lois caducaires relatives aux secondes noces, et notre attention doit porter maintenant sur ce qu'on a appelé la *théorie des décimes*. Cette théorie a été exposée par le jurisconsulte Ulpien *(Reg.*, tit. XV). Elle réglait spécialement les rapports des époux, au point de vue des libéralités qu'ils pouvaient s'adresser l'un à l'autre. Le principe de la matière était le suivant : le mari et la femme pouvaient *matrimonii nomine* se faire donation d'un dixième. Mais, lorsque les conjoints avaient des enfants, leurs droits augmentaient en proportion du nombre de ceux-ci ; ils pouvaient recevoir un décime en plus par chaque enfant. Et dans le calcul, on comptait non seulement les enfants communs, mais encore les *enfants issus d'une précédente union*. Voici, en effet, en quels termes s'exprimait Ulpien, relativement à ces derniers : *Quod si ex alio matrimonio liberos superstites habeant, præter decimam quam matrimonii nomine capiunt, totidem decimas pro numero liberorum accipiunt*. Toutefois, une différence assez notable existait entre les enfants communs et les enfants issus d'un précédent mariage : ceux-ci ne figuraient dans le calcul qu'autant qu'ils étaient encore vivants au moment de la donation *(liberos superstites);* au contraire, le décès des enfants communs était indifférent, il ne causait aucun préjudice à l'époux avantagé, à moins cependant qu'il ne fût survenu avant le *nominum diem,* c'est-à-dire avant le jour où d'habitude on donnait un nom aux nouveaux-nés.

Quoi qu'il en soit de cette distinction de détail, l'esprit de la loi apparaît nettement : plus les époux ont d'enfants, plus les libéralités qu'ils peuvent se faire sont considérables, et comme les enfants issus d'une précédente union font nombre aussi bien que les enfants communs, il s'en suit que les époux ont le plus grand intérêt à contracter un second mariage lorsque le premier vient à se dissoudre. Mariez-vous, remariez-vous sans trève, semble dire le législateur, l'État manque de citoyens ; comblez les vides, augmentez la population, vous serez largement récompensés de vos efforts.

Quand on pousse ainsi à l'extrême les conséquences d'un principe, il serait puéril de se laisser arrêter par des considérations d'un ordre secondaire. Lancé dans la voie du mariage à outrance, le législateur ne pouvait reculer devant aucun obstacle. Lorsqu'un époux en mourant avait fait une libéralité à son conjoint, sous la condition que celui-ci resterait veuf, il était à craindre que sa volonté ne fût respectée ; à défaut d'affection, l'intérêt pouvait retenir l'époux survivant et le détourner de tout nouveau projet d'hyménée. Aussi la loi Julia avait-elle prévu le cas, et dans un de ses chefs connu sous le nom de *lex Julia Miscella* (probablement parce qu'il s'appliquait à la fois aux hommes et aux femmes), elle décidait que la condition de viduité imposée à un époux donataire lui serait remise, pourvu qu'il se remariât dans l'année qui suivrait la dissolution de son mariage, ou tout au moins, pourvu que dans ce délai il annonçât for-

mellement l'intention de convoler en secondes noces et
prêtât serment de le faire comme il le promettait. Lorsqu'il ne prenait pas cet engagement solennel dans le délai
indiqué, la condition était obligatoire pour lui; si plus tard
il se présentait pour recueillir son legs, on lui opposait une
exception tirée de l'expiration du délai. La *lex Julia
Miscella* resta en vigueur jusqu'à l'époque de Justinien,
qui l'abrogea définitivement. Nous verrons plus tard quelles
règles l'empereur substitua à la législation des lois caducaires sur ce point (Nov. XXII, *cap.* 43).

Les lois Julia et Papia Poppæa sont étudiées; il nous
reste à les juger. Un savant commentateur du moyen-âge,
Heineccius, disait dans sa préface *(Ad leg. Jul. et Pap.
Popp.)* : « Si toutes les lois d'Auguste sont dignes de notre
» admiration, aucune ne la mérite davantage que la loi
» Papia Poppæa... Rome ne vit jamais rien de plus sage-
» ment ordonné, *nihil, ut ita dicam,* πολιτικωτερον! » Devons-
nous partager cette opinion et nous associer sans réserve
aux éloges d'Heineccius? Tout d'abord il est incontestable
qu'au point de vue politique, le système des lois caducaires
est un véritable chef-d'œuvre : en présence des dangers qui
menaçaient la société romaine, en présence surtout de cette
diminution effrayante de la population ingénue, il était impossible de trouver une combinaison plus ingénieuse et en
même temps plus efficace que celle qui consistait à accorder
des primes aux hommes mariés ayant des enfants et à
frapper de déchéances pécuniaires les célibataires, les veufs
et même les hommes mariés sans enfants. Mais au point de
vue moral, nous ne saurions donner notre approbation au
législateur romain. Car honnêtes dans leur but, les lois
caducaires étaient immorales dans leurs moyens. A une

union dont le principe doit être pur et désintéressé, elles donnaient pour base l'intérêt pécuniaire et l'égoïsme, elles récompensaient par l'attribution d'un salaire l'accomplissement d'un devoir saint et sacré entre tous. En un mot, elles faisaient du mariage une spéculation, et par là même, elles en rabaissaient la dignité d'une façon presque irrémédiable. De plus, elles ébranlaient le principe de la famille, auquel la multiplicité des unions et des divorces qui en étaient la suite devait nécessairement porter un coup funeste. Aussi Plutarque formulait-il contre les lois caducaires une critique aussi spirituelle que juste lorsqu'il disait, dans son *Traité de l'amour paternel :* « Les Romains se marient, non » pour avoir des héritiers, mais pour avoir des héritages. »

Tels sont pour l'interprète les défauts des lois Julia et Papia Poppæa ; elles en avaient bien d'autres aux yeux des citoyens. D'abord elles gênaient la liberté, en imposant pour ainsi dire la nécessité de se marier et de se remarier ; il est vrai qu'à l'aide du divorce, le lien conjugal pouvait être rompu aussitôt que formé, mais le célibat sans interruption était plus agréable. D'un autre côté, les Romains voyaient avec mécontentement le fisc s'attribuer les *caduca*, à défaut d'héritiers remplissant les conditions des lois Julia et Papia Poppæa. Et puis, comme le fisc avait intérêt à connaître la situation des personnes appelées à recueillir les libéralités testamentaires, il en résultait qu'on était obligé de faire de véritables perquisitions dans le domicile des citoyens. Ces mesures vexatoires, quoique indispensables pour assurer l'exécution de la loi, irritaient profondément ceux vis-à-vis desquels elles étaient prises. Ajoutons à cela que des primes étaient accordées aux dénonciateurs qui signalaient au trésor les fraudes commises à son préjudice, et nous comprendrons aisément l'impopularité qui, au dire de tous les historiens de l'époque, s'attachait aux lois caducaires.

Aussi l'œuvre d'Auguste ne tarda-t-elle pas à subir quelques modifications. Dès le règne de Tibère, son successeur immédiat, on apporta à la sévérité des lois caducaires des adoucissements sensibles. *Exsoluti plerique legis nexus*, nous dit Tacite (1). Quel fut au juste le degré de ces tempéraments? c'est ce qu'il serait difficile d'indiquer en l'absence de documents précis. Nous croyons cependant pouvoir affirmer qu'aucun changement notable ne fut accompli, que les peines édictées contre les *cœlibes* et les *orbi*, de même que les récompenses accordées aux *patres*, continuèrent à subsister; seulement les déchéances prononcées contre les premiers devinrent sans doute moins considérables, et les priviléges des seconds perdirent de leur importance.

Quoi qu'il en soit, le principe du système introduit par les lois Julia et Papia Poppæa demeura intact, et pesa comme par le passé sur la liberté des citoyens. C'est donc ici le moment de parler d'un moyen fort ingénieux auquel on eut recours pour éluder la loi. Lorsqu'un testateur voulait adresser un legs à un *cœlebs* ou à un *orbus*, il employait un mode indirect pour lui faire parvenir sa libéralité ; il ne pouvait l'instituer héritier ou légataire, il choisissait alors pour héritier ou pour légataire une personne dont la capacité ne pouvait être modifiée par les lois caducaires, et la chargeait de transmettre ses biens à l'aide d'un fidéicommis à celle qu'il voulait réellement avantager. L'emploi de ce subterfuge nous est révélé par Gaius (Comment. II, § 286). *Cœlibes quoque, qui per legem Juliam hereditates ca-*

---

(1) Annales, III, 28.

pere prohibentur, olim fideicommissa videbantur capere posse. Item orbi, qui per legem Papiam, ob id quod liberos non habent, dimidias partes hereditatum legatorumque perdunt, olim solida fideicommissa videbantur capere posse. Malheureusement pour les *cœlibes* et les *orbi*, fut rendu en l'an 76 ap. J.-C. le sénatus-consulte Pégasien, qui assimila les fidéicommis aux legs et leur appliqua toutes les règles concernant ces derniers. D'où il résulta que pour recueillir la libéralité faite à son profit, le fidéicommissaire dut, comme l'héritier et le légataire, se conformer aux exigences des lois Julia et Papia Poppæa. *Sed postea senatus-consulto Pegasiano perinde fideicommissa quoque ac legata hereditatesque capere posse prohibiti sunt (ibid.).*

En poursuivant le cours de l'histoire, nous rencontrons une constitution de Caracalla, qui attribua au fisc le droit de s'emparer des parts caduques. *Hodie ex constitutione imperatoris Antonini omnia caduca fisco vindicantur,* dit Ulpien (Reg., tit. XVII). Ce texte a donné naissance à une controverse fort vive, portant sur le point de savoir si la constitution de Caracalla a eu pour but de dépouiller les *patres* au profit du trésor, ou bien simplement d'enlever les *caduca* à l'*ærarium* (trésor du peuple) et de les rapporter au fisc (trésor de l'empereur). Mais cette question est étrangère à notre sujet; nous la laisserons de côté. D'ailleurs, la constitution de Caracalla fut de courte durée; elle fut abrogée, peu de temps après sa mort, par Macrin suivant les uns, par Alexandre Sévère suivant les autres. On peut donc affirmer que les priviléges des *patres*, s'ils ont disparu un instant, ont été bientôt remis en vigueur, de telle sorte que la législation d'Auguste, malgré ses nombreux inconvénients, a survécu dans son ensemble jusqu'à l'avénement des empereurs chrétiens.

CHAPITRE III.

Législation des Empereurs chrétiens.

Repoussé et persécuté sous les premiers empereurs, le christianisme avait peu à peu étendu son influence; son triomphe devint définitif le jour où Constantin vint s'asseoir sur le trône (an 325 ap. J.-C.). A partir de ce moment, les institutions païennes disparurent pour faire place à des institutions empreintes d'un esprit tout nouveau. Le droit subit le contre-coup de ce changement, et la législation des secondes noces en particulier fut entièrement remaniée. Les seconds mariages, vus jadis d'un œil si favorable, ne reçurent plus aucun encouragement; l'Église naissante les toléra, mais se garda de les approuver. *Nascens Ecclesia secundas nuptias potius permisit quam probavit*, dit Cujas. En cela d'ailleurs, elle restait fidèle aux préceptes de saint Paul, qui, dans sa première épître aux Corinthiens, conseillait à la femme veuve de ne pas se remarier, mais déclarait néanmoins qu'à la mort de son mari elle recouvrait une entière liberté : « *Mulier alligata est legi quanto* » *tempore vir ejus vivit; quod si dormierit vir ejus,* » *liberata est; cui vult nubat, tantum in Domino. —* » *Beatior autem erit si sic permanserit secundum* » *meum concilium* (chap. VII, v. 39 et 40). »

Interprète des doctrines de l'Église, le législateur autorisa donc les secondes noces, mais il chercha à les rendre moins fréquentes, et dans ce but il édicta un grand nombre de prescriptions nouvelles dont nous allons aborder l'étude. En premier lieu, il abrogea les lois caducaires.

§ 1ᵉʳ. — *De l'abrogation des lois caducaires.*

Malgré l'impopularité dont elles étaient l'objet, les lois caducaires étaient restées en vigueur. Cette persistance des empereurs à conserver une législation réprouvée par l'opinion publique trouve son explication dans ce fait que le fisc avait le plus grand intérêt au maintien des lois Julia et Papia Poppæa. Mais Constantin, mettant au-dessus des besoins du trésor les exigences de la morale et de la religion, rendit une constitution célèbre, insérée au Code Théodosien, par laquelle il supprima tout le système de pénalité imaginé par Auguste pour punir les *cœlibes* et les *orbi* (C. Théod., *de infirm. pœn. cœlib. et orbit.*, VIII, 16). *Sit omnibus æqua conditio capessendi,* telle sera désormais la règle admise. Toutefois cette règle est-elle aussi générale, aussi étendue que les expressions de la loi le font supposer ? Assurément le célibat et la stérilité sont libérés des peines qui les frappaient, mais les priviléges de la paternité sont-ils mis à néant ? Le *jus caduca vindicandi* est-il perdu pour les *patres ?* ou bien au contraire subsiste-t-il toujours ? La question n'est pas sans importance, car si les priviléges des *patres* ne sont pas éteints, les secondes noces sont encore encouragées, quoique d'une façon moins sensible. Supposons, par exemple, qu'un premier mariage ait été stérile, le conjoint veuf ou divorcé n'aura-t-il pas toujours intérêt à en contracter un second ? Evidemment, il ne sera plus puni parce qu'il n'a pas eu d'enfants; mais, pour la même raison, il ne sera pas récompensé, et si une part quelconque de l'hérédité, si un legs n'est point recueilli (par suite d'une cause de défaillance reconnue par le droit civil), il n'aura aucun droit à cette part, et elle sera dévolue aux *coheredes* ou *colegatarii patres.*

M. Ortolan a soutenu que le privilége des *patres* avait été aboli en même temps que les incapacités des *cælibes* et des *orbi* (1). Mais quelle que soit l'autorité de ce savant romaniste, nous croyons avec la plupart des auteurs que la constitution de Constantin n'a pas eu pour effet d'enlever aux *patres* le *jus caduca vindicandi*, et qu'elle s'est simplement proposé, comme l'indique la rubrique du titre 16, d'effacer de la législation les peines du célibat et de l'*orbitas*. Nous pourrions invoquer plusieurs raisons à l'appui de notre système; nous nous contenterons d'une seule, c'est que la constitution de l'empereur ne contient pas une seule fois mention des *patres*, ni de leur *jus capiendi*; elle ne fait pas la moindre allusion à leurs droits exceptionnels; nous en concluons que le silence de la loi emporte la confirmation et le maintien de leurs prérogatives.

Il résulte de ce qui précède que les lois caducaires ne furent abolies qu'en partie par la constitution de Constantin; les priviléges des *patres* subsistent, ainsi que toute la théorie spéciale des lois décimaires, et encore la *lex Julia Miscella*. Mais peu à peu ces restes de l'édifice d'Auguste eurent le sort des dispositions relatives aux *cælibes* et aux *orbi*. Honorius et Théodose abrogèrent les lois décimaires (Cod. Theod., *de jure liber.*, lib. VIII, tit. XVII, l. 2), et enfin Justinien fit disparaître les derniers vestiges des lois Julia et Papia Poppæa. Le privilége des *patres* fut supprimé en même temps que celui du fisc; *scientes fiscum nostrum ultimum (2) ad caducorum vindicationem vocari, tamen nec illi pepercimus, nec Augustum pri-*

____

(1) *Histoire de la lég. rom.*, p. 379, n° 481 et suiv.

(2) Comment expliquer ce mot *ultimum* si l'on admet que la suppression des priviléges des *patres* remonte à Constantin?

vilegium exercemus (Cod. Just., *de cad. toll.*, l. 1, § 14).
La loi Julia Miscella fut abrogée dans la Novelle XXII,
cap. 43.

Nous en avons fini avec les lois caducaires. Occupons-nous
maintenant des dispositions nouvelles introduites par les
empereurs chrétiens dans la législation des seconds mariages.
Ces dispositions sont relatives aux délais des secondes noces,
à certaines déchéances encourues par les femmes remariées,
et surtout aux droits des enfants du premier lit.

§ 2. — *Des délais des secondes noces.*

Le mariage se dissout, comme à l'époque classique, par
la mort, par le divorce et par la captivité. Nous examinerons
séparément chacune des trois hypothèses.

1° *Le mariage est dissous par la mort.* — L'ancien
droit défendait à la veuve de se remarier avant le délai de
dix mois. Cette règle fut maintenue par les empereurs chrétiens. Théodose augmenta même le délai de deux mois, non
pas dans le but de prévenir d'une façon plus complète les
conséquences fâcheuses de la *turbatio sanguinis* (dix mois
suffisaient), mais uniquement pour imposer à la femme une
obligation de convenance et de morale. Ce ne fut pas la seule
réforme de ce prince : la veuve qui convolait à un second
mariage avant l'expiration du temps de deuil était autrefois
notée d'infamie, Théodose édicta de nouvelles peines pour
châtier sa faute. D'abord il lui défendit d'apporter en dot ou
de léguer à son second mari plus du tiers de ses biens; en
outre, elle ne put recueillir aucune hérédité, aucun legs,
fidéicommis ou donation à cause de mort; les dispositions
faites en sa faveur par son premier mari furent frappées de
nullité; enfin, elle fut déclarée incapable de venir aux suc-

cessions ab intestat ou honoraires, à moins qu'elle ne fût parente du *de cujus* au 1er, 2e ou 3e degré (C. Just., *de sec. nupt.*, l. 1). L'intention du législateur est manifeste : il menace d'appauvrir les veuves trop promptes à se remarier, pour les empêcher de trouver facilement un nouvel époux.

Justinien suivit l'exemple de Théodose, et sévit à son tour contre les veuves trop oublieuses des convenances sociales (Nov. XXXIX, cap. 2, § 1). Mais le cas prévu dans cette Novelle est tout spécial, et mérite à ce titre d'attirer notre attention. Théodose avait voulu punir la femme qui convolait en secondes noces avant l'expiration de l'an de deuil ; Justinien frappa de ses rigueurs celle qui, sans contracter un nouveau mariage, a mis au monde un enfant onze mois après la mort de son premier époux, c'est-à-dire à une époque où il n'est plus possible d'en attribuer à celui-ci la paternité. L'empereur ordonna qu'elle fut privée de toute donation *ante nuptias* et quant à la propriété, et quant à l'usufruit ; il décida en outre que toutes les peines mentionnées ci-dessus lui seraient applicables, *ac si secundas eam contigisset ante luctus tempus legitimas celebrasse nuptias.*

En ce qui concerne le mari, la règle admise dans l'ancien droit resta la même ; il put toujours se remarier dès le lendemain de la mort de sa femme, sans encourir aucune déchéance.

2° *Le mariage est dissous par le divorce.* — Autrefois, rien de plus simple : aucun délai n'était imposé aux époux relativement à la célébration d'un second mariage. Constantin modifia cet état de choses. Les modifications apportées par cet empereur portèrent d'abord sur la faculté même de divorcer. Le divorce ne fut autorisé que dans trois cas déterminés (Cod. Théod., *de repud.*, 1. 1). Ceci posé, si l'on se trouve dans l'un de ces cas, il faut distinguer : le divorce est-il obtenu par le mari, celui-ci peut se remarier immédiatement; est-il obtenu par la femme, elle ne pourra convoler en secondes noces qu'au bout de cinq années (Justinien réduisit ce délai à un an. Cod., *de repud.*, 1. 8, § 4). Lorsque l'époux qui répudie son conjoint le fait en dehors des cas prévus, même distinction : le mari restera deux ans sans pouvoir se remarier (sous Justinien, nous pensons qu'il peut se remarier de suite, argument tiré de la loi 8, § 5, *de repud.*); la femme ne pourra plus désormais contracter une nouvelle union (sous Justinien, pendant cinq ans, § 4, ibid.). Enfin, si le divorce a lieu sans aucun motif, la femme qui répudie son conjoint est déportée et incapable de se remarier; le mari est frappé de la même incapacité, mais il n'encourt pas la déportation (Cod. Théod., *de repud.*, 1. 2). L'un et l'autre sont privés de leurs *lucra nuptialia*.

Justinien a étendu le nombre des causes légitimes de répudiation et s'est relâché de la rigueur des lois de Constantin et de Théodose sur un grand nombre de points (V. Cod., *de repud.*, 1. 8). Toutefois, il a maintenu la perte des gains matrimoniaux comme conséquence du divorce qui se produit en dehors des cas admis par la loi.

3° *Le mariage est dissous par la captivité.* — Nous avons vu dans notre chapitre Ier que la dissolution de l'union conjugale n'entraînait pas avec elle la faculté pour le conjoint demeuré libre de contracter aussitôt un second mariage; nous avons vu en particulier que la femme restée sans nouvelles de son mari pendant cinq ans pouvait, à l'expiration de ce laps de temps, se considérer comme dégagée de tout lien. Ces règles se retrouvent encore à l'époque de Justinien. Voici, en effet, en quels termes s'exprime la Novelle XXII,

cap. 7, *de captivitate* : « Tant que l'existence de l'époux
» captif est certaine, le mariage ne peut être dissous, et le
» conjoint demeuré libre ne peut contracter une seconde
» union sans s'exposer à des peines sévères : perte de la do-
» nation *ante nuptias*, si le délinquant est le mari; perte
» de la dot, si c'est la femme. Si l'existence du conjoint
» absent est incertaine, l'autre époux peut se remarier au
» bout de cinq ans, sans encourir aucune déchéance. »

Mais si l'ancien droit a été maintenu en principe, des
dispositions spéciales ont été introduites relativement à
l'absence des militaires. En premier lieu, une loi de Constantin décida que la femme d'un militaire qui n'a pu recueillir
aucun renseignement sur l'existence de son mari, peut au
bout de quatre années (*post interventum annorum qua-
tuor*) convoler à de secondes noces; mais elle doit
auparavant remplir une formalité importante, qui consiste
à faire connaître ses projets matrimoniaux au chef de
l'armée (Cod., *de repud.*, l. 7). Justinien, trouvant insuffi-
sant le délai de quatre ans, le porta à dix ans ; en outre,
il exigea que pendant ce laps de temps, la femme usât de
tous les moyens possibles pour retrouver son conjoint : *et
hæc importuna quidem sit viro litteras mittens, aut
per aliquos verbis utens ad eum.* La nécessité de notifier
au chef de l'armée un avis l'informant de la célébration
prochaine d'un second mariage fut maintenue (Nov. XXII,
cap. 14).

Une nouvelle modification fut apportée par Justinien
dans la Novelle CXVII, *cap.* 11. Les soldats, dit l'empereur,
conservent leurs épouses aussi longtemps que dure la
guerre. Si une femme a entendu dire que son mari est
mort, elle ne peut se remarier aussitôt; elle doit, si telle est
son intention, aller trouver les chefs de son époux, et leur

demander si le bruit qui court est conforme à la vérité ;
ceux-ci doivent déclarer ce qu'ils savent, en prenant à
témoins les Saints Evangiles. Lorsque la preuve du décès
sera acquise, la femme ne pourra convoler qu'au bout d'un
an. Si elle viole ces règles, elle s'expose à être punie comme
adultère, ainsi que son nouveau mari. D'autre part, le chef
de corps qui aurait fait un faux serment, sera dégradé et
condamné à payer dix livres d'or au premier mari. Enfin,
celui-ci pourra, lors de son retour, reprendre sa femme,
nonobstant la célébration d'un second mariage.

§ 3. — *De certaines déchéances qui atteignent les veuves remariées.*

La femme qui contracte une seconde union avant l'expiration des délais impartis par la loi, est frappée de peines
sévères que nous venons d'indiquer au paragraphe précédent.
Mais alors même qu'elle observe les délais légaux, par le fait
seul de la célébration d'un nouveau mariage, elle subit certaines déchéances assez graves : preuve bien évidente de la
défaveur qui, sous les empereurs chrétiens, s'attache aux
secondes noces.

1° On sait que les femmes pouvaient, par une autorisation
spéciale du prince, obtenir la tutelle de leurs enfants (Dig.,
de tutel., l. 18). Théodose mit pour condition à cette faveur
l'absence de tuteur légitime et la renonciation aux secondes
noces. Si donc, malgré sa promesse, la veuve se remarie,
elle perd sa qualité de tutrice. Il y a plus : en vertu du
sénatus-consulte Tertullien, la mère est appelée à la succession de ses enfants ; cette vocation héréditaire disparaît lorsqu'après s'être chargée de la tutelle, elle a, au mépris de ses
engagements, contracté un second mariage avant d'avoir

fait nommer un nouveau tuteur et de lui avoir rendu ses comptes (Cod., *ad sen. Tertull.*, 1. 6).

Cette disposition a été à peu près textuellement reproduite par Justinien dans la Novelle XXII, *cap*. 40. Si une femme, après avoir accepté la tutelle de ses enfants et juré qu'elle ne se remarierait pas avant la fin de cette tutelle, foule aux pieds son serment et convole à de secondes noces, sans avoir réclamé la nomination d'un autre tuteur et sans avoir rendu ses comptes et payé ce qu'elle devait, les enfants auront une hypothèque sur ses biens et sur ceux de son second mari ; il lui sera en outre interdit de venir à la succession de son fils impubère. — L'empereur ajouta à ces peines, édictées déjà avant lui, que les mères qui auront violé leur serment seront soumises aux mêmes déchéances que les femmes remariées avant l'expiration du délai de deuil, *et infamiam et omnia alia his inferentes*. — Plus tard enfin, considérant avec quelle facilité les femmes se parjuraient, Justinien remplaça le serment par une autre formalité : il voulut que la mère, tutrice de ses enfants, renonçât au bénéfice du sénatus-consulte Velléien et aux autres avantages qui lui étaient conférés (Nov. XCIV, *cap*. 2). Si d'ailleurs elle venait à se remarier avant la fin de la tutelle, sans avoir rempli les conditions indiquées plus haut, elle était frappée des peines que nous avons énumérées.

2° Outre la tutelle, la mère remariée perd le droit de faire révoquer, pour cause d'ingratitude, les donations qu'elle a faites à ses enfants (Cod. Théod., *de revoc. donat.*, 1. 1). Ce point a, du reste, été modifié par la Novelle XXII, *cap*. 35. D'après ce texte, le droit de révocation subsiste pour la mère, lorsque le donateur attente à ses jours, lorsqu'il lève sur elle une main sacrilége, et lorsqu'il essaie de lui faire perdre tous ses biens ;

3° La veuve qui convole en secondes noces perd jusqu'au droit d'élever elle-même ses enfants du premier lit (Cod. Just., *ubi. pup. educ.*, l. 1).

Telles sont les principales déchéances encourues par la femme remariée. Constatons, en terminant sur ce point, que parfois la clémence impériale peut adoucir son sort et mitiger la rigueur de la loi. Ainsi, au cas où la veuve se remarie avant l'expiration du délai d'un an ou après avoir accepté la tutelle de ses enfants, l'empereur a le droit de lui faire remise des peines qui doivent la frapper (Cod., *ad senat. Tertull.*, l. 4. — Nov. XXII, *cap.* 40). Cette remise a lieu surtout lorsqu'il n'existe pas d'enfants du premier lit; dans l'hypothèse contraire, elle est subordonnée à l'abandon en pleine propriété de la moitié des biens que la mère possédait lors du second mariage.

§ 4. — *Des mesures prises pour sauvegarder les intérêts des enfants issus d'une précédente union.*

Nous abordons dans ce paragraphe l'étude d'une matière entièrement nouvelle et sans précédents dans le droit romain. L'intérêt des enfants du premier lit avait été méconnu par les législateurs et les jurisconsultes de la première et de la seconde période. Ce furent les empereurs chrétiens qui les premiers prirent en main la défense de leurs droits et les couvrirent de leur protection. Un grand nombre de décisions rendues par eux attestent leur préoccupation à cet égard. Nous allons examiner les principales d'entre elles, et en particulier deux lois célèbres, connues sous le nom de lois *feminæ et hac edictali*. La loi *feminæ* est l'œuvre de Théodose, la loi *hac edictali* fut promulguée par l'empereur Léon.

I. — **Loi feminæ** (Cod., *de sec. nupt.*, l. 3).

La loi *feminæ* pose la règle suivante : Toute femme qui convole à de secondes noces doit transmettre intacts aux enfants nés d'une précédente union tous les biens qu'elle a reçus de son premier mari, à quelque titre que ce soit ; elle ne peut rien en distraire au profit d'une personne étrangère, et par personne étrangère il faut surtout entendre ici le nouveau conjoint et les enfants du second lit. La loi, comme le dit Cujas (1), a craint que les mères, en passant dans une autre famille, ne fussent oublieuses des intérêts des enfants de la première union ; elle a voulu garantir leurs droits et les mettre à l'abri de toute tentative de la part du second mari.

Le principe de la matière une fois connu, nous allons le développer en recherchant successivement : 1° dans quels cas s'applique la loi *feminæ* ; 2° qui peut en invoquer le bénéfice ; 3° quelles actions et quelles garanties en assurent l'efficacité.

1° *Dans quels cas s'applique la loi* feminæ? — Tout d'abord il est certain qu'une femme restée veuve et sans enfants d'un premier lit peut se remarier sans tomber sous le coup de la loi *feminæ*. Il est également hors de doute que la veuve qui ne contracte pas de nouvelle alliance peut disposer de tous les biens provenant des libéralités de l'époux décédé, alors même qu'il existe des enfants (Cod., *de sec. nupt.*, l. 6, § 3, et loi 8, § 1). Il est enfin incontestable, au moins avant Justinien, que les aliénations faites pendant tout le temps qui sépare la mort du premier conjoint de la célébration du second mariage sont parfaitement valables. Mais,

____

(1) Commentaire sur la loi 3, *de sec. nupt.*

hormis ces trois cas, la règle de la loi 3 doit être appliquée. La veuve qui se remarie doit conserver pour les enfants du premier lit tout ce qu'elle a reçu de son premier époux, à quelque titre que ce soit. Elle est simplement usufruitière des biens qu'il lui a donnés ou légués; les enfants sont nu-propriétaires, et à la mort de la mère l'usufruit se réunit à la nu-propriété.

A quelque titre que ce soit, avons-nous dit, la règle est donc essentiellement générale et ne comporte aucune exception : *Quidquid ex facultatibus priorum marito-rum,* porte le texte, *sponsalium jure, quidquid etiam nuptiarum solemnitate perceperint, aut quidquid mortis causa donationibus factis, aut testamento jure directo, aut fideicommissi vel legati titulo, vel cujus-libet munificæ liberalitatis præmio ex bonis priorum maritorum fuerint adsecutæ.* — Quant à la dot de la femme, elle la reprend et la conserve définitivement; il est vrai que pendant le mariage, le mari en est propriétaire; mais ce droit de propriété cesse à la dissolution, la dot doit alors être restituée à la femme, et elle rentre dans son patrimoine propre. On ne saurait donc à aucun titre la comprendre dans l'énumération précédente.

La femme remariée doit conserver tous les biens de son premier mari pour les transmettre à sa mort aux enfants de celui-ci. Peut-elle du moins les répartir comme bon lui semble entre ces enfants? Oui, cette faculté lui est accordée. Il lui est permis de laisser tous les *lucra nuptialia* à l'un d'eux, rien aux autres: Telle est du moins la solution de la loi 3, pr. Mais ceci fut modifié par Justinien : l'empereur décida dans la Novelle XXII, *cap.* 25, que désormais les biens du premier mari seraient partagés également entre tous les enfants.

La loi 3, § 1, contient encore une disposition importante. Elle porte que la mère remariée doit conserver pour les enfants du premier lit tout ce qu'elle a recueilli dans la succession testamentaire ou *ab intestat* d'un de leurs frères ou sœurs décédés depuis le second mariage. On lui accorde la jouissance de sa part héréditaire, mais la propriété en appartient exclusivement aux enfants. — La solution sera-t-elle la même si nous supposons, non plus que le décès de l'enfant est postérieur à la célébration des secondes noces, mais au contraire antérieur à cette époque? Non, la mère, dans cette nouvelle hypothèse, ne sera plus tenue de conserver pour ses autres enfants les biens provenant de la succession du *de cujus*. Toutefois, il est indispensable de faire la distinction suivante : la mère recueille la pleine propriété des biens *adventices* de son fils, mais elle a droit seulement à l'usufruit des biens *profectices,* c'est-à-dire venus du père (Cod., *ad sen. Tertull.*, 1. 5).

Pourquoi le législateur admet-il une règle différente, suivant que la mort de l'enfant survient avant ou après la célébration du second mariage? D'après Cujas, la mère qui se remarie fait injure aux enfants de son premier mariage; lorsque l'enfant est mort, il n'a point ressenti l'injure; donc la mère, dans ce cas, ne doit subir aucune déchéance. Cette raison est sans doute ingénieuse, mais elle nous semble peu exacte et surtout trop subtile. Suivant nous, le législateur s'est placé à un autre point de vue : s'il s'est montré plus favorable à la mère lorsque le second mariage a été contracté après la mort de l'enfant, c'est qu'il a trouvé trop dur de lui enlever le bénéfice d'un droit déjà acquis et de la frapper d'une peine qui rétroagirait dans le passé. Il est vrai qu'il lui retire les biens *profectices* pour les attribuer aux frères et sœurs du *de cujus,* mais cette solution était la conséquence forcée du principe posé dans la loi 3, pr. Quant aux biens *adventices*, la loi 3 est sans influence à leur égard ; il n'y a donc aucun motif pour en priver la mère remariée.

Au surplus, toute cette législation a été profondément remaniée par Justinien. Dans la Novelle II, *cap.* 3, l'empereur décide que la mère, qu'elle se remarie ou non, sera dans tous les cas appelée à l'hérédité de son fils, et lui succédera en pleine propriété concurremment avec ses autres enfants, de sorte qu'elle ne souffrira aucun préjudice d'un second mariage, *nihil ex secundis lædenda nuptiis.* Toutefois cette règle souffre exception en ce qui concerne la donation *ante nuptias*, laquelle est attribuée exclusivement et en pleine propriété aux enfants du premier lit, la mère ne conservant pas même l'usufruit.—Dans la Novelle XXII, *cap.* 46, nous trouvons les règles suivantes : le fils peut disposer en faveur de sa mère, même remariée, de tout ou partie de sa fortune, sans qu'il y ait à distinguer entre les biens *profectices* et *adventices*, entre la propriété et l'usufruit. Lorsque l'enfant meurt *ab intestat* avant ou après les secondes noces, la mère concourra avec les frères et sœurs; elle recueillera les biens *adventices* en pleine propriété, mais elle n'aura droit qu'à l'usufruit des biens *profectices.*

Jusqu'ici nous n'avons appliqué la loi *feminæ* qu'aux femmes ; c'est qu'en effet, à l'origine, cette loi avait été faite pour elles seules. Le Code Théodosien conseillait bien aux veufs qui prenaient une nouvelle épouse de conserver aux enfants du premier lit la dot et autres biens provenant de leur mère, mais ce n'était pas là une disposition obligatoire. Ce ne fut que dans la suite que la loi *feminæ* fut étendue aux hommes par la loi 5, Cod., *de sec. nupt.*

2º *Qui peut invoquer le bénéfice de la loi* feminæ? —

D'abord les enfants du premier lit; en second lieu, leurs héritiers ou successeurs. — Les enfants du premier lit, et cela alors même qu'ils n'auraient pas accepté l'hérédité du conjoint prédécédé, dans laquelle se trouvent en réalité les biens réclamés par eux (Cod., *de sec. nupt.*, l. 5, § 1); il suffit qu'ils fassent adition de la succession du dernier mourant. La Novelle XXII, *cap.* 23, va plus loin encore : elle supprime cette unique condition et déclare que les gains nuptiaux doivent toujours revenir aux enfants, bien qu'ils ne soient héritiers ni de leur père ni de leur mère. Leurs héritiers ou successeurs, mais le droit de ces derniers n'est plus aussi vaste, car une restriction importante a été introduite à leur égard. Voici en quoi elle consiste : les époux, afin d'écarter les héritiers des enfants qui peuvent se trouver appelés à exercer leurs droits, dans le cas où ceux-ci seraient morts après le décès du premier époux et avant celui du second, prennent le soin de conclure le *pactum non existentium liberorum*, ou *pactum orbitatis*, en vertu duquel l'époux survivant garde tout ou partie des *lucra nuptialia*, si tous les enfants viennent à mourir avant lui. Nous trouvons une application de cette idée dans la Novelle II, *cap.* 2. Ce texte vise l'hypothèse où la mère remariée a aliéné la donation *ante nuptias* en faveur d'un étranger, et il décide que l'effet de cette aliénation est suspendu par suite du *pactum non existentium liberorum*, jusqu'au moment de sa mort : si, à cette époque, il existe encore des enfants du premier lit, la nullité sera prononcée sur leur demande; sinon le contrat sera maintenu, car les héritiers des enfants sont, à cause du pacte, privés du droit qui aurait appartenu à leurs auteurs, de faire tomber l'aliénation.

Dans la Novelle XXII, *cap.* 26, Justinien prévoit le cas où l'un de plusieurs enfants vient à mourir : s'il a des descendants, il est représenté par eux; s'il n'en a pas, la part qui lui revenait des biens de son parent prédécédé reste à l'époux survivant, à l'exclusion des frères et sœurs ; s'il y a eu aliénation, elle sera validée proportionnellement à cette part.

8° *Comment est assurée l'efficacité de la loi* feminæ?— Parlons d'abord de quelques précautions prises par le législateur dans le but de faciliter l'exécution de cette loi. La femme, tenue de conserver aux enfants du premier lit les biens qu'elle a reçus de leur père, a pendant toute sa vie l'usufruit de ces biens. En ce qui concerne les choses immobilières, elle les administre, sans pouvoir jamais les aliéner. Mais, quant aux choses mobilières, plus faciles à dissiper, elles doivent être estimées par des arbitres assermentés, et la femme, si elle veut en avoir la jouissance, doit fournir caution aux intéressés qu'elle les restituera ou paiera le prix auquel elles ont été évaluées. Si elle refuse, ou bien si elle ne peut fournir une caution convenable, les choses mobilières, lorsqu'elles n'auront pas encore été livrées, seront conservées par les enfants ; en cas de livraison, la mère doit les restituer. Un autre parti est encore possible : les enfants peuvent offrir à leur mère une caution convenable de lui payer annuellement, pour lui tenir lieu de l'usufruit des choses mobilières, les intérêts à 3 0/0 du prix d'estimation. Cette caution garantira encore la restitution des choses mobilières à la mère, dans le cas où elle survivrait à tous ses enfants du premier lit et à leur postérité. La caution étant fournie par la mère ou les enfants, le danger de l'aliénation est nul; en conséquence, celle des parties qui sera mise en possession des choses mobilières pourra les prêter, les obliger, les vendre, comme bon lui semblera. Enfin, si des deux côtés on refuse la caution, les choses mobilières resteront chez la mère, sa vie durant (Cod., *de sec. nupt.*, l. 6, § 1).

Ces mesures de précaution sont excellentes, mais elles ne suffisent pas ; elles ne garantissent à vrai dire que la restitution des valeurs mobilières ; quant aux immeubles, malgré la défense formelle de la loi, la mère peut les aliéner, et si elle le fait, que deviendront les droits des enfants sur ces biens? Pour parer à cette éventualité, le législateur leur accorde une double action : action en revendication contre les tiers acquéreurs, action en indémnité ou en reprise contre la mère, auteur de l'aliénation. Ils auront recours à la première toutes les fois que la chose aliénée existera encore; ils intenteront la seconde quand elle aura cessé d'exister, quand elle aura été retirée du commerce, ou bien prescrite par l'acquéreur. Remarquons qu'ici la prescription est trentenaire; elle ne commence à courir contre les enfants que du moment où ils ont atteint leur majorité, ou du jour de l'émancipation; et si parmi eux se trouve un impubère, la prescription est suspendue vis-à-vis de tous. — Mais à quel moment les enfants pourront-ils exercer l'action qui leur compète? Nous avons vu précédemment que les aliénations faites par la mère sont valables lorsqu'à sa mort il n'existe plus d'enfants ou de descendants d'eux. Il faudra donc attendre l'époque de son décès pour savoir si oui ou non l'action prendra naissance. Donc, du vivant de la mère, les aliénations consenties par elles sont inattaquables, et ce n'est qu'au cas où les enfants du premier lit lui auront survécu, ce n'est que postérieurement à sa mort, qu'ils pourront en demander la nullité.

En résumé, actions en revendication et en reprise, telle est la double sanction de la loi. Afin de la rendre plus énergique et plus efficace encore, le législateur a accordé aux enfants une hypothèque tacite portant non seulement sur les objets à restituer, mais sur tous les biens de la mère (Cod., *de sec. nupt.*, 1. 8, § 4). Grâce à ces nombreuses sûretés, les droits des enfants du premier lit sont désormais mis à l'abri de toute atteinte.

Nous avons achevé l'étude de la loi *feminœ*; cependant, pour avoir une théorie complète de la matière, nous rattacherons à cette loi importante une disposition contenue dans la loi unique du titre X, livre V, au Code *(si sec. nups. mul.)*. Ici, le législateur suppose que le mari en mourant a abandonné à sa femme l'usufruit de tous ses biens, et il décide que si la veuve convole en secondes noces, elle perdra cet usufruit, et devra restituer aux enfants du premier lit les biens sur lesquels il porte, à compter du jour où le second mariage a été célébré. Si les enfants sont encore en bas âge et ne sont pas protégés par un tuteur, la mère, qui aura profité de cette circonstance pour garder les objets légués par son époux, pourra être poursuivie par eux et leur devra compte de tous les fruits indûment perçus. Ces prescriptions ne s'appliquent d'ailleurs qu'au legs d'usufruit : si donc la femme se trouve investie d'un usufruit, par suite d'une donation *ante nuptias*, il faudra se reporter aux règles générales que nous venons d'exposer. — La Novelle XXII, *cap.* 32, a modifié la loi 1, *si sec. nups. mul.* D'après ce nouveau texte, l'époux remarié n'est privé de l'usufruit qu'il a reçu de son conjoint que si la libéralité a été constituée sous la condition expresse que le survivant ne contracterait pas une seconde union.

II. — **Loi hac edictali** (Cod., *de sec. nupt.*, 1. 6).

La loi *feminœ* a pour but de faire parvenir intacts aux

enfants du premier lit les biens de leur parent décédé ; mais elle laisse subsister entière la faculté pour le survivant de disposer de tous ses biens propres en faveur de qui que ce soit ; la loi *hac edictali* restreint cette faculté dans une proportion notable. Voici les principales dispositions qu'elle renferme : dans le cas où il existe un seul enfant d'un premier mariage, le père ou la mère qui convole à de secondes ou troisièmes noces ne peut laisser à son second conjoint par donation, testament ou fidéicommis, une part supérieure à celle de l'enfant du premier lit, quel que soit son sexe. S'il existe plusieurs enfants de la première union, et si une portion égale a été laissée à chacun d'eux, l'époux remarié ne peut transférer à son épouse une valeur plus considérable que cette portion. Si enfin nous supposons que les enfants n'ont pas obtenu de parts égales, le beau-père ou la belle-mère ne peut recevoir de leur auteur une libéralité plus grande que la part de l'enfant le moins prenant (cette part d'enfant le moins prenant ne peut être moindre que la légitime, et on ne peut la diminuer si ce n'est pour les causes qui excluent la querelle d'inofficiosité). Le texte ajoute que ces règles doivent être observées par l'aïeul et l'aïeule vis-à-vis de leur petit-fils ou petite-fille, par le bisaïeul ou la bisaïeule vis-à-vis de leur arrière-petit-fils ou petite-fille, etc.

La sanction de la loi est simple en même temps qu'efficace : toute libéralité dépassant le disponible établi ci-dessus est réduite à sa limite régulière, et l'excédant est réparti entre tous les enfants du premier lit. Si maintenant le disposant a cherché à éluder la loi à l'aide d'un moyen détourné, par exemple, s'il a eu recours à une interposition de personnes, le don ou le legs ainsi fait n'en tombera pas moins sous le coup de la règle générale, et le conjoint appelé à en profiter ne le recueillera que dans la mesure de son droit, c'est-à-dire qu'il subira la réduction. — Seront réputées personnes interposées les enfants que l'époux donataire a eus d'un mariage précédent et qui sont encore sous sa puissance ; les enfants communs ne sont pas des personnes interposées.

En ce qui concerne la réduction des libéralités excessives, il faudra appliquer les règles du droit commun, et en particulier, pour arriver à savoir si le conjoint remarié a donné à son conjoint une valeur plus considérable que la loi ne le permet, on devra se reporter au système de la *lex Falcidia.* On déterminera la part de l'enfant le moins prenant, comme on détermine la réserve de l'héritier institué : on commencera par estimer le patrimoine du disposant, en se référant à l'époque de son décès ; on fera ensuite le total des dettes que l'on défalquera des biens héréditaires, on obtiendra ainsi l'actif net sur lequel on calculera la quotité disponible.

La réduction sera, bien entendu, demandée par les enfants du premier lit, agissant par l'action en revendication.

La disposition de la loi 6, qui veut que l'excédant soit divisé seulement entre les enfants issus de la première union, a été modifiée par la loi 9 *(de sec. nupt.).* Ce texte a décidé que les enfants communs seraient admis au partage de la portion retranchée, laquelle serait désormais répartie également entre tous les ayant-droit. Mais la loi 9 fut à son tour abrogée par la Novelle XXII, *cap.* 27, de sorte que, dans le dernier état de la législation romaine, la loi *hac edictali* recevait pleine et entière exécution.

Avant d'en finir avec cet important document juridique, nous devons faire une remarque digne d'intérêt. Nous avons vu tout à l'heure que le second conjoint d'un père ou d'une mère remarié ne pouvait recevoir au-delà d'une part d'enfant moins prenant ; il résultait de cette règle que dans certains cas son incapacité était absolue. Par exemple, si l'un des enfants du premier lit a été exhérédé pour une juste cause, ses droits à la succession de son auteur sont nuls ; les droits du second conjoint n'étant pas plus étendus que les siens, il s'en suit qu'il ne peut réclamer la plus minime portion de la libéralité faite en sa faveur. Un pareil état de choses offrait de graves inconvénients ; le donateur se trouvait, en effet, placé par la loi dans l'alternative suivante : ou bien laisser impunies les fautes d'un enfant coupable, afin de conserver le droit de faire une donation à son époux, ou bien s'interdire toute libéralité à l'égard de celui-ci, afin de pouvoir exhéréder son fils. La loi 10 *(de sec. nupt.)* fit cesser cette situation : elle déclara que dorénavant les enfants ingrats n'auraient plus la faculté d'attaquer les libéralités excessives adressées au second conjoint, toutes les fois que leur parent les aurait exhérédés à cause de leur ingratitude ; seulement, comme il était à craindre, d'un autre côté, que le disposant n'exhérédât injustement les enfants du premier lit, le législateur voulut qu'il fît connaître dans l'acte d'exhérédation la cause en vertu de laquelle il les frappait de cette peine, et qu'il établît, à l'aide de preuves indubitables, le fait reproché à son descendant.

Le chapitre 31 de la Novelle XXII se rattache à notre sujet ; nous allons reproduire la disposition qu'il contient. Elle est fort simple : en cas de premier mariage, il est permis aux époux de constituer, d'augmenter ou de diminuer *constante matrimonio* la dot ou la donation *propter nuptias ;* mais dans l'hypothèse d'une seconde union, il leur est défendu de diminuer la dot ou la donation, toutes les fois qu'il existe des enfants du premier lit. Cette règle a pour but de maintenir les libéralités excessives jusqu'au moment où elles peuvent être attaquées en vertu de la loi *hac edictali,* c'est-à-dire jusqu'à la mort du disposant. Si le conjoint donateur eût pu les réduire de son vivant, les enfants du premier lit n'auraient pas été les seuls à profiter de cette réduction, ce qui a lieu quand ils font eux-mêmes tomber la donation.

Telle est dans son ensemble la législation des empereurs chrétiens. Comme nous le disions en commençant ce chapitre, elle n'a plus aucun encouragement pour les seconds mariages, elle cherche même à leur susciter des entraves : témoin l'abrogation des lois caducaires, l'augmentation du délai de deuil, les déchéances rigoureuses qui viennent frapper la veuve remariée. Mais en définitive, le principe qui domine toute la matière reste le même : les secondes noces sont autorisées et considérées comme parfaitement licites. Quelques pères de l'Église, il est vrai, Athénagore, Tertullien, Origène, essayèrent de combattre cette institution, soutenant que la doctrine du Christ réprouvait les secondes noces d'une façon absolue, et qu'un second mariage était un adultère déguisé, une véritable fornication; mais leurs théories furent condamnées par le concile de Nicée, et la législation ne varia point.

Il est même à remarquer que dans le dernier état du droit romain, c'est-à-dire à l'époque de Justinien, le législateur semble se montrer plus favorable à la célébration des seconds mariages qu'au temps des premiers empereurs chrétiens. Car, tout en maintenant les principales dispositions de ceux-ci, il accentue les idées de tolérance et d'éclectisme. La preuve de cette bienveillance nouvelle se rencontre dans plusieurs textes, et en particulier dans le chapitre 3 de la Novelle II, où nous lisons ce qui suit : « Nous ne voulons » point, dit Justinien, infliger de châtiments trop sévères » aux femmes qui convolent en secondes noces, nous ne vou-

» lons point faire du veuvage une nécessité cruelle et indigne
» de notre époque : que les veuves ne s'abstiennent donc
» pas, dans la crainte d'une peine, de contracter de secondes
» unions (aussi pures que les premières)..... » L'empereur
ajoute qu'il abroge deux constitutions antérieures relatives
aux droits des femmes remariées sur la succession de leurs
enfants prédécédés, et restrictives de ces droits. En somme,
l'auteur des Novelles se place à un point de vue fort juste :
estimant que la législation positive doit rester étrangère
à certaines questions appartenant plutôt au domaine de la
philosophie qu'à celui du droit, il abandonne à la conscience
de chacun le soin de décider s'il est ou non conforme à la loi
morale de contracter un nouveau mariage après la dissolution
du premier. Assurément il est rempli d'admiration pour les
femmes qui veulent respecter la couche de leur époux décédé (*optimum ut mulieres...servent inviolatum morien-
tium torum*), il s'incline devant elles comme devant les
vierges (*et non procul a virginitate ponimus*), mais il n'a
plus aucune rigueur, nous pourrions dire aucun reproche pour
celles qui ne sont pas capables d'une perfection si grande.

Sage et prudente sous ce rapport, la loi romaine s'est
encore attirée les éloges de la science à un autre point de
vue. Nous avons étudié avec quelque détail les lois *feminæ*
et *hac edictali*, et nous avons pu remarquer avec quel soin
les auteurs de ces constitutions célèbres ont protégé les intérêts si longtemps méconnus des enfants du premier lit, les
mettant à l'abri des suggestions d'un conjoint malveillant
et jaloux, et leur assurant l'intégrité de leurs droits. Aussi
l'œuvre des empereurs chrétiens leur a-t-elle survécu ;
leurs décisions ont été conservées par les législations postérieures, et nous les retrouvons jusque dans notre droit actuel.
Merlin constate en ces termes ce fait bien remarquable :

« Les constitutions des empereurs romains sur les secondes
» noces ont paru si sages que dans celles de nos provinces
» où elles n'ont pas conservé l'autorité de la loi, les peuples
» dans leurs coutumes et les rois dans leurs ordonnances se
» sont empressés d'en adopter les principales dispositions. »

DEUXIÈME PARTIE.

Ancien Droit Français.

Les sources de notre droit français sont multiples ; chacune d'elles renferme de précieux enseignements sur le sujet qui nous occupe. Pour procéder avec méthode, nous diviserons la deuxième partie de notre travail en quatre chapitres, où nous étudierons successivement : 1° les lois barbares ; 2° le droit féodal ; 3° le droit coutumier ; 4° l'ordonnance royale connue sous le nom d'*Édit des Secondes Noces*. Puis, dans un appendice fort bref, nous examinerons quelques dispositions empruntées à la législation intermédiaire, qui fut en vigueur depuis 1789 jusqu'à la promulgation du Code civil.

CHAPITRE I.

Lois Barbares.

Nos ancêtres les plus reculés furent les Gaulois. Ces peuples n'ont jamais eu de législation régulière ; aussi est-il impossible de connaître d'une façon exacte les coutumes qui les régissaient. Cependant les historiens s'accordent à dire que la polygamie n'existait pas chez les Gaulois ; en outre, ils sont unanimes pour affirmer que le divorce et les secondes noces y étaient admis. A cet égard, d'ailleurs, une différence doit être signalée entre le mari et la femme. Le mari pouvait répudier sa femme sans cause aucune ; la répudiation était, au contraire, défendue en principe à la femme ; elle n'était permise que dans certains cas exceptionnels, par exemple si le mari était impuissant ou atteint d'hydrophobie. Maintenant existait-il un délai destiné à prévenir les conséquences fâcheuses qui pouvaient résulter de la célébration prématurée d'un second mariage? Existait-il des peines contre la veuve qui convolait en secondes noces? Une réponse est impossible, en l'absence de tout document sur ce point.

Laissons donc de côté les coutumes gauloises et arrivons à une époque moins éloignée.

Après la conquête des Gaules par César, il est incontestable que le droit romain devint la loi des peuples soumis et que cet état de choses persista jusqu'à l'invasion des Barbares. Les premiers qui firent irruption en Gaule furent les Bourguignons et les Visigoths : les Bourguignons s'établirent entre le Rhône et la Saône, les Visigoths occupèrent le territoire situé entre la Loire et les Pyrénées. Ce ne fut que plus tard que les Francs, après une première station sur les bords de la Meuse et de l'Escaut, pénétrèrent dans le cœur du pays.

Les Bourguignons et les Visigoths se trouvèrent donc de bonne heure en contact avec les populations gallo-romaines; ils ne tardèrent pas à adopter leurs coutumes et leurs lois. Vers le VIe siècle de notre ère apparurent deux importants monuments législatifs, reflets des constitutions impériales, et dans lesquels nous allons puiser quelques règles se rapportant à notre matière.

La *lex romana Visigothorum*, ou bréviaire d'Alaric,

publiée par ce prince pour ses sujets romains, reproduit de nombreux fragments du Code Théodosien et en particulier le titre de *secundis nuptiis*. Il suit de là que, même après l'invasion, les lois *feminœ et hac edictali* restèrent en vigueur dans le midi des Gaules, et d'une façon générale, que toutes les lois des empereurs chrétiens relatives aux seconds mariages continuèrent à être observées par les populations indigènes. Quant aux Barbares eux-mêmes, en vertu du principe de la personnalité des lois, ils eurent un Code spécial que l'on appela la *lex barbara Visigothorum*. Bien que fort différent du précédent, ce recueil de lois porte néanmoins la trace manifeste de l'influence romaine. Voici en effet des dispositions évidemment empruntées au droit impérial : suivant la *lex barbara*, la veuve qui se remarie dans l'an de deuil doit abandonner la moitié de ses biens aux enfants du premier lit, ou à leur défaut, aux héritiers de son premier époux (lib. III, tit. 2, § 1). Si elle attend pour convoler en secondes noces l'expiration du délai légal, elle n'en perd pas moins la tutelle de ses enfants (IV, 3, 4), et l'usufruit qui lui est accordé, pour une part virile, sur les biens de leur père (IV, 2, 14).

Nous ferons une remarque analogue en ce qui concerne les Bourguignons. La *lex romana Burgundorum* (Papien) contenait un titre 16 dont la rubrique portait : *de mulieribus ad secundas aut tertias nuptias transeuntibus;* ce titre devait être la reproduction à peu près textuelle des lois romaines. — Quant à la *lex barbara Burgundorum*, elle renferme les décisions suivantes : la femme qui se remarie, ayant des enfants, ne conserve que l'usufruit des biens qu'elle a reçus de son premier époux (tit. 24, § 1). S'il n'y a pas d'enfants du premier lit, les parents du mari seront appelés à recueillir dans la succession de la veuve remariée la moitié des biens qu'elle a reçus de lui (tit. 24, § 2).

La législation des Visigoths et des Bourguignons ne se distingue pas par l'originalité, elle est la copie plus ou moins exacte des lois romaines ; tout autre est celle des Barbares du Nord, et en particulier des Germains et des Francs.

Au dire de Tacite (1), les Germains voyaient avec défaveur le mariage des veuves ; ils les engageaient même à s'immoler sur le bûcher de leurs époux. Un tel conseil n'était pas toujours suivi ; mais il n'en est pas moins vrai que le principe de l'indissolubilité du mariage était admis par ces peuples barbares, Si maintenant, les lois ne prohibaient pas d'une façon absolue les secondes unions des femmes, elles frappaient du moins de peines sévères, telles que la perte des gains nuptiaux, la veuve qui ne restait pas fidèle à la mémoire de son premier époux. Ecoutons d'ailleurs l'historien latin exprimant ici sa pensée avec une élévation de langage véritablement admirable : « Heureuses sont les » cités où les seules vierges trouvent un mari, et où l'espoir » et le désir d'être épouse s'épuisent en une seule fois. La » femme n'a jamais qu'un époux, comme elle n'a qu'un » corps et qu'une âme : sa pensée et sa passion ne peuvent » rien rêver au-delà de cette première union, et ce qu'il lui » faut aimer dans l'époux qu'on lui a choisi, c'est moins le » mari que le mariage. »

Les mœurs des Francs étaient-elles aussi pures que celles des Germains, et pourrions-nous leur appliquer les paroles de Tacite ? Nous aimons à le croire, mais nous ne saurions rien affirmer. Quoi qu'il en soit, nous ne pouvons insister davantage sur ce point, car ce qu'il nous importe de connaître, ce ne sont pas précisément les mœurs d'un peuple, ce sont avant tout ses lois et ses institutions.

(1) *Germanie*, chap. 19.

L'époque que nous étudions n'est pas riche en monuments législatifs; pourtant il est une loi importante qui doit attirer notre attention, *la loi Salique*. Ce document nous apprend que les secondes noces étaient permises chez les Francs Saliens; il renferme même à cet égard de curieuses dispositions. Tout d'abord indiquons quelques principes généraux. La femme était soumise au *mundium*, sorte de pouvoir protecteur qu'exerçait vis-à-vis d'elle son père, si elle était fille; son mari, si elle était épouse; enfin les parents de son mari, au cas de veuvage. Pour acquérir le *mundium* sur sa femme, lors d'une première union, le futur époux devait se faire céder les droits de son beau-père; cette cession s'accomplissait moyennant la somme d'un sou (d'or) et un denier; à la mort du mari, le *mundium* passait à sa famille, et si un nouveau conjoint se présentait, il ne pouvait épouser la veuve qu'à la condition de payer le *mundium* aux parents du premier mari décédé. Cette fois d'ailleurs le prix du *mundium* était plus fort : il s'élevait à trois sous et un denier. Les textes appellent *reipus* cette indemnité que le second époux offrait à la famille du premier.

Cela posé, analysons le titre XLVI de la loi Salique qui règle longuement la procédure à suivre pour la célébration des seconds mariages et pour le paiement du *reipus*. Voici la traduction du principal passage :

« § 1. S'il arrive qu'un homme laisse en mourant une
» veuve et que quelqu'un veuille épouser cette veuve, le
» centenier indiquera le jour de plaid; dans le *mallum*, il
» doit y avoir un écu, et trois hommes doivent plaider trois
» procès. Puis alors, celui qui doit épouser la veuve se pré-
» sente avec trois témoins ou garants; il doit, en outre,
» présenter 3 sous et un denier de bon poids. Cela fait, si
» l'on tombe d'accord, qu'il emmène la veuve. — § 2. Si

» cette formalité n'a pas été remplie et qu'il ait emmené la
» veuve, il sera condamné à payer à celui qui devait toucher
» le *reipus* MMD deniers, qui font 62 sous. — § 3. Si, au
» contraire, tout ce qui a été ci-dessus prescrit est exécuté,
» et si celui à qui est dû le *reipus* accepte les 3 sous et le
» denier, le mariage sera légitimement contracté. »

Dans les §§ 4-11, le texte indique à qui est dû le *reipus*.
Il est dû tout d'abord au fils aîné de la sœur du défunt;
— s'il n'y a point de neveu du premier mari, au fils aîné de
la nièce; — à son défaut, au fils de la cousine maternelle;
— à défaut du fils de la cousine, à l'oncle maternel; —
enfin, au frère du défunt ou au plus proche parent dans sa
ligne; — passé le 6ᵉ degré, le *reipus* appartient au fisc.
Cet ordre de succession est assurément bizarre; on a cherché
sa raison d'être, mais, faute de renseignements précis, il a
été impossible de la découvrir. Tacite se contente de dire :
*Sororum filiis idem apud avunculum, qui apud pa-
trem honor* (1). Il constate le fait sans en donner l'explication.

La procédure du *reipus* était, dans la rédaction primitive
de la loi Salique, la seule disposition relative aux secondes
noces; mais on a trouvé plus tard deux titres ou capitu-
laires qui ont trait aux droits des enfants du premier lit
et aux droits des héritiers de l'époux décédé, quand celui-ci
n'a pas laissé d'enfants. Le titre VII, intitulé : *De muliere
vidua quæ se ad alium maritum donare voluerit*, après
avoir imposé à la veuve qui veut se remarier l'obligation de
payer à la famille de son premier mari une prestation
appelée *achasius*, et destinée à réparer l'injure faite à la
mémoire du défunt, s'occupe des intérêts des enfants du

______

(1) *Germanie*, chap. 20.

premier lit. Il dispose que ces enfants pourront, au décès de leur mère remariée, revendiquer la dot qu'elle a reçue de son premier conjoint, et qu'ils devront la recueillir de préférence à tous autres. Et par dot, il faut entendre ici toute sorte de donation faite par le mari à sa femme : le *morgengabe*, ou don du matin (offert à l'épouse le lendemain de la nuit nuptiale), est lui-même compris dans cette expression (1). Enfin, notre titre décide que la veuve, lorsqu'il n'existe pas d'enfants du premier lit, doit, au cas de second mariage, abandonner aux parents de son premier époux, outre l'*achasius*, un tiers de sa dot et certains meubles, parmi lesquels le lit conjugal.

Le second capitulaire concernant notre sujet porte la rubrique suivante : *De viris qui alias ducant uxores*. Il défend au père remarié d'aliéner, au préjudice de ses enfants du premier lit, les biens qu'il a donnés à leur mère. S'il n'y a pas d'enfants, cette disposition est inapplicable, et le mari recouvre la dot. Mais s'il convole en secondes noces, il doit remettre le tiers de cette dot et certains autres objets aux parents de sa femme décédée.

CHAPITRE II.

Droit Féodal. — Droit Canonique.

Les lois barbares voyaient avec une défaveur assez marquée les secondes noces. Un courant d'idées contraire se fit sentir au moyen-âge : les seconds mariages furent encouragés, dans certains cas même imposés. Quelle a été la cause de ce changement ? il est facile de l'indiquer. La législation

(1) Pardessus, *loi Salique*, p. 688.

féodale est avant tout basée sur l'intérêt des seigneurs, les
lois ne sont faites que pour eux, et suivant qu'une disposition
leur est favorable ou désavantageuse, elle est admise ou
rejetée. Or, il importait aux seigneurs que la veuve d'un
vassal convolât en secondes noces, et cela pour deux raisons:
d'abord c'est que le second mari de cette femme devenait
aussi lui leur vassal, et leur devait à ce titre le service militaire ; c'est qu'ensuite la veuve remariée donnait le jour à de
nouveaux enfants qui étaient également destinés à grossir
les rangs de l'armée seigneuriale. Le suzerain gagnait donc
un ou plusieurs soldats à la célébration d'un second mariage.
Il n'en fallait pas davantage pour inspirer aux légistes féo-
daux la règle suivante, consignée dans les Assises de Jéru-
salem, chap. 87 : « Quand dame a et tient fief qui doit service
» de corps, et qu'elle le tient en héritage ou en baillage, elle
» en doit le mariage au seigneur de qui elle le tient, et il la
» semond ou fait semonce, comme il doit, de prendre baron. »

Tel était le principe : le seigneur pouvait faire semonce
à la veuve de se remarier. Si elle refusait d'obtempérer à ses
ordres, elle était exposée à perdre son fief, ou tout au moins
à en être privée pendant un certain délai. Toutefois, cette
disposition comportait plusieurs restrictions dignes de remarque. D'abord le seigneur devait laisser passer le *ten de
plor* avant de faire semonce ; tant qu'un an et un jour ne
s'étaient pas écoulés depuis la mort du premier mari, la
femme ne pouvait être contrainte d'en prendre un second.
En outre, il fallait que la veuve détînt le fief à titre d'héritage ou de baillage; si elle le tenait à titre de douaire, notre
règle n'avait plus d'application. Enfin, lorsque le fief ne
devait pas les services de corps, l'avantage résultant d'une
seconde union ne se manifestant plus, la veuve recouvrait
son ancienne liberté.

Remarquons, en terminant sur ce point, que le second mariage de l'homme ne fut soumis par les lois féodales à aucune réglementation particulière. C'est que le service militaire ne souffre point du décès de la femme ; le mari survivant n'aura plus d'héritiers, mais au moins le suzerain ne perdra pas un soldat.

Si la législation séculière favorise ainsi les seconds mariages, l'Église elle-même semble se départir de la rigueur de ses premières doctrines. C'est ainsi qu'au XIIe siècle nous la voyons, en la personne du pape Urbain III, abolir la vieille règle romaine qui frappait d'infamie la veuve remariée dans l'an de deuil ; c'est ainsi qu'au XIIIe elle condamne, par la bouche d'Innocent IV, les propositions de l'Église grecque, trop sévère pour les époux remariés. Quelques commentateurs sont même allés jusqu'à dire qu'elle avait abrogé toutes les lois romaines en vigueur dans notre pays, et en particulier les lois *feminæ* et *hac edictali*. Mais cette assertion est forméllement repoussée par Cujas et Dumoulin, et nous n'hésitons pas à partager l'avis de ces savants jurisconsultes : l'Église, en effet, n'a pu vraisemblablement supprimer une législation que ses conseils avaient inspirée aux empereurs chrétiens, et détruire ainsi son œuvre de ses propres mains.

CHAPITRE III.

Droit Coutumier.

A l'opposé du droit canonique, le droit coutumier écarta complétement les règles romaines, et leur substitua des formules nouvelles, dont nous allons entreprendre l'étude.

La variété infinie que l'on rencontre dans les coutumes

ne nous permet de poser aucun principe général ; toutefois il est un fait important qui se dégage de cette législation, c'est qu'elle est beaucoup moins favorable que la précédente aux seconds mariages. Le droit féodal les avait encouragés outre mesure, la plupart des coutumes les virent d'un mauvais œil et édictèrent des peines assez graves contre les conjoints remariés. L'examen des textes démontre bien la justesse de cette observation.

D'après l'art. 37 de la coutume de Paris : « Filles doivent relief pour leurs seconds ou autres mariages. » Que signifie cette disposition et quelle est sa portée ? Le relief était la taxe payée par le vassal à son seigneur lorsque le fief changeait de mains. Or, la femme qui détenait un fief le transmettait en se mariant à son époux, il y avait donc mutation de propriété, et partant droit pour le suzerain à la perception du relief. Ceci était vrai aussi bien au cas d'un premier que d'un second mariage ; néanmoins le relief n'était dû que par la veuve qui convolait en secondes noces (1). C'est bien là la preuve que les secondes unions étaient vues avec défaveur.—Cette défaveur n'alla pas cependant jusqu'à priver la femme de son douaire. « Femme se remariant ne doit perdre son douaire, » dit Loysel (2).

Une déchéance importante venait encore frapper les conjoints qui contractaient de secondes unions : « Bail ou garde se perd quand le gardien se remarie » (3). La garde était une faculté accordée au survivant de deux conjoints, et qui lui permettait de jouir des biens de ses enfants mineurs pendant un certain laps de temps. Au reste, les différentes

(1) Conf., cout. de Clermont, Meaux, Melun, Orléans, Poitiers, Reims, Troyes.
(2) Institut., coutum., liv. I, tit. III, 40.
(3) Loysel, ibid.

coutumes étaient loin d'être d'accord sur ce point : les unes enlevaient le droit de garde au père et à la mère, les autres à la mère seulement ; quelques-unes enfin le laissaient subsister póur les deux, malgré la célébration d'un second mariage. Nous retrouverons la trace de cette disposition dans l'art. 386 du Code civil.

L'art. 907 du même Code nous rappellera en outre la prescription de l'art. 276 de la coutume de Paris, qui interdisait au pupille de disposer à titre gratuit au profit de son tuteur, tant que les comptes de tutelle n'étaient pas apurés, sauf dans le cas où la tutelle était exercée par l'un des ascendants, si toutefois cet ascendant n'était pas remarié. Notre Code n'a pas reproduit cette dernière exigence ; peu lui importe que l'ascendant soit ou non remarié, il lui accorde dans les deux hypothèses une faveur exceptionnelle : car il considère que la qualité de parent domine ici celle d'administrateur, et que l'affection d'un père ou d'un aïeul constitue une garantie suffisante pour les intérêts du pupille. Le droit coutumier témoignait moins de confiance ; c'est une nouvelle preuve de la défaveur qui entourait les seconds mariages.

L'art. 382 de la coutume de Normandie porte que le mari « ayant un enfant né vif de sa femme jouit par usufruit de » tous les revenus des immeubles dont la femme avait la pro- » priété lors de son décès, quand même l'enfant serait mort » avant la dissolution du mariage ; » mais ce droit cesse pour les deux tiers quand le mari convole en secondes noces.

Une dernière disposition mérite d'être remarquée. C'est celle qui défend à la veuve remariée d'habiter dans une des maisons de la succession de son premier mari (1). La bienséance, dit Pothier (2), ne permet pas à la veuve qu'elle

(1) Coutume de Laon, Rennes.
(2) *Traité du droit d'habitation*, n° 28.

introduise son second mari dans une maison dont l'habitation ne lui a été accordée qu'en considération de la mémoire du premier.

CHAPITRE IV.

Édit des Secondes Noces.

La réaction contre les seconds mariages, commencée par les diverses coutumes, amena en 1560 la promulgation d'un édit important, connu sous le nom d'*Édit des Secondes Noces*. Ce monument législatif appartient au règne de François II, il est l'œuvre du chancelier L'Hospital. Il eut pour but de remettre en vigueur dans tout le royaume les principales dispositions des lois *feminæ et hac edictali*, abandonnées par le droit coutumier et suivies seulement par les pays de droit écrit.

L'Édit des Secondes Noces fut rendu à l'occasion du second mariage de dame Anne d'Aligre, qui dépouilla, au profit de M. Georges de Clermont, son nouvel époux, les sept enfants qu'elle avait eus d'un premier lit. En présence de cet abus et afin d'en prévenir le retour, le pouvoir central intervint. On se rend d'ailleurs un compte exact des motifs qui ont inspiré l'ordonnance royale, en lisant le préambule de l'édit : « Attendu que les femmes veuves ayant

» enfants sont souvent sollicitées de passer à de nouvelles
» noces ; que ne connaissant pas qu'on les recherche plus
» pour leurs biens que pour leur personne, elles abandonnent
» leurs biens à leurs nouveaux maris, et que sous prétexte de
» faveur de mariage, elles leur font des donations immenses,
» mettant en oubli le devoir de nature envers leurs enfants ;

» desquelles donations, outre les querelles et divisions entre
» les mères et les enfants, s'en suit la désolation des bonnes
» familles, et conséquemment diminution de la force de
» l'État public, etc. » En un mot, le législateur se proposait d'assurer aux enfants du premier lit l'intégrité de leurs
droits. Ce but était trop moral et trop équitable pour ne
pas être aussitôt compris et approuvé par tous. Aussi l'œuvre
du chancelier L'Hospital fut-elle, au dire des jurisconsultes
de l'époque, accueillie avec un sentiment de faveur unanime.

Ces préliminaires achevés, passons au texte même de
l'édit. Il est ainsi conçu :

« Ordonnons que femmes veuves ayant enfants, ou enfants
» de leurs enfants, si elles passent à nouvelles noces, ne
» peuvent et ne pourront en quelque façon que ce soit,
» donner de leurs biens meubles, acquêts ou acquis par elles,
» d'ailleurs que de leur premier mari, ni moins leurs propres,
» à leurs nouveaux maris, père, mère ou enfants desdits
» maris, ou autres personnes qu'on puisse présumer être
» par dol ou fraude interposées, plus qu'à l'un de leurs
» enfants, ou enfants de leurs enfants; et s'il se trouve
» division inégale de leurs biens, faite entre leurs enfants,
» ou enfants de leurs enfants, les donations par elles faites à
» leurs nouveaux maris, seront réduites et mesurées à la
» raison de celui des enfants qui en aura le moins.

» Et au regard des biens à icelles veuves acquis par dons
» et libéralités de leurs défunts maris, elles ne peuvent et
» ne pourront faire aucune part à leurs nouveaux maris,
» mais elles seront tenues de les réserver aux enfants
» communs d'entre elles et leurs maris, de la libéralité
» desquels iceux biens leur seront advenus. Le semblable
» voulons être gardé ès biens qui sont venus aux maris par
» dons et libéralités de leurs défuntes femmes, tellement

» qu'ils n'en pourront faire don à leurs secondes femmes ;
» mais seront tenus les réserver aux enfants qu'ils ont eu
» de leurs premières.

» Toutefois n'entendons par ce présent notre édit bailler
» auxdites femmes plus de pouvoir et liberté de donner et
» disposer de leurs biens, qu'il ne leur est loisible par
» les coutumes des pays, auxquelles par ces présentes n'est
» dérogé, en tant qu'elles restreignent plus ou autant la
» libéralité desdites femmes. »

Il était d'usage chez les jurisconsultes du XVIIᵉ siècle de diviser l'Édit des Secondes Noces en deux chefs principaux, le premier correspondant à la loi *hac edictali*, le second rappelant les prescriptions de la loi *feminæ*. Nous adopterons cette division, mais nous ne suivrons pas les savants auteurs dont les commentaires sont parvenus jusqu'à nous, et Pothier entre autres, dans tous les détails du sujet. L'Édit des Secondes Noces n'a plus aujourd'hui qu'un intérêt historique, et d'ailleurs nous retrouverons plus tard, lorsque nous étudierons l'art. 1098 du Code civil, la plupart des questions que soulevait l'ordonnance de 1560. C'est pourquoi nous nous bornerons ici à indiquer la portée et le caractère des règles qu'elle édicte, et à rechercher les modifications que certaines coutumes leur ont fait subir.

Le premier chef de l'Édit des Secondes Noces défendait aux veuves remariées de donner à leur nouvel époux une part supérieure à celle de l'enfant le moins prenant. A ne considérer que le texte de la loi, cette prohibition frappait seulement les femmes, mais elle fut étendue aux hommes par les arrêts des parlements, et Pothier nous dit que cela était fort rationnel, attendu que les motifs du préambule s'appliquent aussi bien aux hommes qu'aux femmes, et qu'en outre la loi *hac edictali* ne fait aucune distinction.

En ce qui concerne le second chef, le texte ne laissait place à aucun doute ; la disposition qu'il contenait était générale, de sorte qu'en définitive les deux conjoints devaient respecter la double prescription de la loi.

Nous ne nous arrêterons pas plus longtemps sur ce point. Nous ferons sans plus tarder une remarque importante. Le second chef de l'Édit ordonnait à l'époux remarié de conserver pour les enfants du premier lit les biens provenant des libéralités du conjoint décédé. Cette règle constituait une véritable substitution au profit des enfants. Pothier la qualifiait de légale, parce qu'ici la substitution émanait non plus de la volonté du disposant, comme cela avait lieu d'habitude, mais de l'autorité de la loi. Voici d'ailleurs en quels termes s'exprimait le savant jurisconsulte dans son *Traité du contrat de mariage*, n° 613 : « La loi feint, en » faveur des enfants du premier lit, que le premier mari » n'a donné à la femme les biens qu'il lui a donnés que » sous la condition tacite que, dans le cas où elle convolerait » à un autre mariage, elle serait tenue de les restituer après » sa mort à leurs enfants communs. La supposition de cette » charge est fondée sur ce qu'il y a lieu de présumer que » si le premier mari eût prévu que sa femme se remarierait, » il aurait apposé cette charge à sa donation et n'aurait pas » voulu souffrir que sa femme pût faire passer dans des » familles étrangères, au préjudice de leurs enfants » communs, aucune chose de ce qu'il lui donnait. » Le même raisonnement est évidemment applicable au cas où le mari survivant et remarié a reçu une libéralité de sa première femme.

Les enfants appelés à recueillir la substitution sont, bien entendu, les enfants du premier lit, mais il est à remarquer que leurs parts sont inégales, comme en matière de succession ordinaire, et que l'aîné jouit encore ici des prérogatives du droit d'aînesse. La question était controversée, il est vrai, mais Ricard et Pothier admettaient la solution que nous venons de donner et que nous croyons parfaitement conforme avec les principes et l'esprit de l'époque.

Nous avons vu que l'Édit des Secondes Noces, dans son dernier paragraphe, permettait aux coutumes d'apporter des restrictions nouvelles à la capacité des conjoints remariés. Plusieurs d'entre elles usèrent de cette faculté, et en particulier la coutume de Paris. Dans son art. 279, elle étendit aux conquêts de communauté la prohibition de disposer, qui ne portait primitivement que sur les biens donnés par le conjoint décédé. Désormais, les femmes veuves, convolant en secondes ou autres noces, ne purent disposer aucunement de leurs conquêts de communauté au préjudice des enfants issus des mariages pendant lesquels ils avaient été réalisés. Cette règle ne s'appliquait tout d'abord qu'aux femmes ; elle fut déclarée commune aux hommes par un arrêt du 4 mars 1697. Il y a plus, elle fut adoptée par la coutume d'Orléans, dont l'art. 203 est la reproduction de l'art. 279 de la coutume de Paris. Pothier s'est demandé si elle devait être suivie dans les autres pays, lorsque les coutumes ne s'expliquaient pas sur ce point ; il se prononce nettement pour la négative, trouvant sans doute que les garanties données aux enfants du premier lit par l'Édit de 1560 étaient suffisantes, et que dès lors il ne fallait point multiplier les dispositions restrictives.

A l'ordre d'idées qui nous occupe se rattache une prescription assez importante, relative aux veuves remariées à des personnes indignes de leur condition. Elle est contenue dans l'art. 18 d'une ordonnance rendue en 1570, et qui porte le nom d'ordonnance de Blois. Ce texte décide que : « tous

» dons et avantages qui par les veuves, ayant enfants de leur
» premier mariage et se remariant follement à personnes
» indignes de leur qualité, seront faits à ces personnes, seront
» nuls ; et que ces femmes, lors de la convention de tels ma-
» riages, seront mises en interdiction de leurs biens, qu'elles
» ne pourront aliéner en quelque sorte que ce soit. »

APPENDICE.

Législation intermédiaire (1789-1804).

L'Édit des Secondes Noces et les règles des coutumes restèrent en vigueur jusqu'en 1789. Mais à cette époque, la
Révolution fit table rase des lois de l'ancienne France et leur
substitua une législation toute nouvelle. Cette législation n'a
régi notre pays que pendant quelques années ; il est cependant
intéressant de la connaître, car elle sert de transition entre
l'ancien droit et le Code civil.

Les seconds mariages, vus d'un œil défavorable par le
droit coutumier et les ordonnances royales, devinrent tout
à coup l'objet d'encouragements spéciaux de la part du législateur. La première loi rendue en ce sens fut la loi du
20 septembre 1792, qui proclama le droit au divorce et régla
en même temps les conditions auxquelles serait désormais
soumise la seconde union des époux divorcés. Une distinction
était nécessaire : le divorce avait-il eu lieu par consentement
mutuel ou pour cause d'incompatibilité d'humeur, chacun des
conjoints devait attendre un an avant de se remarier ; le divorce
avait-il été prononcé pour cause déterminée, le mari pouvait
aussitôt convoler en secondes noces ; la femme devait laisser
passer le délai ordinaire. Ce délai était augmenté de quatre
années, lorsque le divorce était fondé sur l'absence du mari.

La loi du 8 nivôse an II alla plus loin; elle supprima tout délai pour le mari; quant à la femme, elle ne put convoler à un second mariage que dix mois après la dissolution du premier. Enfin, la loi du 4 floréal an II posa la règle suivante, dans son art. 7 : « la femme divorcée peut se » marier aussitôt qu'il sera prouvé par un acte de notoriété » publique qu'il y a dix mois qu'elle est séparée de fait d'avec » son mari. » Disposition regrettable, et qui pouvait engendrer les résultats les plus funestes, puisque dans certains cas elle était de nature à attribuer aux enfants une origine menteuse, ou tout au moins incertaine! Le témoignage humain, en effet, doit être écarté avec soin dans les questions de ce genre, parce qu'il est généralement impuissant à prouver quoi que ce soit; parce qu'en outre, il est susceptible d'erreur ou de corruption. Mais le législateur ne prévit pas les critiques auxquelles il s'exposait; il avait trop à cœur de supprimer toutes les entraves apportées par l'ancien droit à la célébration des seconds mariages.

La loi du 17 nivôse an II réforma encore sur d'autres points les règles préexistantes. D'abord, elle annula toute clause de ne pas se remarier, même avec des personnes désignées; puis, dans son art. 61, elle déclara non avenues toutes les lois, coutumes et prescriptions relatives à la transmission des biens par succession et donation. Du même coup se trouvaient abrogés l'Edit des Secondes Noces et toutes les lois romaines demeurées en vigueur dans les pays de droit écrit; il ne restait plus rien de toutes ces dispositions si sages, qui étaient la sauvegarde des droits des enfants du premier lit.

Heureusement pour la France, la législation révolutionnaire n'eut qu'une courte durée; on reconnut bientôt les inconvénients dont elle était la source, et on s'empressa de les faire cesser. En 1804, Napoléon promulguait le Code civil, qui traçait d'une façon définitive les règles du droit français.

TROISIÈME PARTIE.
Code Civil.

Dans quel esprit sont conçues les dispositions du Code civil relatives à notre matière? Les seconds mariages sont-ils vus avec regret par nos lois? ou bien sont-ils l'objet d'une faveur particulière? Il est assez difficile de donner une réponse catégorique, car le législateur moderne, instruit par l'exemple des législations antérieures, qui presque toutes s'étaient jetées dans un excès ou dans l'autre, a fait tous ses efforts pour garder un juste milieu. Il n'a point encouragé les secondes noces, mais il n'a jamais cherché à les proscrire, ni même à les entraver. Ses règles, à vrai dire, sont empreintes du plus parfait éclectisme et de la plus saine modération. En principe, il laisse à chacun la liberté la plus entière : la question de la moralité du second mariage est abandonnée au domaine de la conscience; il n'intervient que pour protéger l'ordre social, que des unions trop fréquentes et trop précipitées pourraient mettre en danger, pour faire respecter les lois établies, pour prendre en main la défense des enfants du premier lit et sauvegarder leurs intérêts. C'est à cette dernière préoccupation que le tribunal d'appel de Paris faisait allusion lorsqu'il disait, dans ses observations sur le projet de loi, que les règles du Code sur les secondes noces devaient surtout avoir pour but de « tempérer l'amour conjugal par l'amour paternel (1). »

(1) Fenet, V. p. 268.

Le Code civil n'a point exposé *ex professo* les règles relatives aux seconds mariages; elles ont été disséminées de côté et d'autre par les rédacteurs. Nous aurons à les rechercher dans les différents titres où elles ont été exposées, et à présenter une théorie complète et suivie. Dans un intérêt de clarté et de méthode, nous diviserons notre travail ainsi qu'il suit :

Chap. I. Des conditions requises pour la célébration des seconds mariages.

Chap. II. Des effets des seconds mariages.

Notre chapitre I comprendra deux sections : nous exposerons dans la première les conditions communes aux deux conjoints; dans la seconde, nous nous occuperons d'une règle propre à la femme.

Notre chapitre II se subdivisera en quatre sections : nous traiterons,

Dans la première, de l'influence des seconds mariages sur la dette alimentaire ;

Dans la seconde, de l'influence des seconds mariages sur la puissance paternelle;

Dans la troisième, de l'influence des seconds mariages sur la tutelle ;

Dans la quatrième, de l'influence des seconds mariages sur la quotité disponible entre époux.

Un court appendice suivra chaque chapitre.

CHAPITRE I.

Des conditions requises pour la célébration des seconds mariages.

Il est d'évidence que les conditions nécessaires pour pouvoir contracter un premier mariage sont aussi indispensables lorsqu'il s'agit d'en contracter un second ; mais, dans cette dernière hypothèse, certaines exigences spéciales sont mentionnées par la loi. Nous laisserons de côté, comme étrangères à notre sujet, les prescriptions communes aux premiers et aux seconds mariages ; nous n'étudierons que les règles propres aux secondes unions.

SECTION I.

DES RÈGLES COMMUNES A L'HOMME ET A LA FEMME.

Nous subdiviserons cette section I de la manière suivante :

§ 1er. — Dans quels cas les seconds mariages sont permis par la loi.

§ 2. — De la sanction de la loi.

§ 3. — De l'hypothèse de l'absence de l'un des conjoints.

§ 1er. —*Dans quels cas les seconds mariages sont permis par la loi.*

La monogamie est une règle impérative en France. C'est ce qui résulte de l'art. 147, ainsi conçu : « On ne peut contracter un second mariage avant la dissolution du premier. »

Mais quand le premier mariage est-il dissous ? S'il fallait en croire l'art. 227, il existerait dans notre droit actuel trois causes de dissolution du mariage : la mort naturelle, le divorce et la mort civile. Mais cette disposition, exacte en 1804, a été modifiée par deux lois postérieures : la loi du 8 mai 1816, qui a aboli le divorce, et celle du 31 mai 1854, qui a rayé de notre Code la mort civile. Reste donc aujourd'hui comme unique mode de dissolution du mariage la mort naturelle de l'un des époux. La règle de l'art. 147 revient par conséquent à dire : Nul ne peut contracter un second mariage qu'après le décès de son conjoint.

Ce principe ne comporte-t-il pas cependant quelques exceptions ? Dans certains cas, limitativement déterminés par la loi, un mariage peut être annulé, c'est-à-dire anéanti dans le passé et dans l'avenir. Lorsque ce fait se produit, les personnes dont l'union a été rompue ont-elles recouvré leur liberté tout entière ? sont-elles redevenues aptes à former de nouveaux liens ? L'affirmative est certaine : la prohibition faite à toute personne actuellement mariée de convoler en secondes noces, ayant pour cause unique l'existence du premier mariage, il en résulte que si ce mariage vient à être annulé, rien ne s'oppose plus à la célébration d'un second. A vrai dire, dans notre espèce, il n'y a jamais eu de premier mariage, puisque tout acte annulé est réputé n'avoir jamais existé ; notre solution est donc incontestable.

Si nous supposons que le second mariage n'est contracté que postérieurement à la sentence judiciaire qui a prononcé la nullité du premier, aucune difficulté ne peut surgir. Mais *quid* dans l'hypothèse contraire ? Tant que la nullité n'a pas été déclarée en justice, le premier mariage a une existence régulière, les conjoints ne peuvent se remarier. Cependant, il peut arriver en fait que l'officier d'état civil, induit en erreur par les parties, ait procédé à la célébration d'un second mariage. Ce mariage sera-t-il nul ? En somme, la question revient à se demander si l'empêchement résultant de l'existence d'un premier mariage annulable est dirimant ou simplement prohibitif. La réponse ne saurait être douteuse : l'empêchement n'est que prohibitif, et le mariage célébré au mépris de cet empêchement est parfaitement valable. C'est là une conséquence forcée des principes généraux du droit. Ce qui est nul ne peut produire aucun effet : or, le premier mariage, s'il a une existence de fait, n'existe pas en droit ; il ne peut donc avoir aucune influence sur la validité du second. D'ailleurs, à quoi bon dissoudre cette nouvelle alliance? les conjoints feront prononcer en justice la nullité du premier mariage, puis reviendront devant l'officier d'état civil qui les unira une seconde fois; le résultat définitif sera toujours le même.

Pour nous résumer sur ce point, nous pouvons donc dire que si un premier mariage valable constitue un empêchement dirimant à la célébration d'un autre mariage, un premier mariage annulable ne constitue qu'un empêchement prohibitif.

Nous avons vu plus haut que le seul mode de dissolution du mariage était aujourd'hui la mort naturelle; que le divorce, en particulier, avait été aboli par la loi du 8 mai 1816; il semblerait donc que le divorce ne dût nous occuper en aucune façon. Toutefois, certaines questions importantes se rattachent à cette institution, qui fut en vigueur dans notre pays pendant vingt-quatre ans, qui actuellement encore existe chez la plupart des peuples voisins : il nous est impossible de les passer sous silence.

Tout d'abord, quelle est la situation des personnes divorcées avant la loi de 1816? Peuvent-elles aujourd'hui contracter un second mariage? L'hypothèse ne se présentera peut-être plus en pratique, vu l'espace de temps considérable qui s'est écoulé depuis la suppression du divorce; cependant elle n'est pas matériellement irréalisable; la solution d'ailleurs est fort aisée. Le principe de la non rétroactivité des lois est inscrit dans l'art. 2 du Code civil, et à moins de disposition législative expresse, il doit être appliqué en toute matière. Or, la loi de 1816 ne contient aucune dérogation à l'art. 2; il résulte de là que tout Français divorcé avant la promulgation de cette loi est actuellement libre de tout lien antérieur et peut contracter une nouvelle union. Cette théorie, bien qu'incontestable, a pourtant été contestée ; mais la jurisprudence lui a donné gain de cause, ainsi qu'il est attesté par un arrêt du 6 avril 1826, rendu par la cour d'Aix.

Autre question : l'art. 298 du Code civil, abrogé depuis 1816, défendait à l'époux coupable d'adultère, et contre lequel le divorce avait été prononcé, de se remarier avec son complice. Cette solution doit-elle être étendue au cas de séparation de corps, si plus tard le conjoint innocent vient à décéder ? L'affirmative nous semble certaine. La disposition de l'art. 298 était fondée sur des considérations de morale et de décence publique qui s'appliquent fort bien à l'hypothèse de la séparation de corps. Qu'importe, en définitive, que le mariage ait été dissous par le divorce ou par la mort de l'époux outragé ? Le même scandale n'est-il pas à craindre dans l'un et l'autre cas, et dès lors, n'est-il pas rationnel d'admettre que l'intention du législateur a été de le prévenir en toute hypothèse ? Il fut d'ailleurs déclaré en 1816 que les lacunes du titre de la séparation de corps seraient comblées par les règles empruntées à celui du divorce ; enfin, la disposition de l'art. 298 était trop conforme à la manière de voir des réformateurs du Code civil pour qu'ils aient voulu l'écarter. On a, il est vrai, opposé à ce système un argument tiré du rapprochement et de la comparaison des art. 298 et 308. L'art. 298, a-t-on dit, renferme deux dispositions : la première est celle qui nous occupe ; la seconde est relative à l'emprisonnement de la femme adultère ; or, l'art. 308 a reproduit textuellement la seconde partie de notre texte, et il a laissé de côté le premier paragraphe ; ce paragraphe est donc étranger à la matière de la séparation de corps, et propre, par suite, à la théorie du divorce. Mais il est facile de répondre à cette objection : le divorce ayant

pour effet de dissoudre sur-le-champ le mariage, il était fort
à craindre que l'époux adultère et son complice ne cher-
chassent à s'unir aussitôt après le jugement prononcé; la
séparation, au contraire, laisse subsister l'union conjugale;
il était donc, en général, inutile de défendre le mariage de
l'époux coupable avec son complice. Il est vrai que l'autre
conjoint peut mourir le premier, mais le législateur n'a pas
prévu cette hypothèse. En l'absence de toute disposition précise sur ce point, il faut donc se reporter aux principes généraux, et appliquer la maxime si connue : *ubi eadem
ratio, ibi idem jus esse debet.*

Si la législation française repousse énergiquement le
divorce, il en est autrement chez la plupart des peuples
voisins : en Angleterre, en Prusse, en Hollande, etc., le
divorce est admis. En présence de cet état de choses
naît la question suivante : l'étranger légalement divorcé
dans son pays peut-il, du vivant de son ancien conjoint,
se remarier en France, soit avec une personne de nationalité française, soit même avec une personne d'origine
étrangère? La négative a d'abord triomphé en jurisprudence, la cour de Paris lui a donné par trois fois l'appui
de son autorité (arrêts des 30 août 1824, 28 mars 1843,
4 juillet 1859). Quelques auteurs se sont également
ralliés à ce système (Demante, Sapey). Voici, du reste,
les arguments à l'aide desquels ils ont cherché à le
soutenir. Le premier se formule ainsi : l'étranger, dit-on,
ne peut se marier en France qu'autant qu'il ne se trouve
dans aucun des cas de prohibition prévus par la loi française;
or, la loi du 8 mai 1816 défend le divorce; donc, aux yeux
de notre législation, l'étranger divorcé est toujours censé
marié ; donc il ne peut contracter une nouvelle union. Le
deuxième argument se réfère plus spécialement à l'hypo-

thèse où l'étranger veut s'unir à une personne d'origine française ; il consiste à dire que la capacité personnelle que peut avoir cet étranger à contracter un second mariage ne saurait dans aucun cas relever le Français de l'incapacité que crée à celui-ci notre législation. Enfin, on invoque des considérations d'ordre public. Ne serait-il pas déplorable, s'écrie-t-on, que la bigamie fût organisée en France, et que, sous prétexte que l'un des conjoints appartient à une nationalité étrangère, nos lois pussent être transgressées et la morale outragée publiquement? Quelle que soit la force de cette argumentation, le système contraire a néanmoins prévalu. Un arrêt du 28 février 1860, rendu par la Cour suprême, sur les conclusions du procureur général Dupin, lui a donné gain de cause. La cour d'Orléans (avril 1860) a confirmé de nouveau cette doctrine, et l'accord aujourd'hui est presque unanime (1).

Quelle est en somme la valeur des prétendues raisons de décider invoquées par les partisans de la première opinion? On nous dit d'abord que, pour se marier en France, un étranger ne doit se trouver dans aucun des cas de prohibition prévus par la loi française. Or, rien de plus faux que cette assertion. Ce qui est vrai, c'est que les lois qui régissent l'état et la capacité des étrangers les suivent en France, et que par conséquent, sur notre territoire, un étranger peut accomplir tous les actes qu'il pourrait faire dans son pays. On ajoute que dans tous les cas l'étranger ne saurait relever le Français de son incapacité, et faire cesser en sa faveur une défense introduite par nos lois; mais cet argument repose sur une confusion. Il s'agit, en effet, de savoir si d'un côté l'étranger divorcé est capable de contracter un second mariage ; si

____

(1) Demolombe, I, n° 101; Aubry et Rau, IV, p. 117; Troplong.

d'autre part un Français est capable de s'unir à cet étranger;
en d'autres termes, tout revient à se demander si l'étranger
divorcé est réellement en dehors des liens d'un premier
mariage. Si ces liens sont brisés, il est évident que le
Français qui désire s'unir à lui pourra devenir son nouvel
époux. Or, nous le répétons, c'est uniquement d'après les
lois de son pays que se règlent l'état et la capacité d'un
étranger; nous supposons dans l'espèce que le divorce est
licite; rien ne peut donc s'opposer à la célébration du second mariage. Restent les considérations tirées de la nécessité de protéger l'ordre public; nous les réfuterons en
peu de mots. En quoi notre système menace-t-il l'ordre
public? En quoi les lois sont-elles violées par la solution
que nous proposons d'adopter? Un étranger se présente libre
de tout engagement, il demande à contracter une seconde
union après la dissolution légale de la première, tout n'est-
il pas parfaitement régulier? Quel précepte est méconnu?
Quelle disposition est transgressée? Et d'ailleurs, le Français
divorcé sous l'empire du Code civil n'était-il pas apte à
former de nouveaux liens, même depuis la promulgation de
la loi de 1816? Assurément. Si donc dans cette hypothèse
l'ordre public ne recevait aucune atteinte, comment pourrait-
il en être autrement dans une situation tout-à-fait semblable?
L'identité des solutions est donc commandée par le bon sens
et la logique.

Nous avons supposé jusqu'ici que l'étranger qui veut
convoler en secondes noces n'a jamais eu la qualité de
citoyen français, mais l'hypothèse contraire n'est point
inadmissible; elle s'est même réalisée il y a environ trente
ans, et la Cour de cassation a rendu sur ce point un arrêt
qui porte la date du 16 décembre 1845. Il s'agissait d'un
Français qui avait eu recours à la naturalisation en pays

étranger, dans l'unique but de faire convertir en divorce la séparation de corps obtenue en France par sa femme, puis qui, une fois ce résultat acquis, s'était remarié avec une Française. La Cour a jugé que ce second mariage était nul à l'égard de la loi française, et que si la seconde épouse avait connu le vice de son union, si elle avait su l'existence du premier mariage, ou même si elle n'avait point fait faire en France les publications qui pouvaient la lui apprendre, son mariage ne lui attribuerait pas la qualité d'étrangère et ne conférerait pas la légitimité à ses enfants.

Les conséquences qu'entraîne cette doctrine sont assez graves pour que nous nous demandions si en droit elle est réellement fondée. Nous n'hésitons pas à répondre affirmativement, bien qu'une objection fort sérieuse s'élève dès l'abord contre elle. La femme, peut-on dire, suit la condition de son mari (art. 12 et 19); le Français qui se fait naturaliser étranger enlève donc à sa femme la qualité de française; quand plus tard il obtient le divorce devant les tribunaux de son nouveau pays, le divorce est donc prononcé entre étrangers; nous rentrons par conséquent dans l'hypothèse précédente, et nous devons reconnaître que la seconde union est valablement contractée. Notre réponse sera celle-ci : est-il bien vrai de dire que la femme française perd cette qualité par suite de la naturalisation de son mari et qu'elle la perd contre sa volonté? Nous ne le croyons pas. Oui, en thèse, la femme suit la condition de son mari, l'étrangère qui épouse un Français devient Française et réciproquement; mais pourquoi? parce qu'en consentant à épouser un homme dont la nationalité n'est pas la sienne, elle consent implicitement à changer de nationalité. Le même motif existe-t-il ici? Non, puisque par hypothèse la femme demande la cessation de la vie commune, et entend par conséquent séparer son sort de celui de son conjoint. C'est pourquoi nous admettons avec la presqu'unanimité des auteurs que la naturalisation est un fait essentiellement personnel à l'époux qui l'accomplit. La première femme, dans notre espèce, est donc restée Française en dépit de la naturalisation de son mari ; d'où il suit que le divorce obtenu par celui-ci en pays étranger est sans effet vis-à-vis d'elle, et qu'elle demeure toujours son épouse légitime aux yeux de la loi française. Cela est si vrai qu'elle ne peut convoler en secondes noces. Dès lors, il est d'évidence que tout nouveau mariage est également interdit par notre législation à l'époux naturalisé étranger. S'il prend une seconde femme en France, nous nous trouvons en présence d'un cas de bigamie bien caractérisé, et le second mariage est nul, puisque le premier n'a jamais cessé d'exister. De nombreuses considérations morales viennent encore à l'appui de ce système. Elles sont si évidentes, si faciles à déduire, que nous terminons ici nos explications sur ce point, reconnaissant la parfaite justesse de la solution de la Cour suprême.

§ 2. — *De la sanction de la loi.*

Pour faire respecter ses décisions, la loi a édicté une double sanction : elle frappe de peines sévères les personnes coupables ou complices du crime de bigamie, et elle annulle le second mariage contracté avant la dissolution du premier.

1° *Sanction pénale.*—L'art. 340, C. P., est ainsi conçu : « Quiconque, étant engagé dans les liens du mariage, en » aura contracté un autre avant la dissolution du précédent, » sera puni de la peine des travaux forcés à temps. L'officier » public qui aura prêté son ministère à ce mariage, con-

» naissant l'existence du précédent, sera condamné à la
» même peine. » La rigueur de cette disposition est grande;
mais elle a sa raison d'être. « Le crime est grave, dit
» l'*Exposé des motifs;* il renferme à la fois l'adultère et
» le faux, car le coupable a déclaré faussement devant
» l'officier de l'état civil et même attesté par sa signature
» qu'il n'était point engagé dans les liens du mariage... La
» bigamie est un crime social, une atteinte à l'ordre établi
» dans les familles, où de pareilles unions, d'après les lois
» qui nous régissent, porteraient le trouble, le désordre et
» la confusion. » La sévérité du législateur se justifie donc
sans peine, et nous n'insisterons pas davantage sur ce point.

Passons de suite à l'examen de quelques questions assez
délicates que peut soulever l'application de l'art. 340.
L'existence d'un premier mariage est une des conditions
essentielles, constitutives du crime de bigamie. Si donc le
premier mariage est dissous ou annulé avant que le second
ait été contracté, il n'y a pas de crime, puisqu'il n'y a jamais
eu deux mariages existant simultanément. Mais si la nullité
du premier mariage n'a pas encore été déclarée lors de la
célébration du second, en sera-t-il de même? En d'autres
termes, l'existence apparente d'un mariage depuis annulé
suffit-elle pour engendrer le crime de bigamie et pour
donner naissance à l'action publique? Dans le principe,
l'affirmative a été soutenue : par un arrêt du 19 novembre
1807, la Cour de cassation a décidé que, dès qu'un mariage
avait les *formes extérieures de la loi*, sa nullité ne pouvait couvrir le délit. Mais bientôt elle a abandonné cette
doctrine (arrêt du 25 juillet 1811), qui aujourd'hui est
unanimement rejetée. A vrai dire, il ne pouvait en être autrement. Que faut-il pour qu'il y ait bigamie? Que deux
unions coexistent à un moment donné. Or, cette coexistence

se rencontre-t-elle ici? En fait, oui ; mais en droit, non, puisque le jour où la nullité du premier mariage est prononcée par la justice, ce mariage est censé n'avoir jamais eu lieu. Sur quoi serait donc fondée la prévention? Sur un fait réputé nul aux yeux de la loi ; mais, en vérité, il serait trop facile de la détruire. Dira-t-on que l'intention mauvaise a existé chez le conjoint accusé de bigamie? Mais l'intention ne suffit pas pour constituer un crime; il faut que d'autres éléments viennent se joindre à elle. En tout cas, il serait nécessaire d'établir cette intention, ce qui serait souvent difficile, car l'époux n'a sans doute passé outre à la célébration de son second mariage que parce qu'il avait acquis la certitude de la nullité du premier. Cette doctrine semble donc irréfutable.

Pourtant certains auteurs ne l'ont admise qu'avec quelques restrictions (1). Ils ont proposé de distinguer entre les nullités absolues et les nullités relatives. La nullité absolue, disent-ils, n'opère pas seulement une simple résolution ou dissolution du lien du mariage ; elle fait que ce lien n'a jamais existé. Au contraire, la nullité relative, fût-elle prouvée, ne détruirait pas l'accusation, puisque si le mariage se trouvait exposé à être dissous, il n'en était pas moins valable jusqu'à ce que cette dissolution fût prononcée par les tribunaux. Mais cette distinction n'est pas fondée : la nullité relative, lorsqu'elle a été judiciairement déclarée, produit absolument les mêmes effets que la nullité absolue; pour l'un comme pour l'autre, avant le jugement qui l'annulle, le mariage existe; après le jugement, il est réputé n'avoir jamais existé. Notre solution est donc vraie d'une façon générale.

(1) Thémis, t. I, p. 229, 230.

Il est cependant un cas dans lequel l'idée émise par les rédacteurs de la Thémis trouve une application exacte. A l'opposé des nullités absolues, qui sont perpétuelles, les nullités relatives ne peuvent être proposées que pendant un certain temps ; lorsque le délai pendant lequel on peut s'en prévaloir est expiré, elles sont couvertes. Le premier mariage, entaché d'une nullité relative, est dès lors inattaquable, et le conjoint remarié peut être poursuivi pour crime de bigamie.

Il résulte de tout ce qui précède que le crime de bigamie n'existe que si le premier mariage est valable. Nous pouvons en dire autant à l'égard du second, il faut qu'il ait une existence régulière. Cependant, si sa célébration n'a été suspendue que par un événement complétement indépendant de la volonté du conjoint, celui-ci pourra être traduit devant la cour d'assises : la loi punit en effet la tentative du crime comme le crime lui-même (art. 2, C. pén.). De quels actes, maintenant résultera cette tentative ? Ce point sera livré à l'appréciation des juges. Nous pouvons toutefois indiquer une hypothèse où l'art. 2 serait incontestablement applicable : celle où l'officier d'état civil viendrait à décéder après avoir accompli les formalités préliminaires, mais avant d'avoir déclaré les conjoints unis par le mariage. Au contraire, la tentative ne résultera pas du fait que les époux ont passé un contrat de mariage devant notaire, ou de cette circonstance que les publications légales ont eu lieu sur leur demande.

Outre la validité du premier et du second mariage, un troisième élément est encore nécessaire pour constituer le crime de bigamie ; cet élément c'est l'intention frauduleuse, sans laquelle toute culpabilité disparaît, toute accusation manque de base. Si donc le conjoint bigame a cru sincèrement qu'il était libre de tous liens, sa bonne foi effacera sa faute; mais il est de toute nécessité qu'elle soit parfaitement certaine, tout au moins qu'elle repose sur de graves présomptions.

Il nous reste à faire une remarque importante. Toutes les fois qu'une personne accusée de bigamie arguera de l'inexistence du premier mariage, le soin de trancher la question préjudicielle appartiendra à la juridiction civile, et l'action publique sera suspendue tant que celle-ci n'aura pas statué. Ce mode de procéder doit être suivi si l'on ne veut pas s'exposer à des résultats fort regrettables. Qu'arriverait-il en effet si la cour d'assises condamnait pour bigamie un individu dont la première union serait plus tard annulée par les tribunaux civils? que cet infortuné devrait subir la peine d'une faute qu'il n'a pas commise, et cela alors que la preuve de son innocence résulterait manifestement d'une sentence judiciaire. Une telle inconséquence doit à tout prix être évitée. En thèse, le criminel doit tenir le civil en suspens, mais la logique et l'équité exigent que l'adage soit ici renversé.

L'art. 340 *in fine* porte que l'officier public sera puni comme le bigame toutes les fois qu'il aura eu connaissance du mariage précédent. Cette disposition est fort juste; elle n'est d'ailleurs que l'application de ce principe de droit criminel que le complice d'un crime doit être frappé de la même peine que l'auteur principal.

Mais s'il en est ainsi, l'énumération de la loi est-elle complète? n'y a-t-il pas une personne qu'elle oublie de punir, le nouveau conjoint du bigame, bien entendu, lorsqu'il n'a pu ignorer l'existence de la première union? Au premier abord, on serait peut-être tenté d'appliquer la maxime: *nulla pœna sine lege*, et de soutenir que le silence de la loi doit être interprété restrictivement. Cependant, telle n'est pas à notre sens la solution qu'il convient d'adopter. L'art. 340 ne mentionne point, il est vrai, le nouvel époux du bigame, mais cette omission ne saurait tirer à conséquence. Nous allons en donner la preuve. L'art. 59, C. P., porte que le complice d'un crime est puni comme l'auteur même de ce crime ; l'art. 60-3° ajoute qu'il faut considérer comme complice d'une action qualifiée crime tous ceux qui auront, *avec connaissance, aidé ou assisté* l'auteur de l'action dans les faits qui l'auront préparée ou facilitée, ou dans ceux qui l'auront consommée. De ces deux textes combinés ne résulte-t-il pas jusqu'à l'évidence que l'art. 340 est applicable au conjoint de l'époux bigame ? N'est-il pas en effet le complice de celui-ci ? Ne l'a-t-il pas *avec connaissance* (puisque telle est l'hypothèse) assisté dans la perpétration de son crime ? sa volonté n'était-elle pas indispensable pour que le second mariage fût célébré ? n'a-t-il pas prononcé le oui sacramentel ? n'a-t-il pas signé l'acte de mariage ? Nous demandons s'il est possible de prêter d'une façon plus énergique son concours à l'accomplissement d'un fait. Il y a donc là une complicité évidente, indéniable ; la loi sévira contre le complice, et l'époux bigame, s'il n'a pu associer à sa destinée celui auquel il voulait s'unir, l'associera du moins à sa honte et à son châtiment.

2° *Annulation du mariage.* — Non content de frapper les époux bigames d'une peine sévère, le législateur annulle leur mariage. Telle est la règle énoncée dans l'art. 184 du Code civil : « Tout mariage contracté en contravention à la » disposition contenue à l'art. 147, peut être attaqué soit » par les époux eux-mêmes, soit, etc. » La nullité de l'art. 184 est rangée dans la classe des nullités absolues.

Nous aurons à nous poser deux questions sur ce texte :
1° par qui la nullité peut-elle être proposée? 2° est-elle
susceptible de se couvrir?

1er POINT: — *Par qui la nullité peut-elle être proposée?* — L'art. 184 répond par les époux eux-mêmes, par
tous ceux qui y ont intérêt, et par le ministère public.

I. — *Par les époux eux-mêmes.* — C'est-à-dire par le
bigame et son second conjoint. Si celui-ci a été induit en
erreur, il est bien évident que l'action en nullité lui sera
accordée; mais en sera-t-il de même s'il a connu l'existence
du premier mariage? Ne pourrait-on pas lui refuser dans
cette hypothèse le droit de sortir d'une situation qu'il s'est
créé par sa propre faute? Certains auteurs l'ont prétendu.
Mais leur doctrine ne saurait prévaloir; l'art. 184 ne fait
aucune distinction, et ce serait violer la loi que d'en établir
une (Paris, 8 juin 1816; Cassat., 25 février 1818). Quant
à l'époux bigame, on ne peut non plus lui refuser le droit
de demander la nullité de son second mariage. En vain nous
opposerait-on la maxime : *Nemo auditur propriam tur-
pitudinem allegans*, nous répondrions de nouveau que les
termes sont trop généraux pour souffrir cette restriction.
La loi d'ailleurs est profondément hostile à la bigamie,
et elle a cru qu'elle ne saurait accorder à trop de personnes
la faculté de faire cesser un état de choses si contraire aux
bonnes mœurs (1).

II. — *Par tous ceux qui y ont intérêt.* — La nullité
résultant de la célébration d'un second mariage, étant une
nullité absolue, peut être proposée par tout le monde. Toutefois, la généralité de cette règle doit être tempérée par

(1) Demol., t. III, n° 800; Toullier, t. I, n°s 623 et 632; Zachariæ, t. III,
p. 252.

cet autre principe que l'intérêt est la mesure des actions. Quelles sont donc ici les personnes intéressées? Tout d'abord on distingue en droit l'intérêt moral et l'intérêt pécuniaire. Certaines personnes agiront en vertu du premier, certaines autres puiseront leur droit dans le second. Dans la première catégorie se trouve le premier époux du bigame et ses ascendants; dans la seconde, les collatéraux et les enfants du premier lit.

Le premier époux du bigame peut demander la nullité du mariage. Ce droit lui est conféré par un texte précis (art. 188); on ne pouvait d'ailleurs le lui refuser sans porter atteinte à son honneur d'époux. Aucune difficulté ne s'élève sur ce point; constatons seulement que le premier conjoint, à la différence de ceux qui n'ont qu'un intérêt pécuniaire, peut agir du vivant même de l'époux qui était engagé avec lui.

En ce qui concerne les ascendants, on s'est demandé en premier lieu s'ils pouvaient toujours en cette seule qualité proposer la nullité du mariage. Duranton et Toullier ont soutenu la négative. Pour nous, l'affirmative est incontestable. Nous pourrions invoquer à l'appui de cette opinion différentes considérations morales dont il est impossible de méconnaître l'importance; nous pourrions dire que les ascendants sont les gardiens de l'honneur de la famille, et qu'en conséquence ils doivent toujours pouvoir faire cesser le scandale occasionné par la conduite de leurs descendants. Nous nous bornerons à citer quelques textes qui corroborrent puissamment notre manière de voir. L'art. 186 déclare, dans un cas particulier, les ascendants non recevables à intenter l'action en nullité; la règle générale est donc que leur action est toujours recevable. L'art. 187, qui exige un intérêt pécuniaire né et actuel, ne parle que des collatéraux et des enfants issus d'un autre mariage, l'intérêt moral suffit donc pour les ascendants. Enfin, l'art. 191 les distingue très-explicitement des autres intéressés lorsque la demande en nullité est fondée sur le défaut de publicité ou sur l'incompétence de l'officier public, et il y aurait inconséquence à ne pas reproduire cette distinction lorsque la nullité est proposée pour cause de bigamie. L'art. 184, il est vrai, ne range point les ascendants dans une classe à part, mais les textes qui le suivent et que nous venons de mentionner corrigent si bien la généralité de ses termes que le moindre doute ne peut plus subsister (1).

Il est également incontestable que la disposition de l'article 186, propre à l'hypothèse d'impuberté, ne s'applique pas au cas de bigamie. Les ascendants sont donc recevables à agir en nullité, même s'ils ont consenti au second mariage.

Mais peuvent-ils agir indistinctement? ou bien ne doivent-ils introduire leur action qu'à défaut les uns des autres, que graduellement, c'est-à-dire dans l'ordre suivant lequel la loi les appelle à consentir au mariage ou à former opposition (art. 148 et 173)? Un premier système, soutenu par Zachariæ et Marcadé, pense que le droit de proposer la nullité peut être exercé par tous les ascendants sans distinction; que l'aïeul, par exemple, peut agir quand le père ou la mère ne poursuivent pas l'annulation du mariage. Quant aux arguments que l'on invoque, ils peuvent se ramener à deux principaux : on se fonde d'abord sur la généralité des termes employés par les art. 184 et 191; on prétend, en outre, que l'honneur de la famille étant en cause, tous ceux qui en font partie sont appelés à le défendre. Mais cette théorie a été repoussée par la majorité des auteurs, et aujourd'hui on s'accorde à décider que la nullité ne peut être invoquée que

____

(1) Demol., t. III, n° 301 ; Delvincourt, t. I, p. 72 ; Zachariæ, t. I, p. 253.

graduellement, par le père d'abord, en second lieu par la mère, puis par l'aïeul, à défaut du père ou de la mère, etc. Les principes, en effet, commandent cette solution. Pourquoi le législateur a-t-il accordé aux ascendants la faculté de provoquer la nullité du second mariage? Parce qu'ils ont une sorte de puissance domestique sur leur postérité. Or, cette puissance a été organisée hiérarchiquement par les rédacteurs du Code : c'est le père d'abord qui l'exerce, puis la mère; à son défaut, l'aïeul, et ainsi de suite, en préférant toujours l'ascendant le plus proche à l'ascendant le plus éloigné. Lorsqu'il s'agit de consentir au mariage ou de former opposition, on suit toujours l'ordre que nous venons d'indiquer. Pourquoi en serait-il autrement dans l'hypothèse d'une demande en nullité? Et d'ailleurs, à quelles conséquences n'arriverait-on pas si l'on adoptait l'opinion contraire? Il faudrait, pour être logique, reconnaître que la mère aurait le droit de proposer la nullité du mariage quand le père existe, mais n'agit pas. Zachariæ admet cette déduction (que Marcadé rejette), mais cette concession est la ruine de son système. Nous tirerons enfin un dernier argument de l'énumération successive de l'art. 186 : le père, la mère, les ascendants et la famille, porte ce texte..., ne sont pas recevables, etc.... La loi suit bien ici l'ordre graduel ordinaire, il s'agit pourtant d'une demande en nullité. Nous en concluons que dans la pensée du législateur, cet ordre doit toujours être observé (1).

Accorderons-nous maintenant au conseil de famille le droit de proposer la nullité résultant de la bigamie contre le mariage du mineur? L'hésitation est possible; toutefois, en présence des termes de l'art. 186, nous admettons l'affirmative.

(1) Demol., t. III, n° 303; Toullier, t. I, n° 633; Duranton, t. II, n° 317.

Ce texte déclare *la famille,* c'est-à-dire, suivant nous, le conseil de famille non recevable à proposer la nullité pour défaut de puberté, lorsqu'il a lui-même consenti au mariage ; c'est lui reconnaître implicitement le droit qu'il aurait eu sans cela d'intenter l'action en nullité. Or, si le conseil de famille est habile à demander la nullité pour cause d'impuberté, peut-on rationnellement lui retirer cette prérogative lorsque la demande est fondée sur l'existence d'une double union ?

Les ascendants agissent surtout en vertu d'un intérêt moral. L'action des collatéraux a pour base un motif d'intérêt pécuniaire. Au reste, pour que leur action soit recevable, il faut, d'après l'art. 187, que cet intérêt soit né et actuel, de sorte qu'en principe ils doivent attendre le décès de l'époux bigame pour agir en nullité. Cependant il n'est pas impossible qu'un intérêt de cette nature se présente du vivant même des deux époux. C'est ce qui aura lieu dans l'espèce suivante : Primus a un frère, Secundus, et un fils, Tertius. Tertius est bigame, et par hypothèse, il lui est né un enfant de sa seconde union, Quartus. Dans ces circonstances, Primus meurt et Tertius renonce à sa succession. N'est-il pas dès lors évident que Secundus a un intérêt né et actuel à demander la nullité du second mariage ? Oui, car si ce second mariage est maintenu, la succession de Primus ira tout entière à Quartus, tandis que s'il est annulé, la succession sera recueillie par Secundus. Mais Secundus pourra-t-il intenter immédiatement l'action en nullité ? La question a été controversée ; cependant l'affirmative est généralement admise. L'art. 187 porte à la vérité que les collatéraux ne peuvent agir *du vivant des deux époux ;* mais ce texte a statué *de eo quod plerumque fit.* D'ordinaire, en effet, l'intérêt ne naîtra et ne deviendra actuel que par la mort de l'un des époux, que par suite de l'ouverture de sa succession. Donc, en employant les ex-pressions que nous venons de signaler, la loi a voulu for-muler une proposition simplement énonciative. Ce qui le prouve bien, d'ailleurs, ce sont les derniers mots de l'art. 187 : *mais seulement lorsqu'ils y ont un intérêt né et actuel.* Dès que cet intérêt existe, les collatéraux peuvent donc proposer la nullité du mariage.

Après les collatéraux viennent les enfants du premier lit. La règle est la même pour eux : ils ne peuvent faire annuler le second mariage de leur père ou mère qu'autant qu'ils y ont un intérêt né et actuel; ils doivent attendre par conséquent, pour agir, le décès de l'époux bigame. Cependant ils peuvent quelquefois intenter leur action du vivant de leur auteur, par exemple dans l'hypothèse suivante : Primus est marié et a deux fils, Secundus et Tertius; du vivant de sa femme il contracte une seconde union, de laquelle naît un troisième enfant, Quartus. Cela étant, Secundus vient à mourir. Dès lors Tertius a un intérêt évident à faire déclarer le second mariage nul; car, si celui-ci subsiste, Quartus viendra partager avec lui la suc-cession de Secundus, tandis que si la nullité est prononcée, la part qui serait revenue à Quartus ira tout entière à Tertius. L'intérêt existant actuellement, l'action sera ouverte en faveur de Tertius.

M. Demolombe (n° 307) a pourtant élevé contre cette théorie une objection assez grave. L'art. 371, a dit le savant professeur, porte que l'enfant à tout âge doit honneur et respect à ses père et mère. Or, ce n'est point là un simple précepte de morale, c'est une disposition législative, civilement obligatoire, et de laquelle il résulte que tout acte portant atteinte à cet honneur et à ce respect, que la loi elle-même commande, doit être interdit à l'enfant. Dès lors, ne serait-ce

pas contrevenir à la prescription de l'art. 371 que de permettre à un fils d'attaquer, du vivant de son père ou de sa
mère, le mariage de ceux-ci? Nous répondons à cette argumentation : il n'est nullement établi que l'art. 371 contienne
une règle de droit positif; au contraire, les travaux préparatoires démontrent que la disposition de ce texte n'offre point
ce caractère, et qu'elle n'est que la reproduction d'un précepte sacré inscrit dans le *Deutéronome* (discours de Bigot-
Préameneu et du tribun Vezin). L'interprétation fournie
par M. Demolombe est donc erronée, et par là même
s'écroule tout le raisonnement auquel elle servait de base.
L'art. 371 étant ainsi écarté du débat, nous restons en face
du seul art. 187, dont l'esprit et les termes concordent
parfaitement, suivant nous, avec la solution que nous avons
adoptée.

Pour être autorisé à attaquer un mariage entaché de
bigamie, il faut avoir un intérêt quelconque; nous avons vu
qu'en général la loi exigeait un intérêt pécuniaire. Mais quel
doit être au juste le caractère, ou plutôt la source et le principe de cet intérêt? Faut-il que ce soit un intérêt de succession, ou bien toute espèce d'intérêt d'argent suffit-il?
Par exemple, un tiers est-il recevable à demander la nullité
du mariage pour écarter l'hypothèque légale de la femme,
ou encore pour assurer la validité d'une convention passée
par celle-ci sans l'autorisation de son mari ou de justice?
Certains jurisconsultes estiment qu'un simple intérêt pécuniaire n'est pas suffisant pour faire annuler le mariage. On
ne saurait, disent-ils, sacrifier l'honneur et la considération
d'une famille aux droits incontestables, mais d'une importance relativement faible, de quelques créanciers. Ils ajoutent
à ce motif un argument tiré du rapprochement des art. 184
et 187. Le premier de ces textes semble bien général, mais

sa généralité est restreinte et limitée par le second, duquel il résulte clairement que l'action en nullité ne compète qu'aux parents collatéraux et enfants nés d'un autre mariage. La Cour de Douai a sanctionné cette opinion par un arrêt du 12 juillet 1838 ; pourtant, à nos yeux, la doctrine contraire mérite la préférence. Vainement allègue-t-on que l'honneur d'une famille ne doit pas être sacrifié à un simple intérêt pécuniaire, cet intérêt peut être considérable, et il y aurait injustice à ne pas le protéger, ou pour mieux dire, à le méconnaitre entièrement. D'un autre côté, l'art. 184 est formel ; il accorde l'action en nullité à *tous ceux qui y ont intérêt,* sans distinction aucune ; il est vrai que l'art. 187 ne mentionne que les collatéraux et les enfants du premier lit ; mais cette disposition n'est pas de nature à infirmer le droit des créanciers. Si le législateur n'a parlé dans ce texte que des collatéraux et des enfants d'une précédente union, c'est parce que ceux-ci ont dès le principe le titre d'héritiers présomptifs, et qu'il n'a pas voulu que ce seul titre les autorisât à faire annuler actuellement le mariage. L'art. 187 ne restreint donc pas la règle de l'art. 184 ; il la complète plutôt en indiquant l'époque à partir de laquelle les intéressés pourront agir. N'oublions pas d'ailleurs que nous sommes en présence d'une nullité absolue et d'ordre public ; or, en principe, les nullités absolues peuvent être opposées par tout le monde (1).

Remarquons, en terminant, que les créanciers agiront ici en leur propre nom ; ils n'exerceront pas le droit de leur débiteur (art. 1166).

III. — *Par le ministère public.* — Le motif sur lequel

---

(1) Demol., t. III, nᵒ 305 ; Zachariæ, t. II, p. 337 ; Valette s. Proudhon, t. I, p. 128.

repose le droit du ministère public se révèle de lui-même. Le procureur de la République doit veiller au maintien de l'ordre social ; il était donc naturel qu'on le chargeât de poursuivre la nullité des mariages entachés de bigamie. Mais à quelle époque agira-t-il? Devra-t-il attendre, comme les collatéraux et les enfants du premier lit, le décès de l'un des conjoints? Non, la règle sera tout autre : il demandera la nullité du mariage *du vivant des deux époux*. Et cela se comprend à merveille. Le ministère public agit dans l'intérêt de la société et pour faire cesser le trouble que cause un second mariage contracté au mépris de l'existence d'un premier ; or, ce trouble n'existe qu'autant que dure le second mariage. D'ailleurs, à quoi bon prononcer la nullité d'une union déjà dissoute par la mort de l'un des conjoints (art. 190)?

Le ministère public ne peut donc attaquer le second mariage que du vivant des époux, mais alors il le peut toujours. Certains auteurs ont cependant prétendu que le procureur ne pouvait plus agir, même du vivant des époux, lorsque le conjoint, au préjudice duquel le second mariage avait été contracté, venait à décéder (1). L'action du ministère public, a-t-on dit, n'a pas d'autre raison d'être que la nécessité de faire cesser le désordre moral que produit au sein de la société l'existence simultanée des deux mariages ; or, lorsque le premier vient à se rompre, le scandale, et partant l'intérêt social disparaît, et le droit du procureur de la République manque désormais de fondement. Cette argumentation est assurément spécieuse, mais elle est loin d'être concluante. Tout d'abord nous lui opposerons les termes mêmes de l'art. 190. Que porte ce texte? « Le procureur de la République, *dans*

<hr>

(1) Demol., t. III, n° 310 ; Duranton, t. II, n° 330 ; Zachariæ, t. III, p. 251.

» *ous les cas auxquels s'applique l'art. 184...,* peut et
» doit demander la nullité du mariage du vivant des
» époux, etc. » Or, l'art. 184 vise l'hypothèse de bigamie;
quoi de plus formel? Et où donc trouver la base de cette
règle exceptionnelle que l'on veut introduire au cas de prédécès du premier conjoint de l'époux bigame? Il y a plus, la
théorie que nous repoussons ne se contente pas de violer
l'art. 190, elle méconnaît encore ce principe important que
nous poserons ultérieurement, à savoir que les nullités
absolues ne peuvent se couvrir. Ne soutient-on pas, en effet,
que la mort du premier conjoint constitue une fin de non-
recevoir opposable à l'action du ministère public? Le droit
de celui-ci se trouve donc éteint dans l'espèce? — Oui,
répondent nos adversaires; il est éteint, et cela devait être,
car dès lors que le premier conjoint est décédé, la seconde
union n'est plus un état d'adultère et de bigamie; l'ordre
social n'en souffre plus, le ministère public n'a donc plus
d'intérêt pour agir; or, sans intérêt, pas d'action. — Assurément, dirons-nous à notre tour, le second mariage n'est
plus un état d'adultère et de bigamie, mais est-il cependant
purgé du vice qui l'inficie? Il y a eu, nous le reconnaissons,
un changement de fait, mais voilà tout; en droit, la situation
est restée et restera toujours la même, nous serons toujours
en présence d'un mariage entaché d'une nullité radicale, et
tant que ce mariage subsistera, la faculté de l'attaquer,
accordée au ministère public, demeurera entière et intacte.
Eh quoi? le scandale n'existe plus? mais comment soutenir
une pareille affirmation? En vérité, ne serait-on pas tenté
de croire que le coupable ici, l'auteur du trouble, c'est le
premier conjoint, puisque sa mort fait cesser le désordre?
Non, le désordre ne cessera qu'avec le décès du bigame ou
de son second époux; il ne cessera que par la dissolution d'un

mariage contracté au mépris des prohibitions de la loi, et jusque-là le ministère public aura le droit d'agir, parce qu'il a le devoir de faire respecter l'ordre social.

DEUXIÈME POINT. — *La nullité est-elle susceptible de se couvrir?* — La nullité résultant de la bigamie étant une nullité absolue, il s'en suit qu'elle est perpétuelle et indélébile. Elle ne cède ni au temps, ni aux circonstances. Et d'abord la prescription, même trentenaire, ne saurait l'éteindre ; l'art. 2262 est, en effet, étranger à notre sujet, et le titre du mariage ne prononce pas ici de prescription semblable. Il faudrait en dire autant de la prescription du crime de bigamie : alors même que l'action publique se trouverait éteinte, l'action en nullité du mariage serait toujours recevable. L'art. 637, Code d'inst. crim., confond il est vrai, dans le même délai, l'action civile et l'action publique ; mais par action civile, il faut entendre ici l'action accordée à la victime d'un fait criminel et qui tend à la réparation pécuniaire du dommage éprouvé, et nullement l'action en nullité du mariage. — Invoquerait-on la possession d'État? Mais elle serait impuissante à maintenir une situation contraire à la vérité juridique. — La ratification du premier conjoint? Mais il ne dépend pas de lui de rompre les liens valablement formés qui l'unissent au bigame. — Sa mort? Mais c'est une circonstance indifférente aux yeux de la loi. La nullité sera donc, comme disait Portalis, continue et indéfinie.

Mais si la nullité d'un mariage entaché de bigamie ne peut être couverte en aucune façon, si on ne peut opposer à la demande en annulation aucune exception, aucun moyen de forme, on peut toujours contester le fond et soutenir que la nullité n'existe pas. C'est même à cet ordre d'idées que se rattache la disposition de l'art. 189, ainsi conçu : « Si

» les nouveaux époux opposent la nullité du premier ma-
» riage, la validité ou la nullité de ce premier mariage doit
» être jugée préalablement. » Le second effectivement ne
sera nul qu'autant que le premier sera valable. C'est donc
là une question préjudicielle de la plus haute importance.
Mais quels sont au juste ceux qui ont qualité pour soulever
cette question? Si l'on s'en rapporte uniquement à la lettre
de la loi, il semble que le droit d'opposer la nullité du premier mariage n'appartient qu'aux nouveaux époux; pourtant cette interprétation n'est pas en rapport avec la véritable pensée législative. Tous ceux qui ont intérêt à la validité du second mariage peuvent certainement invoquer la
nullité du premier. Si l'art. 189 ne parle que des nouveaux
époux, c'est sans doute parce que dans l'art. 188 auquel il
fait suite, la loi s'occupe de l'action dirigée contre eux par
celui au préjudice duquel le nouveau mariage a été contracté,
parce que ce sont eux qui se trouvent au premier rang des
intéressés, parce qu'en définitive leurs personnes seules sont
en cause. Mais la disposition de notre texte, qui exprime
une vérité absolue, n'est certainement pas restrictive (1).

Il est toujours nécessaire de réprimer le mal; ne vaut-il
cependant pas mieux le prévenir quand cela est possible? Assurément. D'où la question de savoir si le législateur a pris ses
mesures pour empêcher la célébration d'un second mariage
avant la dissolution du premier. La réponse ne saurait être
douteuse : la loi ne peut être accusée d'imprévoyance sur ce
point. Il suffit, pour s'en convaincre, de se reporter aux
art. 172 et suiv. du Code civil. Ces textes accordent, en
effet, à certaines personnes, le droit de s'opposer à la célé-

(1) Demol., t. III, n° 330.

bration de l'union conjugale. Nous serons d'ailleurs assez bref sur ce point, qui ne se rattache qu'indirectement à notre sujet ; nous nous poserons cette seule question : Quelles personnes ont qualité pour former opposition à la célébration du second mariage ?

L'art. 172 indique en premier lieu la personne engagée par mariage avec l'une des deux parties contractantes. Rien de plus juste et de plus moral que de permettre à l'époux de défendre son titre. Toutefois, il importe de bien entendre cette disposition. La loi parle seulement de la personne engagée par mariage ; elle ne confère donc pas la faculté de former opposition à celle qui n'alléguerait qu'une promesse de mariage, non plus qu'à l'époux divorcé sous l'empire de la loi de 1816, ni à celui qui n'invoquerait que la célébration d'un mariage religieux.

Viennent ensuite les ascendants (art. 173). Le droit à l'opposition est, en effet, pour eux une règle essentiellement générale ; dans toute hypothèse, il leur est accordé, que l'opposition soit fondée ou non. Il est donc incontestable que les ascendants pourront intervenir afin d'empêcher la célébration d'un second mariage. Mais le droit de former opposition n'appartient pas collectivement et concurremment à tous les ascendants ; il ne peut être exercé par chacun d'eux que graduellement et dans un certain ordre. Telle est la disposition contenue dans l'art. 173 : « Le père, et à défaut du » père, la mère, et à défaut de père et mère, les aïeuls et » aïeules peuvent former opposition au mariage de leurs » enfants et descendants..... »

Quid des collatéraux ? Tout d'abord, il est certain que le droit à l'opposition ne leur est jamais accordé tant qu'il existe des ascendants ; l'art. 174 exprime en effet formellement cette idée, qu'ils ne peuvent agir qu'à défaut de ces derniers. Mais, si tous les ascendants sont décédés ou dans l'impossibilité d'intervenir, n'en sera-t-il pas autrement? Non, ici encore les collatéraux seront désarmés, car le texte ne leur concède le droit de former opposition que dans deux cas limitativement déterminés et étrangers à notre matière. Nous devons cependant ajouter qu'il leur sera toujours loisible de prévenir officieusement l'officier d'état civil et de lui faire connaître l'obstacle qui s'oppose à la célébration du mariage projeté. — La même solution s'applique aux enfants de la personne engagée dans les liens d'une première union, ainsi qu'à ses créanciers.

Enfin, que décider en ce qui concerne le ministère public? La question est fort délicate et fort débattue. Trois systèmes sont en présence. Le premier, soutenu par Toullier, Zachariæ, Ortolan et Ledeau, refuse absolument le droit d'opposition au ministère public. Le second lui accorde cette faculté lorsqu'il s'agit d'empêchements dirimants et d'ordre public; il est enseigné par Delvincourt et Duranton. Le troisième, qui a pour lui l'autorité de MM. Demolombe et Valette, et en outre celle de la Cour de Bordeaux (arrêt du 20 juillet 1807), reconnaît au ministère public le droit de former opposition toutes les fois que l'empêchement qu'il invoque, dirimant ou même seulement prohibitif, est fondé sur une loi d'intérêt général et d'ordre public. A vrai dire, ces deux dernières opinions se confondent en ce qui concerne notre sujet, puisque l'empêchement résultant de l'existence d'un premier mariage est un empêchement dirimant. La lutte n'existe donc plus qu'entre les deux théories extrêmes. Laquelle adopterons-nous? Après mûre réflexion, nous nous rallions à la doctrine de MM. Delvincourt et Demolombe. Elle est fondée en droit sur un argument de texte qui nous semble péremptoire. L'art. 46 de la loi du 20 avril 1810 est en effet

ainsi conçu : « En matière civile, le ministère public agit d'office
» dans les cas spécifiés par la loi. — Il surveille l'exécution des
» lois, des arrêts et des jugements ; il poursuit d'office cette
» exécution *dans les dispositions qui intéressent l'ordre*
» *public.* » Il n'est donc pas nécessaire qu'un texte formel
et spécial confère l'action au procureur de la République.
L'empêchement résultant de l'existence d'un premier mariage est fondé sur un motif d'ordre public et d'intérêt
général ; il n'en faut pas davantage : il y a désormais lieu
à l'application du dernier alinéa de l'art. 46 de la loi de 1810.
Nous n'ignorons pas qu'il est précisément controversé de
savoir quel est le véritable sens de cette disposition finale
de l'art. 46, certains auteurs prétendant qu'elle n'est qu'un
développement de la règle renfermée dans le paragraphe 1er
et qu'elle n'altère en rien cette règle ; d'autres, au contraire,
affirmant que le 2e alinéa de l'art. 46 contient une extension
du principe général. Mais nous admettons sans grande hésitation cette seconde doctrine ; il nous semble en effet que le
2e alinéa n'aurait aucun sens dans l'opinion contraire et
serait par suite une répétition inutile du premier. Suivant
nous, l'art. 46 doit être lu ainsi qu'il suit : Le ministère
public agit d'office dans les cas spécifiés par la loi ; il surveille
l'exécution des lois.... *En outre* (c'est une nouvelle faculté
qui lui est accordée), il poursuit d'office cette exécution
dans les dispositions qui intéressent l'ordre public. —
Revenant à la discussion principale, nous ajoutons qu'en
fait, le système de M. Demolombe se justifie sans peine. Ne
serait-il pas illogique de refuser au ministère public le droit
de former opposition à un mariage qu'il aura qualité pour
attaquer sitôt qu'il aura été contracté ? Quoi ! il assisterait
impuissant à la célébration de l'union conjugale, et demain
il pourrait faire briser les liens qui se sont formés sous ses

yeux ! Ne vaut-il pas mieux, pour prévenir un résultat aussi bizarre et aussi regrettable, lui accorder le droit de former opposition ? Objecterez-vous qu'il pourra, comme les collatéraux, avertir officieusement le magistrat municipal ? mais cet avertissement ne s'imposera pas à celui-ci comme une opposition en bonne forme ; rien ne saurait remplacer cet acte, qui seul est de nature à sauvegarder efficacement les intérêts sacrés mis en cause.

§ 3. — *De l'hypothèse de l'absence de l'un des conjoints.*

L'absence, si prolongée qu'elle soit, ne constitue jamais qu'une incertitude plus ou moins grande entre l'existence et le décès de l'absent. Or, le mariage ne se dissout que par la mort naturelle, par la mort prouvée, bien entendu. Donc l'absence, en aucun cas, ne saurait autoriser l'époux présent à contracter un nouveau mariage. Il fut proposé, lors de la rédaction du Code, de décider que le mariage serait permis lorsque cent ans se seraient écoulés depuis la naissance de l'absent, mais cette disposition a été formellement repoussée. Un avis du Conseil d'Etat du 17 germinal an XIII refusa même d'admettre, en ce qui concerne l'absence des militaires, des règles dérogatoires au droit commun, et d'introduire en faveur de leurs femmes une exception que l'esprit de notre législation réprouvait. Le principe resta donc intact : pour contracter un second mariage, il est de toute nécessité de fournir la preuve légale de la dissolution du premier. Des vraisemblances, des probabilités, disait l'Exposé des motifs, si puissantes qu'on les suppose, ne pouvaient pas, en effet, suffire pour opérer la rupture d'un tel lien, et quelque fâcheuse que puisse être la position de l'époux présent, ainsi retenu dans une sorte de veuvage indéfini, le bon ordre, la morale publique, c'est-à-dire l'intérêt suprême de la société, s'opposaient à une dissolution qui n'aurait pu être que définitive, et qui, par cela même, aurait pu devenir la source d'erreurs et de scandales déplorables, et même, entre les époux, un moyen de divorce purement volontaire.

Toutefois, si la règle est inflexible en droit, il est possible en fait que le conjoint présent convole en secondes noces avant que la dissolution du premier mariage constitue un fait acquis. Il suffit pour cela de supposer que le conjoint présent a été induit en erreur, ou encore qu'il a produit un faux acte du décès de l'absent. *Quid* dans cette hypothèse ? Le nouveau mariage sera-t-il valable ou nul ? Un premier point est incontesté, c'est que la nullité ne pourra être demandée immédiatement. Car, comme l'a dit M. Tronchet au Conseil d'Etat : « l'incertitude de la mort de l'un des époux » ne doit jamais suffire pour permettre de contracter un » mariage nouveau, mais elle ne doit jamais suffire aussi » pour troubler un mariage contracté. » Donc, *tant que dure l'absence*, nul ne pourra attaquer la nouvelle union de l'époux présent. Cette union, s'il est permis de s'exprimer ainsi, est valable sous la condition résolutoire du retour de l'absent. D'où il suit qu'en attendant la réalisation de cette condition, elle produira tous ses effets civils, sans exception aucune. Rien de plus logique assurément ; pourtant cette manière de voir a trouvé un contradicteur en M. Demante (1). Suivant ce jurisconsulte, chacun des nouveaux époux, au cas où il viendrait à connaître le vice dont est entachée son union, pourrait la rompre en quittant son conjoint ou en l'éloignant de sa propre autorité. Telle était à la vérité la théorie de l'ancienne jurisprudence, mais nous croyons

_____

(1) Encyclop. du droit, v° Absent, n° 133.

qu'aujourd'hui il est impossible de l'admettre. Tant que le mariage existe, il produit ses effets. Or, l'habitation commune est une des principales conséquences de l'union conjugale (art. 214); si les deux époux s'entendent pour la faire cesser, rien de mieux, c'est leur droit; mais si l'un d'eux refuse de cohabiter avec l'autre, sous prétexte que la mort du premier conjoint n'est pas suffisamment établie, et que dès lors il est exposé à vivre en état de bigamie, une telle prétention ne saurait triompher devant la justice.

La situation que nous venons d'étudier est essentiellement provisoire et subordonnée aux événements ultérieurs. Si le conjoint absent ne reparaît pas, elle deviendra définitive et le second mariage sera valable; si, au contraire, il revient, la solution sera toute différente : le second mariage pourra être annulé.

Telle est, en effet, la règle qui résulte de l'art. 139. Mais quelles personnes pourront au juste demander la nullité? En présence des termes assez obscurs de la loi, ce point a été l'objet des plus vives controverses. Nous exposerons bientôt les principaux systèmes enseignés par la doctrine. Auparavant, rappelons quel est le droit commun en matière de demandes en nullité de mariages. D'après le droit commun, peuvent proposer la nullité du mariage contracté avant la dissolution d'une précédente union : 1° l'époux au préjudice duquel il a été contracté (art. 188); 2° les nouveaux époux eux-mêmes (art. 184); 3° tous ceux qui y ont intérêt (art. 184 et 187); 4° le ministère public (art. 184 et 190). En est-il de même dans notre hypothèse?

Quid d'abord en ce qui concerne le premier époux? Sur ce point, pas de difficulté; l'art. 139 est formel à son égard; il lui accorde le droit de faire prononcer la nullité du mariage. Il y a plus, le conjoint absent peut agir non seulement par lui-

même, mais aussi par l'entremise d'un fondé de pouvoir,
muni de la preuve de son existence. A ce propos est même
née la question de savoir si la procuration du tiers chargé de
demander la nullité du mariage doit être spéciale ou si l'on
peut, au contraire, se contenter d'un mandat général.
Quelques auteurs ont soutenu cette dernière opinion (1).
Suivant eux, la loi, en parlant de fondé de pouvoir, vise l'hypothèse où l'absent a laissé un mandataire pour administrer
son patrimoine (art. 120-123). Ce mandataire, dit-on, a
reçu implicitement la mission de demander la nullité du
second mariage. Et ce qui le prouve, c'est que dans le projet
primitif du Code qui exigeait une procuration *spéciale*, ce
dernier mot fut retranché par les rédacteurs; une procuration
générale suffit donc aujourd'hui. Cette doctrine doit pourtant
être repoussée. Il y a un principe qu'il importe avant tout de
ne pas perdre de vue, c'est que le mandataire n'a d'autres
pouvoirs que ceux que le mandant lui a conférés; c'est donc
la volonté probable de celui-ci qu'il faut consulter pour connaître l'étendue des droits de celui-là. Or, est-il possible de
supposer que dans une procuration, si générale qu'elle soit,
le mandant ait entendu accorder à son mandataire le droit
d'intenter une action en nullité de mariage? Est-il vraisemblable d'admettre qu'en s'éloignant, l'absent ait prévu l'hypothèse d'une seconde union contractée par son conjoint? N'est-
il pas, au contraire, évident qu'il n'a songé qu'à la partie
matérielle de ses biens, qu'à la gestion de son patrimoine?
D'ailleurs, à quelles singulières conséquences conduirait le
système adverse! Il faudrait reconnaître que l'art. 139 n'est
applicable que pendant la période de présomption d'absence,
puisque les pouvoirs du mandataire cessent par suite du ju-

(1) Delvincourt, t. I, p. 52; Marcadé, t. I, art. 139.

gement de déclaration (art. 121-122); le législateur aurait ainsi prévu le cas le plus rare, celui où le second mariage serait célébré à une époque encore très-rapprochée de la disparition du premier conjoint! Cela est impossible. Nous sommes donc fondés à dire que le mandataire de l'absent doit de toute nécessité produire une procuration spéciale, qui l'autorise formellement à demander la nullité du second mariage de l'époux présent (1).

Si l'absent peut ainsi, soit par lui-même, soit par fondé de pouvoir, attaquer la seconde union de son conjoint présent, est-ce à lui seul qu'appartient cette faculté? Les nouveaux époux, le procureur de la République et tous les autres intéressés pourront-ils également agir? La doctrine est loin d'être d'accord à cet égard. Nous allons exposer les principaux systèmes qui ont été émis sur la question. Deux jurisconsultes éminents, Merlin et Toullier, ont enseigné que le conjoint absent pouvait seul saisir la justice. L'argument qu'ils invoquent est fort simple : il consiste à dire que l'art. 139 doit être pris à la lettre. Or, ce texte porte que l'époux absent..... sera *seul* recevable à attaquer le mariage..... Donc tout autre que lui n'est pas recevable. Malgré la force apparente de ce raisonnement, la théorie qu'il a pour but de soutenir est aujourd'hui unanimement rejetée. L'admettre, en effet, ce serait se condamner à tolérer des résultats déplorables; ce serait, à vrai dire, autoriser la bigamie. Supposons que par incurie, par crainte du scandale, ou pour toute autre raison, l'absent ne demande pas la nullité, il en résultera que l'époux remarié aura deux conjoints légitimes! Et si c'est la femme, comme les titres de ses deux maris présents seront égaux en droit, comme la règle *pater*

(1) Toullier, n° 181; Duranton, t. I, n° 521; Demante, Encycl., n°' 136-139.

is est quem nuptiæ demonstrant s'appliquera tout aussi bien au premier qu'au second, les enfants auxquels elle donnera le jour auront deux pères aux yeux de la loi !

Malheureusement, si la doctrine et la jurisprudence s'accordent à repousser le système de Merlin et de Toullier, et reconnaissent que l'action en nullité n'appartient pas exclusivement au conjoint absent, de nombreuses dissidences surgissent quand il s'agit de déterminer les personnes auxquelles on permettra de poursuivre l'annulation du mariage.

M. Demante n'accorde ce droit qu'à ceux qui ont pour agir un intérêt moral, c'est-à-dire aux nouveaux époux et au ministère public ; il le refuse à toutes autres personnes. Le principal argument de ce système est tiré des travaux préparatoires. La dignité du mariage, a dit Bigot-Préameneu, ne permet pas de la compromettre pour l'intérêt pécuniaire des collatéraux. Donc, toutes les fois qu'un texte précis ne leur confère pas le droit d'agir, il faut les écarter sans hésitation. Quant aux nouveaux époux et au ministère public, le législateur ne les traite pas de la même façon : l'honneur de la famille, l'intérêt de la société sont la base de leur droit ; il est donc impossible de repousser la demande en nullité intentée par eux (1).

Un troisième système va cependant plus loin et autorise à attaquer le second mariage de l'époux présent tous ceux qui y ont un intérêt né et actuel, les collatéraux, les enfants du premier lit, en un mot toutes les personnes indiquées par l'art. 184. La doctrine de M. Demante, disent les partisans de cette opinion, est inadmissible, parce qu'elle repose sur une distinction tout à fait arbitraire. Dès lors, il faut choisir entre l'application rigoureuse de l'art. 139 et l'application

(1) Encyclop., nᵒˢ 133-134.

du droit commun ; or, l'application de l'art. 139 conduit à
des impossibilités juridiques, à des conséquences immorales ;
on doit donc suivre l'art. 184. La discussion qui eut lieu au
Conseil d'État fournit, en outre, un puissant argument à
l'appui de cette manière de voir. Voici comment l'art. 139,
qui dans le projet primitif était représenté par les art. 26
et 27, était rédigé :

« Art. 26. — L'absence de l'un des époux, quelque
» longue qu'elle soit, ne suffira point pour autoriser l'autre à
» contracter un nouveau mariage ; il ne pourra y être
» admis que sur la preuve positive du décès de l'autre
» époux. »

« Art. 27. — Si, néanmoins, il arrivait qu'il eût été
» contracté un nouveau mariage, il ne pourra être dissous
» sous le seul prétexte de l'incertitude de la vie ou de la
» mort de l'absent, et tant que l'époux ne se présentera
» pas, ou ne réclamera pas par un fondé de procuration spé-
» ciale, muni de la preuve positive de l'existence de cet
» époux. »

Mais cette rédaction fut critiquée ; quelques membres du
Conseil d'État firent observer que par ce dernier article,
la loi semblait autoriser le mariage du conjoint présent. Le
consul Cambacérès proposa alors de remplacer la dernière
disposition de l'art. 27 par la phrase suivante : « *Néan-*
» *moins, si l'époux absent se représente, le mariage*
» *sera déclaré nul.* » Or, dire que la nouvelle union
serait, en cas de présence de l'absent, frappée de nullité,
n'était-ce pas déclarer qu'elle tombait sous l'application de
l'art. 184, et que l'action pourrait être intentée : 1° par
l'absent ; 2° par les nouveaux époux ; 3° par tous les intéressés ; 4° par le ministère public ? Il est vrai que la formule
indiquée par Cambacérès ne prit pas place dans la rédaction

définitive, mais son insertion fut ordonnée, et, si elle n'a pas eu lieu, c'est à la négligence du conseiller d'État Thibaudeau, chargé de l'effectuer, qu'il faut attribuer cet oubli (1).

En résumé, dans le système que nous venons d'exposer, et que nous adoptons, on applique l'art. 139 tant que dure l'absence, c'est-à-dire jusqu'au moment où le conjoint absent est de retour ; sitôt qu'il reparaît, le droit commun de l'art. 184 reprend son empire.

Mais est-ce bien seulement au cas de retour de l'absent que les intéressés autres que ce dernier peuvent agir en nullité? Ne sont-ils pas également recevables à provoquer l'annulation du second mariage de l'époux présent, lorsqu'ils offrent de prouver que l'absent vit encore actuellement, ou qu'il n'est décédé que depuis la célébration de ce mariage? Suivant MM. Demolombe et Valette, toute personne intéressée peut demander la nullité, à la condition d'établir que la première union existait au moment où la seconde a été contractée. Mais cette solution, beaucoup trop générale, a été vivement et justement critiquée par MM. Aubry et Rau (2). « Si le retour de l'absent, ont dit ces savants auteurs, établit » d'une manière irréfragable son existence, il n'en est pas » de même des moyens plus ou moins concluants à l'aide » desquels un tiers chercherait à justifier l'existence d'une » personne qui n'a pas reparu depuis longtemps à son domi- » cile, et l'on comprend que le législateur n'ait pas voulu » faire dépendre le sort d'un mariage d'éléments de preuve » dont l'appréciation ne serait pas à l'abri de toute chance » d'erreur. D'ailleurs, les raisons de haute moralité, qui

____

(1) Demolombe, t. II, n° 264; Valette s. Proudhon, p. 302; Aubry et Rau, t. I, p. 633.
(2) Aubry et Rau, *ibid.*, note 3.

» veulent qu'en cas de retour de l'absent l'action en nullité
» puisse être formée par toute personne intéressée, ne se pré-
» sentent pas avec la même gravité dans l'hypothèse où l'absent,
» qu'on prétend existant, n'a cependant pas reparu à son
» domicile. » Ne pourrait-on pas encore ajouter à ces considérations si puissantes un argument tiré des travaux préparatoires, et dire : l'art. 27 du projet de loi portait : le mariage
ne pourra être dissous tant que l'époux *ne se présentera
pas*..... Cambacérès proposait la rédaction suivante : néanmoins, si l'époux absent *se représente*, le mariage sera
déclaré nul. Donc, dans la pensée du législateur, la présence
de l'époux était indispensable pour que l'action en nullité
fût ouverte à l'égard des autres intéressés. Donc ceux-ci
n'auront qualité pour agir qu'après le retour de l'absent.

Une dernière question se pose sur l'art. 139. Ce texte
ne doit-il recevoir d'application qu'autant que le second
mariage du conjoint présent a eu lieu après la déclaration
d'absence de l'époux qui a disparu? L'affirmative a été soutenue. L'art. 139, a-t-on dit, fait partie du chap. III, qui
traite des effets de l'absence *déclarée ;* il ne peut donc être
étendu au cas de présomption d'absence. D'ailleurs, il importe à la morale et à l'ordre public que le simple éloignement de l'un des époux ne permette pas à son conjoint
présent de se prévaloir d'une règle tout exceptionnelle,
et d'écarter ainsi l'action des intéressés (art. 184). Enfin
l'époux présent est sans excuse, puisqu'il n'a pas même
pris le soin d'obtenir un jugement déclaratif d'absence et de
s'éclairer de cette façon sur le sort de son conjoint (1). La
négative doit cependant l'emporter. D'abord, l'argument de

(1) Proudhon, t. I, p. 300; Duranton, t. I, n° 526. — Douai, 10 mai 1837.

texte est sans valeur, puisque l'art. 122, placé également dans le chap. III, emploie le mot *absent* dans le sens de *présumé absent*; cette expression n'a donc pas toujours une signification parfaitement déterminée (V. art. 222 et 1427). Quant aux considérations morales, elles peuvent être combattues par des considérations d'un autre ordre. Pourquoi la loi refuse-t-elle aux intéressés le droit d'agir en nullité tant que dure l'absence ? Parce que l'existence du premier conjoint est douteuse, et qu'il serait trop dur d'annuler un mariage qui est peut-être valable, et dont, en définitive, la nullité n'est pas prouvée. Or, cette incertitude n'est-elle pas la même au cas de présomption qu'au cas de déclaration d'absence ? Assurément. Alors, quoi de plus rationnel que d'admettre une solution identique dans les deux hypothèses (1) ?

SECTION II.

DE LA CONDITION SPÉCIALE A LA FEMME.

La législation romaine et notre ancien droit français permettaient à l'homme de se remarier aussitôt après la mort de sa femme ; ils interdisaient, au contraire, à la femme de convoler en secondes noces avant l'expiration de l'an de deuil. Le droit moderne a consacré cette double solution. Le projet du Code, il est vrai, défendait au veuf de contracter une nouvelle union dans les trois mois qui suivaient le décès de son épouse ; mais cette disposition fut écartée, et l'art. 228 ne renferme aujourd'hui que cette simple règle : « La femme » ne peut contracter un nouveau mariage qu'après dix » mois révolus depuis la dissolution du mariage précédent. »

---

(1) Demol., t. II, n° 265 ; Valette, t. I, p. 301. — Cassat., 21 juin 1831 ; 18 avril 1838.

Quelle est la raison d'être de cette disposition? Suivant certains commentateurs, elle serait unique; suivant d'autres, au contraire, elle est complexe. Tout d'abord, il est incontesté que la loi, en imposant à la veuve le délai de dix mois, a eu pour but de prévenir une confusion de part, d'empêcher ce que les Romains appelaient la *perturbatio sanguinis*. D'après les principes de notre législation, les gestations les plus longues sont de 300 jours ou 10 mois, les plus courtes de 180 jours ou 6 mois. En présence de cette double règle, qu'arriverait-il si une veuve pouvait se remarier immédiatement ou peu de temps après la dissolution de son mariage? Qu'un doute très-sérieux s'élèverait sur la question de paternité, et que, dans certains cas, il serait impossible de savoir si l'enfant est né des œuvres du premier ou du second mari. Il fallait à tout prix conjurer ce danger; c'est ce qu'ont fait les rédacteurs du Code.

Voilà donc un premier motif certain : le législateur a voulu éviter une confusion de part. Mais la disposition de l'art. 228 n'a-t-elle pas eu aussi pour but de donner satisfaction à une pensée de décence et de morale? Nous sommes portés à le croire. En effet, la conscience publique eût été péniblement affectée si l'on avait permis à une veuve de convoler en secondes noces, alors qu'elle portait peut-être encore dans son sein le fruit de sa première union. Cette considération n'a pu rester étrangère à la décision prise par le législateur, et si la discussion de l'art. 228 ne l'a pas mise en lumière, c'est qu'elle s'imposait d'elle-même à l'esprit et que dès lors il était inutile de la faire ressortir. D'ailleurs si, comme le pensent quelques auteurs, la loi avait simplement cherché à prévenir la *perturbatio sanguinis*, ce délai de dix mois qu'elle impose à la femme serait exagéré. Quatre mois auraient suffi pour écarter toute incertitude. En effet, de deux hypothèses l'une : ou l'enfant serait né dans les dix mois du décès du premier mari, et la paternité de celui-ci aurait été bien évidente, puisque la seconde union n'eût pas encore compté 180 jours de date, ou bien la naissance de l'enfant se serait placée à une époque postérieure de plus de dix mois à la mort du premier mari, et alors la paternité du second conjoint eût été certaine, puisque les grossesses les plus longues sont de 300 jours. Il est donc rationnel d'admettre l'existence du second motif que nous avons indiqué.

L'art. 228 ne vise que l'hypothèse de la dissolution du premier mariage. La prescription qu'il édicte doit-elle s'appliquer également lorsque la première union a été déclarée nulle par sentence judiciaire? L'affirmative est incontestable : l'identité de motifs amène l'identité de solutions. Il a même été décidé que notre règle devait être étendue à l'hypothèse d'annulation du mariage pour cause de violence (Cour de Trèves, 30 avril 1806) : « et cela, dit l'arrêt, malgré toutes » les apparences d'éloignement que l'appelante paraît avoir » eu pour son ci-devant mari, car il est au moins possible » qu'il y ait eu cohabitation. »

Notre texte laisse encore pendante la question de savoir si la femme accouchée depuis la mort de son mari doit attendre pour convoler de nouveau l'expiration du délai de dix mois. Ici, il n'y a plus à craindre la confusion de part; il semble donc que toute liberté doive être rendue à la femme. C'était, du reste, la solution du droit romain, ainsi que le constate la loi 11, § 2, Dig., *de his qui not. inf.* Toutefois, en présence des considérations morales que nous faisions valoir plus haut, et qui, suivant nous, ont inspiré le législateur, en présence surtout du texte si formel et si général de l'art. 228, nous croyons impossible d'introduire dans la loi une exception qui serait en contradiction avec l'esprit et la lettre du Code.

Les prescriptions les plus sages et les plus nécessaires seraient souvent enfreintes si le législateur ne prenait le soin d'en assurer l'exécution à l'aide de certaines mesures répressives. Ces mesures se rencontrent ici comme partout ailleurs. Toutefois, nous remarquerons que le Code civil s'est singulièrement départi de la rigueur avec laquelle procédaient la législation romaine et notre ancien droit. A Rome, la veuve qui se remariait sans attendre l'expiration du délai de deuil était notée d'infamie ; en outre, elle perdait ses avantages matrimoniaux. Cette dernière pénalité avait passé dans notre ancienne jurisprudence, et nous la retrouvons jusque dans la législation intermédiaire (décision du 3 brumaire an IX). Aujourd'hui plus de note d'infamie, plus de déchéances pécuniaires pour la femme, tout ce système de répression a disparu ; il a été remplacé par une disposition unique contenue dans l'art. 194, Code pénal. De ce texte, il résulte que l'impunité la plus complète est acquise à la veuve trop prompte à convoler ; seul l'officier d'état civil qui a célébré le second mariage avant le temps prescrit, est passible d'une amende de 16 à 300 francs. Telle est en définitive la sanction de l'art. 228.

Quelques auteurs, ne la trouvant pas suffisante, ont soutenu que la prohibition de cet article constituait, en outre, un empêchement dirimant à la célébration du second mariage, et qu'en conséquence la nullité de l'union contractée avant l'expiration du délai de dix mois pouvait être demandée par les intéressés (1). Mais cette manière de voir est unanimement repoussée par la jurisprudence et la doctrine. Non, le

____

(1) Delvincourt, I, p. 61 ; Proudhon, I, p. 101, et II, p. 49.

législateur ne prononce aucune peine contre la femme, et quelle est celle qu'il pouvait imposer? La nullité du mariage? « C'était trop, dit Locré, pour la contravention à une simple » loi de précaution, et qui ne tendait ni directement, ni » indirectement, comme les dispositions du chapitre IV, à » réprimer des désordres graves. » D'ailleurs, où trouver le principe, le fondement d'une demande en nullité de mariage pour cause de violation de l'art. 228? Dans ce texte? mais il est muet sur ce point. Au chapitre qui traite des demandes en nullité? mais il n'y est pas question de l'hypothèse visée dans le chapitre VIII. Or, sans disposition précise, formelle, le mariage est inattaquable. Et puis, comme le fait remarquer si judicieusement Toullier (1), « est-il possible d'admettre » que le législateur ait omis d'expliquer quand et par qui la » nullité pourrait être proposée, quand elle ne pourrait » plus l'être, ou quand elle serait couverte, comme il l'a » fait à l'égard des autres nullités? » Faut-il ajouter enfin que l'annulation du mariage serait en général une mesure parfaitement inutile, attendu que, dans la plupart des cas, la cohabitation des époux aurait eu lieu entre le jour de la célébration de l'union conjugale et l'époque où interviendrait la sentence de nullité; que dès lors cette sentence arriverait trop tard et serait impuissante à prévenir le mal déjà accompli? — Il résulte donc de tout ceci que l'empêchement de l'art. 228 n'est qu'un empêchement prohibitif (2).

Mais au mépris de cet empêchement et à l'aide d'une fraude, ou encore par suite d'une erreur, la femme se remarie un mois ou deux après la mort de son premier conjoint, puis elle accouche moins de 300 jours après la disso-

(1) T. II, n° 664.
(2) Demol., III, n° 337; Valette s. Proudhon, I, p. 105. — Colmar, 7 juin 1808; Cassat., 20 octobre 1811.

lution de la première union et plus de 180 jours après la
célébration de la seconde. Quel sera le père de son enfant?
La question est fort grave et en même temps fort difficile
à résoudre. Nous nous trouvons effectivement en présence
de deux présomptions légales contradictoires. L'enfant est
né moins de 300 jours depuis la dissolution du premier
mariage, et en vertu de l'art. 315, il appartient au premier
mari; mais il est né plus de 6 mois après la célébration du
second, et les art. 312 et 314 en attribuent dès lors la paternité au nouveau conjoint de la veuve remariée. Laquelle
de ces deux présomptions doit l'emporter? M. Demolombe (1)
a soutenu que la règle des art. 312 et 314 était la seule
qu'il convînt de suivre ici, et que par conséquent l'enfant
devait être réputé conçu des œuvres du second mari. Il est
né, dit-il, dans le second mariage; il y a donc dans ce fait
une nouvelle présomp on qui vient fortifier celle qui résultait déjà de ce que l'enfant était né plus de 180 jours après
la célébration du second mariage. D'ailleurs, le système qui
rattache l'enfant au second mari est plus conforme à la morale, et c'est un nouveau motif pour l'admettre. — Sans
méconnaître la valeur des raisons alléguées par M. Demolombe, nous n'hésitons pas cependant à repousser la doctrine qu'il patronne. Le conflit des deux présomptions légales
tirées des art. 312, 314 et 315 est théoriquement insoluble;
à vrai dire, ces présomptions se trouvant en lutte s'excluent
et s'annullent réciproquement. Il convient dès lors de les
écarter du débat et de chercher ailleurs les éléments d'une
solution. C'est pourquoi la majorité des auteurs et des tribunaux, s'inspirant surtout de considérations d'équité et de
bon sens, décident aujourd'hui qu'il faut s'en rapporter aux

(1) T. V., nº 93.

circonstances pour déterminer quel est le père de l'enfant, et trancher la question en fait, d'après les indices recueillis et les probabilités physiologiques. Ainsi, le terme de neuf mois formant la durée la plus ordinaire des grossesses, on devra examiner d'abord à quelle époque, d'après cette donnée, se reporterait la conception. On examinera également quel était l'état de conformation de l'enfant au moment de la naissance, et si, d'après cet état, on doit supposer que la naissance a été accélérée, ou au contraire qu'elle a été tardive. On recherchera enfin si, dans le temps qui a précédé la dissolution du premier mariage, le mari était ou non en état de cohabiter avec sa femme. La religion des magistrats ne peut manquer d'être éclairée par les résultats de cet examen, et la justice se prononcera ainsi en parfaite connaissance de cause (1).

Il nous reste à résoudre une dernière question. C'est la suivante : La femme légalement divorcée à l'étranger peut-elle se remarier en France sans attendre l'expiration du délai de dix mois, imposé aux veuves par l'art. 228? Ce point est très-délicat. Il a été l'objet de nombreuses controverses, et tout récemment encore il a divisé la jurisprudence. Tandis, en effet, qu'un jugement du tribunal de la Seine du 4 janvier 1872 admet l'affirmative, un arrêt de la cour de Paris du 13 février 1872 se prononce hautement en faveur de la négative.

Voyons quels arguments militent en faveur de l'un et l'autre système. Tout d'abord le tribunal de la Seine motive ainsi la solution qu'il adopte : « Attendu que la lé-
» gislation du pays auquel appartient la demanderesse
» (législation francfortoise dans l'espèce) n'impartit aucun

(1) Valette, II, p. 50; Duranton, III, n° 63; Zachariæ, III, p. 613.

» délai aux époux divorcés qui veulent contracter un nou-
» veau mariage, et que la femme reste soumise à cette légis-
» lation tant qu'elle n'a pas changé de nationalité, en con-
» tractant de nouveaux liens ; — Que l'art. 228 du Cod. civ.
» français ne lui est pas dès lors applicable, sa condition
» quant au mariage étant déterminée par son statut per-
» sonnel ; — Que rien ne s'oppose ainsi à ce qu'il soit
» passé outre à la célébration de son mariage. Par ces
» motifs, etc... » (1).

De son côté, la Cour de Paris s'appuie sur les raisons
suivantes : « Considérant que l'art. 228, en interdisant à la
» femme de contracter un second mariage avant dix mois
» révolus depuis la dissolution du premier, édicte une prohi-
» bition d'ordre public, basée sur le soin de prévenir
» la filiation équivoque et sur des raisons de décence
» publique ; — Que l'art. 194 du Code pénal, qui prononce
» une peine contre l'officier de l'état civil, célébrant un
» mariage au mépris de la disposition de l'art. 228, mani-
» feste particulièrement le caractère d'ordre public de cette
» disposition prohibitive ; — Que vainement l'intimée
» excipe de son statut personnel, déterminé par la légis-
» lation francfortoise, qui lui permettrait de contracter
» aussitôt après son divorce un second mariage ; — Que le
» statut francfortois régissant la capacité de l'intimée est
» sans application possible en France, quand il y rencontre
» une disposition prohibitive fondée sur l'ordre public ; —
» Que l'ordre public prévaut alors de toute nécessité sur le
» statut étranger qui le violerait, etc... Infirme, etc... (2).

Ainsi, d'une part, on invoque le statut personnel de la

---

(1) *Gazette des Tribunaux*, numéro du 5 janvier 1872.
(2) *Ibid.*, numéro du 23 février.

femme étrangère, et d'autre part, on oppose l'ordre public. Lequel doit prévaloir? L'ordre public sans aucun doute. Mais il s'agit précisément de savoir si dans l'espèce, l'ordre public est réellement en jeu ; en d'autres termes, si la disposition de l'art. 228 constitue une règle d'ordre public. Eh bien, malgré l'autorité qui s'attache aux décisions de la Cour de Paris, nous croyons cependant que le tribunal de la Seine était dans le vrai lorsqu'il soutenait la négative. En effet, dès lors qu'on accepte le statut personnel sur la question du divorce lui-même (et c'est ce que fait la jurisprudence à la presque unanimité), on doit *à fortiori* l'accepter sur la question d'application, sur celle du délai ; car cette seconde question dépend de la première et ne peut être différemment résolue ; car si la célébration, en France, du mariage d'un étranger divorcé ne constitue pas une atteinte à l'ordre public, l'ordre public ne peut pas être compromis davantage lorsque ce mariage a lieu (quand il s'agit d'une femme) avant l'expiration des dix mois de viduité. — Ce qui prouve bien, d'ailleurs, que la disposition de l'art. 228 n'est pas d'ordre public, c'est que s'il avait entendu lui donner ce caractère, le législateur n'eût pas manqué d'annuler le mariage contracté au mépris de la prohibition de ce texte, comme il l'a fait au cas de bigamie, d'inceste et d'impuberté. Or, l'empêchement résultant de l'art. 228 est simplement prohibitif, l'union célébrée est inattaquable. En outre, la loi se contente de frapper l'officier d'état civil contrevenant d'une simple amende de 16 à 300 francs ; ce n'est pas d'ordinaire la peine qu'elle inflige à ceux qui violent une règle d'ordre public et d'intérêt général (V. art. 340, C. p.).

Les motifs que nous venons d'indiquer nous semblent assez concluants pour qu'il soit inutile d'insister davantage. Cependant, avant de terminer sur ce point, réfutons en

quelques mots une objection assez grave, que l'on a
adressée à notre système. Il est, dit-on, impuissant à éviter
la confusion de part, puisqu'une femme peut se remarier
quelques jours seulement après le divorce. Nous répondons
que cette crainte de la confusion de part est ici sans raison
d'être, attendu qu'aucune difficulté ne peut surgir relativement à la détermination de la paternité. En effet, le mariage
dissous à l'étranger est considéré comme non avenu par
notre Code; l'enfant qui naîtra postérieurement au jour de
la célébration de la seconde union aura donc pour père le
second mari de sa mère, par application des art. 312 et
314, contre lesquels aucune présomption ne saurait être
invoquée.

Nous venons de passer en revue les conditions requises
par la loi pour la célébration des seconds mariages. Un
simple particulier ne saurait prétendre à en créer de nouvelles. *Quid* cependant de la condition de ne pas se remarier
apposée par le disposant à une libéralité entre-vifs ou testamentaire? Doit-elle être considérée comme valable? Un de
nos vieux auteurs, Philippe de Beaumanoir, se prononçait
pour la nullité de cette condition qui, suivant lui, était contraire à la volonté de Dieu. Mais les parlements, s'appuyant
sur la Novelle XXII, *cap.* 43, 44, décidaient à l'unanimité
que la contravention à la clause de viduité emportait déchéance de la disposition. Le droit intermédiaire revint
à l'idée de Philippe de Beaumanoir (loi du 17 nivôse an II).

Que faut-il décider aujourd'hui sous l'empire du Code
civil? Un texte inséré au titre des donations, l'art. 900,
porte que « dans toute disposition entre-vifs ou testamen-
» taire, les conditions contraires aux lois ou aux mœurs
» seront réputées non écrites. » Cet article comprend-il

parmi les conditions illicites ou immorales la condition de ne pas se remarier? Divers systèmes se sont fait jour. Le premier enseigne que la condition de ne pas se remarier est une condition illicite. Le second fait une distinction : cette condition est licite si elle est imposée à une personne ayant des enfants par son conjoint ou par les parents de son conjoint ; elle est illicite dans tous les autres cas. La troisième opinion est un peu moins rigoureuse : la clause de viduité est valable quand elle émane de l'un des époux, sans qu'il y ait à considérer s'il existe ou non des enfants issus du mariage du donateur et du donataire ; elle est sans influence dans toute autre hypothèse. Enfin, une quatrième doctrine, sanctionnée par une décision récente de la Cour de Montpellier (14 juillet 1858), se prononce d'une façon générale pour la validité. C'est ce dernier système qui renferme l'expression de la vérité juridique. L'art. 900 ne vise que les conditions illicites ou immorales. Or, il nous semble impossible de faire rentrer dans l'une de ces deux classes la clause de viduité. Elle n'est pas immorale, cela est évident. Elle n'est pas non plus illicite, car en quoi blesse-t-elle les lois existantes? Quel texte du Code peut-elle être accusée d'enfreindre? Il faut donc la regarder comme valable : la réputer nulle et non écrite, ce serait donner sciemment une interprétation fausse à la volonté du donateur ; ce serait porter atteinte à la liberté de disposer, alors qu'aucune restriction n'a été apportée à cette liberté relativement au point qui nous occupe.

APPENDICE AU CHAPITRE I.

De la liquidation de la double communauté qui a pu exister entre le bigame et ses deux conjoints successifs.

La situation que fait naître la célébration d'un second mariage par une personne encore engagée dans les liens d'un premier engendre de nombreuses difficultés, dont la moindre n'est pas celle qui fait l'objet de cet appendice.

Un homme a épousé deux femmes actuellement vivantes : il vient à mourir. Cet événement a pour conséquence la dissolution de la double communauté qui, par hypothèse, existait entre lui et ses deux épouses successives. En présence de ce fait anomal et non prévu par la loi, quel sera le mode de liquidation à employer pour régler les droits respectifs des trois personnes intéressées? Il est bien entendu que la difficulté dont nous cherchons la solution ne peut s'élever qu'au cas où la seconde union est putative; car, si la seconde femme est de mauvaise foi, le mariage contracté par elle ne peut produire aucun effet civil en sa faveur (art. 201 et 202), il n'a pas d'existence légale, et aucune communauté n'a pu se former entre elle et le bigame. Donc, la seconde femme est de bonne foi. Le mariage produit alors tous ses effets dans le passé : une communauté a pris naissance et s'est développée; cette communauté venant à se dissoudre, il y a lieu de la liquider; mais la première communauté cesse au même instant que la seconde; de là un conflit inévitable entre les droits des deux épouses. Comment trancher ce conflit?

Distinguons plusieurs hypothèses : ou les deux femmes sont mariées sous le régime de la communauté conventionnelle, où elles ont adopté, l'une le régime de communauté conventionnelle, l'autre le régime de communauté légale, ou elles sont toutes deux soumises à ce dernier. Dans les deux premiers cas, on exécutera, autant que possible, les stipulations contenues dans le contrat de mariage; on accordera à chacune des intéressées les avantages auxquels elle a droit et qu'elle peut recevoir sans préjudice pour l'autre. Lorsque les conventions matrimoniales seront incompatibles entre elles, on observera de préférence les clauses du premier contrat; car la situation de la première femme est incontestablement plus digne de faveur, la parfaite régularité de son union doit la mettre à l'abri de toute conséquence fâcheuse. En somme, il est impossible de tracer ici des règles certaines; les tribunaux décideront, d'après les circonstances de fait, les clauses renfermées dans les contrats, etc.

Lorsque les deux femmes sont mariées sous le régime de la communauté légale, il est moins facile d'indiquer la marche à suivre. Deux systèmes sont soutenus par les auteurs. Le premier, emprunté à l'ancien droit, considère la seconde communauté, au point de vue des réglements pécuniaires, comme une société ordinaire existant entre étrangers, et partant de ce principe, il répartit les bénéfices réalisés depuis la célébration du second mariage d'après les règles des sociétés (art. 1843 et suiv.), et non d'après celles de la communauté légale (art. 1467 et suiv.). Mais ce système a le tort immense de changer le caractère du droit de la seconde femme, qu'il assimile à un associé de droit commun. Cette assimilation est erronée, car la femme de bonne foi, dont le mariage est dissous, peut réclamer tous les effets de la communauté légale; or, le principal effet qu'elle a le droit d'invoquer, c'est l'option entre l'acceptation de la communauté et la renonciation à cette communauté, option qui ne lui appartiendrait pas dans le système que nous venons d'exposer, puisque l'associé ordinaire ne peut être affranchi de toute contribution aux pertes (art. 1855).

Aussi une seconde combinaison a-t-elle été proposée. Elle a pour elle l'autorité d'un arrêt rendu par la Cour de Bordeaux le 18 mai 1852. Elle consiste à partager les deux communautés successivement : la première d'abord, tant à cause de son antériorité chronologique que de la parfaite régularité de l'union conjugale qui lui a donné naissance. La première femme commencera donc par prélever ses reprises, puis elle revendiquera la moitié de la totalité des acquêts, déduction faite des apports de la seconde épouse. Celle-ci, outre ses reprises, aura droit également à la moitié des acquêts réalisés depuis son mariage, et elle exercera ses droits sur la part de communauté du mari, et en cas d'insuffisance sur ses biens personnels (art. 1472). Ce système a le double avantage de la simplicité et de l'équité : il est simple, puisque l'existence de la seconde communauté ne crée aucun embarras nouveau au point de vue de la liquidation ; il est équitable, puisqu'aucun préjudice n'est causé aux épouses de bonne foi, et que le seul coupable, le mari bigame, supporte les conséquences de sa faute.

Nous venons de supposer que la communauté était dissoute par la mort du bigame, mais la dissolution peut résulter de l'annulation du second mariage prononcée par les tribunaux, et dans cette hypothèse la seconde communauté sera la seule à prendre fin. Que décider alors? Nous pensons qu'il faudra attendre, pour le réglement des droits de la seconde épouse, la dissolution de la première communauté; sinon l'on s'exposerait à avantager la seconde femme au détriment de la première, ce qui ne doit jamais avoir lieu. D'ailleurs, comment établir séparément la situation de la seconde communauté, puisque cette communauté comprend des valeurs qui font nécessairement partie de la première? Tout ce que l'on pourrait accorder à la seconde femme, dans le but de sauvegarder ses droits pour l'avenir, ce serait de faire procéder à un inventaire des biens communs et des biens du mari.

S'il s'agissait d'une femme unie en même temps à deux époux, les difficultés que nous venons de résoudre ne se rencontreraient plus, puisque nous nous trouverions en face de deux communautés parfaitement distinctes, à chacune desquelles la femme aurait droit dans la proportion de la moitié.

CHAPITRE II.

Des Effets des Seconds Mariages.

Les seconds mariages produisent quant aux époux et quant aux enfants qui en sont issus les mêmes effets que les premiers mariages. Mais en outre, la situation nouvelle qui résulte d'une seconde union engendre différentes conséquences spéciales qu'il importe de mettre en relief. C'est ce que nous essaierons de faire dans notre chapitre II. Nous avons indiqué plus haut les principales divisions de ce chapitre, c'est pourquoi nous ne croyons pas nécessaire d'y revenir, et nous abordons immédiatement notre section Ire.

SECTION I.

DE L'INFLUENCE DES SECONDS MARIAGES SUR LA DETTE ALIMENTAIRE.

La parenté et l'alliance établissent entre les différentes personnes qu'elles rapprochent un lien fort intime : aussi le législateur a-t-il voulu que ces personnes se prêtassent mutuellement aide et assistance dans les circonstances difficiles de la vie. Tel est le fondement philosophique et moral des règles contenues dans les art. 205 et suivants : les enfants doivent des aliments à leurs ascendants dans le besoin, les ascendants doivent des aliments à leurs descendants ; d'autre part, les alliés à titre de gendre et de belle-fille sont tenus de la même obligation vis-à-vis de leurs beau-père et belle-mère, et réciproquement. Ceci posé, voyons quelle sera l'influence d'un second mariage sur la dette alimentaire.

Dans les rapports entre parents, cette influence est nulle ; peu importe la seconde union d'un père ou d'une mère, d'un fils ou d'une fille, les aliments sont toujours dus soit par les ascendants aux descendants, soit par les descendants aux ascendants. C'est que, malgré le second mariage, les liens du sang subsistent toujours aussi puissants que par le passé. Mais il en est autrement dans les rapports entre alliés. La célébration du second mariage peut entraîner des conséquences remarquables. Quelles sont au juste ces conséquences ? Ici les auteurs sont loin d'être d'accord, de graves dissidences se sont élevées entre eux. Avant de les aborder, il faut d'abord constater qu'un premier résultat est à l'abri de toute discussion. L'obligation de fournir des aliments cesse pour les gendres et belles-filles, lorsque leur belle-mère a convolé en secondes noces (art. 206-1°). Il est également hors de doute que le second mariage du beau-père est indifférent au point de vue qui nous occupe ; cela résulte *a contrario* du même art. 206. Mais la controverse surgit sur les deux points suivants : l'obligation de la belle-mère remariée disparaît-elle en même temps que celle du gendre ou de la bru ? D'autre part, le second mariage de la bru a-t-il pour effet de priver celle-ci de son droit aux aliments ?

Sur la première question, deux systèmes se sont fait jour. Le premier, soutenu par MM. Delvincourt et Demolombe (1), enseigne que la belle-mère remariée cesse d'être tenue de la dette alimentaire lorsque son gendre ou sa bru en est déchargé. Les deux obligations sont, dit-on, corrélatives, réciproques (art. 207), et sitôt que l'une disparaît, l'autre doit cesser également. La seconde opinion, qui a pour elle l'autorité de MM. Duranton et Duvergier, pense au contraire que le droit aux aliments n'est enlevé qu'à la belle-mère. Cette solution nous semble préférable à la première. Voici sur quels arguments elle repose. Pourquoi la loi déclare-t-elle la belle-mère déchue du droit d'exiger des aliments de son gendre ou de sa bru ? La raison en est bien simple, et quand on la connaît, la difficulté est toute tranchée : uniquement parce qu'elle craint que la pension ne soit absorbée par le nouveau mari, administrateur de la fortune de sa femme. Comme ce motif ne peut être reproduit vis-à-vis du gendre ou de la belle-fille, il est naturel d'admettre que leur droit reste intact. La lettre du Code vient du reste à l'appui de notre manière de voir, l'art. 206 ne parle que de la pension alimentaire qui pourrait être due à la belle-mère. Ne serait-il pas dès lors téméraire et dangereux de compléter,

(1) T. IV, n° 20.

de rectifier la loi, surtout lorsqu'il s'agit d'une déchéance ? Mais, dit-on, l'art. 207 porte que les obligations résultant des art. 205 et 206 sont réciproques. Soit, l'art. 207 institue la réciprocité pour les obligations, mais non pour les cas où les obligations viennent à cesser. C'est encore ajouter à la loi que d'interpréter ainsi la disposition contenue dans ce texte.

La seconde question partage également la doctrine ; tandis que les uns soutiennent que la bru remariée ne peut plus obtenir d'aliments de son beau-père ou de sa belle-mère, les autres pensent que son droit subsiste tout entier. Nous n'hésitons pas à reconnaître que le premier système est plus logique, qu'il se justifierait aisément à l'aide du motif que nous invoquions tout-à-l'heure à l'appui de la solution précédente ; nous n'osons cependant le déclarer conforme à la vérité juridique, car l'art. 206 n'a trait qu'à la belle-mère, et la disposition de l'art. 207 ne nous semble pas suffisamment précise pour nous permettre d'introduire dans la loi une véritable déchéance. Les déchéances ne se suppléent pas ; c'est là un principe fondamental qu'il ne faut jamais perdre de vue.

SECTION II.

DE L'INFLUENCE DES SECONDS MARIAGES SUR LA PUISSANCE PATERNELLE.

La puissance paternelle porte sur la personne et sur les biens des enfants. En ce qui concerne la personne, elle s'analyse en deux droits principaux : le droit de garde et le droit de correction ; relativement aux biens, elle confère aux parents une double prérogative, l'administration de ces biens et la jouissance des revenus qu'ils produisent. Le second mariage du père ou de la mère ne modifie en rien le droit de garde et le droit d'administration, mais il exerce une grande influence sur le droit de correction et sur le droit de perception des revenus. Nous étudierons dans deux paragraphes les principales modifications qu'il apporte à ces deux droits.

§ 1er. — *Du droit de correction.*

Le droit de correction consiste dans la faculté accordée au père ou à la mère de faire incarcérer leur enfant insoumis et rebelle. Le père seul peut exercer ce droit tant que dure le mariage ; il appartient à la mère survivante, mais avec certaines restrictions. Nous traiterons séparément des modifications apportées au droit du père et à celui de la mère.

A.—*Des modifications apportées au droit du père.*— Le droit de correction est mis en mouvement de deux façons différentes par le père : tantôt en effet il agira par voie d'autorité (si l'enfant a moins de 16 ans), tantôt par voie de réquisition (au cas contraire). Dans l'une et l'autre hypothèse, il devra avoir recours à l'autorité judiciaire, représentée par le président du tribunal civil, qui seul peut autoriser l'emprisonnement ; mais dans la première, la volonté du père s'imposera au président ; dans la seconde, le président sera juge suprême de l'opportunité de la mesure réclamée par le père. Ceci connu, passons à l'explication de l'art. 380, qui pose la règle suivante : « Si le père est re- » marié, il sera tenu, pour faire détenir son enfant du » premier lit, *lors même qu'il serait âgé de moins de* » *16 ans,* de se conformer à l'art. 377 », c'est-à-dire de procéder par voie de réquisition. Cette disposition se comprend aisément : le législateur a redouté l'influence d'une marâtre sur l'esprit de son conjoint, et il a voulu mettre à l'abri de sa haine les enfants du premier lit.

Mais s'il est facile de motiver la solution du Code, est-il aussi aisé de résoudre les difficultés auxquelles donne naissance la combinaison de l'art. 380 avec quelques-uns des textes qui le précèdent et le suivent ? Le père remarié, dit la loi, qui veut faire détenir son enfant du premier lit, doit se conformer à l'art. 377. Cela veut dire assurément qu'il doit agir par voie de réquisition ; mais cela signifie-t-il aussi que le délai maximum d'incarcération sera toujours celui de six mois, alors même que l'enfant serait âgé de moins de 16 ans ? L'hésitation est permise, surtout lorsqu'on rapproche des art. 380 et 377 l'art. 376 qui dispose dans les termes suivants : « Si l'enfant est âgé de moins de 16 ans » commencés, le père pourra le faire détenir pendant un » temps *qui ne pourra excéder un mois.* » Pourtant nous croyons que la règle à suivre est celle inscrite dans l'art. 377. Quelle est, en effet, la situation réglementée par l'art. 376 ? Elle est unique ; la loi suppose que l'enfant est âgé de moins de 16 ans, et en outre que le droit du père n'est modifié par aucune circonstance, qu'il s'exerce par voie d'autorité. L'art. 377 statue dans une hypothèse différente : pour qu'il soit applicable, il faut que l'enfant ait atteint sa seizième année, ou encore que le droit du père soit altéré par une des causes indiquées dans les art. 380 et 382 ; en un mot, notre texte est fait pour le cas où la voie de réquisition est seule ouverte. La conclusion que nous tirons de cette argumentation, c'est que l'emprisonnement peut durer six mois toutes les fois que le père agit par voie de réquisition, et en particulier lorsqu'il est remarié. MM. Demolombe et Marcadé (1) ont combattu ce système, soutenant

(1) Demol., VI, n° 329 ; Marcadé, art. 380 et s., n° 141.

que dans l'esprit du législateur, la punition infligée à l'enfant devait être proportionnée à son âge. Nous ne méconnaissons pas la valeur de cette considération, mais nous répondons en invoquant une considération d'un autre ordre et qui, suivant nous, a plutôt inspiré la solution de la loi. Quand le père agit par voie d'autorité, il commande et doit être obéi ; quand au contraire il requiert l'emprisonnement, sa demande est contrôlée très-sérieusement par le président du tribunal et par le procureur de la république, qui peuvent refuser de délivrer l'ordre d'arrestation, si cette mesure leur semble inopportune. L'intérêt de l'enfant trouve donc une garantie très-puissante dans ce contrôle des magistrats, garantie qui n'existe pas dans la première hypothèse et qui justifie suffisamment notre manière de voir (1).

Autre question : le père remarié a obtenu l'autorisation du président et a fait incarcérer son enfant, celui-ci pourra-t-il frapper d'appel et faire révoquer l'ordre d'arrestation délivré contre lui? L'art. 382 lui accorde le droit de se pourvoir lorsqu'il a des biens personnels et lorsqu'il exerce un état, mais il semble *a priori* ne point s'appliquer au cas où l'enfant est détenu sur la demande de son père remarié. Néanmoins la doctrine et la jurisprudence lui reconnaissent toujours le droit d'adresser un mémoire au procureur général. Les raisons qui font admettre ce droit dans les deux hypothèses de l'art. 382 se retrouvent dans l'hypothèse de l'art. 380, l'analogie qui existe entre les différentes situations prévues par ces textes commande donc l'identité des solutions. La liberté d'ailleurs est trop précieuse pour qu'elle ne soit pas entourée de toutes les garanties désirables.

B. — *Des modifications apportées au droit de la mère.*

(1) Zachariæ, III, p. 677.

— L'art. 381 est ainsi conçu : « La mère survivante et *non* « *remariée* ne pourra faire détenir un enfant qu'avec le « concours des deux plus proches parents paternels, et par « voie de réquisition, conformément à l'art. 377. » Il résulte *a contrario* de ce texte que la mère remariée ne peut plus en aucune sorte exercer son droit de correction. Elle est soumise trop complétement à l'influence de son second mari pour conserver toute son affection et toute son impartialité vis-à-vis des enfants de sa première union. Lui laisser la faculté de faire incarcérer ceux-ci, c'eût été remettre une arme bien dangereuse entre les mains de son conjoint, c'eût été exposer fatalement les enfants à des vexations iniques et par trop rigoureuses.

Mais s'il en est ainsi, l'impunité sera donc acquise aux enfants qui manqueront gravement à leur mère remariée ? Nullement. La mère, nonobstant le second mariage, conserve en général la tutelle de ses enfants ; dès lors, en sa qualité de tutrice, elle pourra user du droit qui lui est conféré par l'art. 468, et porter plainte au conseil de famille toutes les fois que ses enfants lui auront donné de graves sujets de mécontentement. Le conseil, s'il le juge convenable, l'autorisera à provoquer la réclusion de ceux-ci, conformément aux dispositions du titre de *la puissance paternelle.* Que si la tutelle ne lui a point été conservée, la mère remariée sera admise à faire part de ses griefs au tuteur de ses enfants, et si le tuteur en reconnaît la légitimité, il saisira le conseil de famille, et lui demandera l'autorisation nécessaire pour requérir l'incarcération de ses pupilles. Ainsi sera toujours observée cette règle inscrite dans nos Codes comme dans la loi morale : l'enfant doit honneur et respect à ses père et mère (art. 371).

Reste une dernière question commune aux deux : le père

redevenu veuf avant que l'enfant ait atteint sa seizième année, peut-il agir par voie d'autorité? la mère recouvre-t-elle la faculté d'agir avec le concours des deux plus proches parents paternels après la mort de son mari? La négative a été soutenue avec une grande énergie par M. Demolombe (1). Le savant jurisconsulte affirme que la déchéance résultant du convol du père ou de la mère ne disparaît point par suite de la dissolution du second mariage, car la loi ne porte rien de semblable. Néanmoins, la majorité des auteurs se prononce, et avec raison, contre cette doctrine. Pourquoi en définitive la loi a-t-elle restreint ou supprimé, en cas de secondes noces, les droits du père ou de la mère sur la personne de leurs enfants? Parce qu'elle a redouté pour eux l'influence hostile du nouveau conjoint. Dès lors que celui-ci est décédé, son influence n'est plus à craindre; il n'y a donc plus lieu d'appliquer les dispositions résultant des art. 380 et 381. Le danger a disparu, la règle qui avait pour but de le prévenir ne doit pas être maintenue. *Cessante causâ, cessat effectus.* M. Demolombe prétend, il est vrai, que par cela même et par cela seul que le père s'est une fois remarié, sa situation envers ses enfants a été changée et altérée pour toujours. Nous ne partageons pas cet avis; nous pensons, au contraire, que la dissolution du second mariage fait recouvrer au conjoint redevenu veuf la plénitude de sa liberté et de son indépendance, en même temps qu'elle rend à l'amour paternel toute sa force et tout son empire (2).

§ 2. — *Du droit de jouissance.*

Le père et la mère sont usufruitiers des biens personnels

(1) T. VI, n° 341.
(2) Marcadé, art. 380, n° 137; Aubry et Rau, IV, p. 606.

de leurs enfants mineurs de 18 ans et non émancipés. Mais cet usufruit s'éteint à l'égard de la mère lorsqu'elle convole en secondes noces (art. 386 *in fine*). La raison de cette disposition législative a été indiquée dans l'Exposé des motifs: « La loi n'a pas voulu, dit M. Réal, que la veuve pût porter » dans une autre famille les revenus des enfants du premier lit, » et enrichir, à leur préjudice, son nouvel époux. » Ce qui aurait nécessairement eu lieu sous l'empire du Code civil, puisque sous tous les régimes en fait, sous presque tous en droit, les fruits et revenus qui appartiennent à la femme sont perçus par le mari, qui en dispose à son gré. L'usufruit cesse vis-à-vis de la mère seulement, avons-nous dit ; le droit du père remarié reste donc intact. Pourquoi ? Parce que le père, malgré le second mariage, conserve toujours la libre administration des biens de ses enfants, et perçoit lui-même les revenus de ces biens. Il n'y a donc pas à craindre que ces revenus ne soient employés contrairement au vœu de la loi. — Remarquons en passant que cette disposition de l'art. 386 montre bien qu'il n'entre pas dans la pensée du législateur de punir ceux qui contractent de secondes unions : car, si telle avait été son intention, il n'eût pas manqué d'étendre au mari la déchéance dont il frappe la femme. Cette déchéance a donc une cause unique, celle que nous venons d'indiquer.

L'usufruit légal de l'art. 384 est perdu pour la veuve qui se remarie, mais est-il perdu définitivement ? Si la seconde union vient à se dissoudre avant que les enfants du premier lit aient atteint leur dix-huitième année, ou avant qu'ils aient été émancipés, leur mère recouvrera-t-elle le droit de toucher les revenus de leurs biens ? Quelques auteurs ont soutenu la négative, s'appuyant sur la lettre de la loi et sur les précédents historiques. Sur la lettre de la loi : l'art. 386 porte que la jouissance *cessera* à l'égard de la mère dans le cas d'un second mariage. La disposition de ce texte est donc formelle et absolue, l'usufruit n'est pas seulement suspendu, il est éteint. Sur les précédents historiques : l'art. 268 de la coutume de Paris contenait en effet la règle suivante : *qui est sorti de garde n'y rentre plus*. Dès lors, dit-on, n'est-il pas très-vraisemblable que les rédacteurs de 1804 ont entendu reproduire la décision de l'ancien droit? Nous ne partageons cependant pas cette manière de voir : pour nous la perte de l'usufruit légal infligée à la veuve remariée n'est point une déchéance définitive, mais seulement temporaire. En effet, la raison d'être de la disposition de l'art. 386 disparaissant sitôt que le second mariage est dissous, nous ne comprendrions plus pour quel motif on continuerait à appliquer cette disposition. *Cessante causâ, cessat effectus*. On oppose, il est vrai, à cette argumentation la formule absolue de notre texte; mais cette formule n'est pas assez significative pour trancher la question, elle ne laisse pas apparaître d'une façon assez nette la pensée intime du législateur. Quant à l'argument tiré de l'histoire, il est également sans force, surtout si l'on songe que le droit coutumier était très-défavorable aux seconds mariages, tandis que le Code civil n'est point animé vis-à-vis d'eux du même esprit.

Le second mariage de la mère lui fait perdre son droit de jouissance (pendant le temps de sa durée de fait), alors même que la nullité de ce mariage est prononcée par les tribunaux. Bien qu'appuyée sur des raisons de décider fort sérieuses, cette proposition a été contestée. M. Duranton, entre autres, l'a combattue, en se fondant sur l'axiôme : *Quod nullum est, nullum producit effectum*. Par suite de la sentence d'annulation, a-t-il dit, le second mariage de la mère est censé n'avoir jamais existé, il n'a donc pu produire aucun effet, la mère n'a donc pas perdu son usufruit légal. Mais cette objection est peu embarrassante. Assurément, le mariage déclaré nul (et non contracté de bonne foi) ne produit aucun des effets légaux du mariage parfaitement valable (art. 201), mais ce n'est pas à dire que le fait de sa célébration ne puisse entraîner aucune conséquence quelconque. Ainsi, un second mariage contracté pendant l'existence du premier est toujours nul, et cependant il a pour résultat d'entraîner l'application de la peine de bigamie vis-à-vis du conjoint coupable. Eh bien ! un résultat analogue aura lieu dans notre hypothèse ; la perte de l'usufruit légal ne sera pas un des effets civils du mariage ; elle découlera néanmoins de la célébration conjugale, à titre de déchéance infligée à la veuve qui a consenti à se remarier. — D'ailleurs, à quelle conséquence inique aboutirait la doctrine de M. Duranton ! La femme de bonne foi (en cas de mariage putatif) serait plus mal traitée que la femme de mauvaise foi : car, pour la première, les effets du mariage annulé survivent dans le passé ; pour la seconde, ils sont radicalement anéantis. Donc, tandis que celle-ci ne perdrait jamais son droit de jouissance, celle-là en serait toujours privée, puisque le jugement d'annulation n'a vis-à-vis d'elle aucune influence rétroactive. Exposer un pareil système, c'est le réfuter ; aussi n'insisterons-nous pas davantage (1). — Pourtant, avant de terminer sur ce point, nous ferons remarquer qu'il ne faut pas étendre notre solution au cas où la veuve remariée a été contrainte par la violence à unir son sort à celui d'un nouveau conjoint, car il ne serait pas juste d'invoquer contre elle un acte à l'accomplissement duquel sa volonté est restée étrangère.

On s'est demandé s'il fallait assimiler à la mère qui se

---

(1) Marcadé, art. 387, n° 108. — Demol., VI, n° 503.

remarie celle qui, vivant dans une inconduite notoire, a donné le jour à des enfants bâtards, et si l'on devait enlever à celle-ci, par application de l'art. 386, la jouissance des biens de ses enfants. Malgré deux arrêts rendus par la Cour de Limoges dans le sens de l'affirmative (16 juillet 1807, 2 avril 1810), nous n'hésitons pas à adopter la solution contraire. Tout d'abord l'art. 386 est muet sur le point qui nous occupe ; or, il s'agit d'une déchéance, et les déchéances ne se suppléent pas. En second lieu, le motif lui-même sur lequel repose la disposition de notre texte, fait ici complétement défaut ; en effet, la mère qui se livre à la débauche ne se place pas, comme la mère qui convole en secondes noces, sous la puissance d'un nouveau mari, dans la famille duquel elle doit porter les revenus de ses enfants. Aussi la Cour de Limoges, comprenant que l'art. 386 ne pouvait servir de point d'appui à sa doctrine, argumentait-elle principalement du texte de l'art. 444, qui est ainsi conçu : « Sont exclus » de la tutelle, et même destituables, s'ils sont en exercice, » les gens d'une inconduite notoire... » Il y a, disait-on, une analogie frappante entre le cas qui nous occupe et l'art. 444 ; ne serait-il pas étrange dès lors que la mère, privée en vertu de cette disposition de la garde de la personne et de l'administration des biens de ses enfants, conservât l'usufruit qui est la compensation de ces charges ? Soit ; cette observation peut être juste, mais de quel droit cependant pourrait-on appliquer à une situation qui n'a pas été prévue par le législateur un texte statuant sur une situation différente, bien qu'analogue ? Encore une fois les déchéances ne se suppléent pas, et en l'absence d'une disposition précise, les tribunaux ne peuvent de leur propre autorité décider que l'incontinence de la mère est une cause d'extinction de l'usufruit légal. Ce résultat est assurément regrettable au point de vue de la morale, mais il s'impose et nous devons le subir (1).

SECTION III.

DE L'INFLUENCE DES SECONDS MARIAGES SUR LA TUTELLE.

Cette influence se manifeste à un double point de vue : d'abord la mère qui se remarie n'est pas forcément conservée dans ses fonctions de tutrice légale ; en second lieu, elle n'a pas le droit de désigner dans son testament un tuteur à ses enfants. Nous examinerons dans deux paragraphes ces deux faces du sujet.

§ 1er. — *De l'influence des seconds mariages sur la tutelle légitime de la mère.*

Après la dissolution du mariage, la loi défère la tutelle des enfants au survivant des père et mère. La seconde union du père ne modifie en rien ses pouvoirs de tuteur ; quant à la mère qui convole en secondes noces, elle ne peut conserver ses fonctions qu'avec l'assentiment du conseil de famille. Pourquoi cette différence? Elle s'explique par des considérations fort simples et en même temps fort puissantes. Le père est toujours le chef de la maison, l'administrateur des biens communs ; il n'est jamais sous la dépendance légale de sa femme ; les intérêts des enfants du premier lit ne sont donc pas compromis par suite du second mariage. La mère, au contraire, est soumise à l'autorité de son nouveau mari, comme elle était placée sous celle du premier; c'est le nouveau mari en particulier qui aura l'exercice de tous les

(1) Aix, 30 juillet 1813; Cassat., 19 avril 1813. — Demol., n° 565; Marcadé, art. 380.

droits appartenant à sa femme, qui gèrera ses biens et ceux de ses enfants. Dès lors n'était-il pas à craindre qu'il ne se montrât hostile à l'égard de ceux-ci, qu'il ne cherchât à léser leurs intérêts? Pour parer à ce danger possible et probable, le législateur a voulu que la mère ne fût maintenue dans la tutelle qu'au cas où il serait certain que les enfants du premier lit n'auront rien à redouter de la part du second conjoint. Il y aura donc là une question de fait qui sera soumise au conseil de famille et tranchée par lui.

Le conseil de famille sera saisi par la mère, ainsi que l'ordonne l'art. 395. « La mère tutrice qui veut se remarier devra, avant l'acte de mariage, convoquer le conseil de famille. » Malheureusement, il peut se faire qu'elle ne se conforme pas à cette exigence de la loi ; il en résultera pour elle une situation particulière que le législateur a prévue et réglementée. — Ainsi deux hypothèses bien distinctes : ou la mère convoque le conseil de famille avant de se remarier, ou elle néglige cette formalité. Nous les étudierons séparément.

PREMIÈRE HYPOTHÈSE. — *La mère a convoqué le conseil de famille.* — Le conseil de famille peut maintenir la mère dans la tutelle, il a également le droit de la lui retirer.

A. — *Supposons que la mère soit maintenue.* — La règle à suivre dans cette circonstance est tracée par l'art. 396, ainsi conçu : « Lorsque le conseil de famille, dûment convoqué, conservera la tutelle à la mère, il lui donnera nécessairement pour cotuteur le second mari, qui deviendra solidairement responsable avec sa femme de la gestion postérieure au mariage. « *Qui épouse la veuve, épouse la tutelle,* » disait-on dans notre ancien droit. Ainsi, la tutelle, dans l'hypothèse du second mariage de la mère, est organisée d'une façon toute spéciale. A côté de la tutrice, la loi place un cotuteur : ces deux personnes ne font pour ainsi dire qu'une seule, car l'une ne peut exister sans l'autre. La solidarité les lie encore plus étroitement, puisqu'elle crée une responsabilité unique vis-à-vis des enfants du premier lit. Disons-le d'ailleurs immédiatement, c'est dans l'intérêt de ces derniers que les rédacteurs du Code ont institué la cotutelle, pour sauvegarder leurs droits et assurer la gestion régulière de leurs biens. Nous pouvons ajouter que le but de la loi est parfaitement atteint, grâce aux sages dispositions qu'elle renferme, et que nous allons étudier avec quelque détail.

La tutelle de la mère survivante est une tutelle légitime; mais lorsque plus tard, à l'occasion de son second mariage, le conseil de famille appelé à statuer la conserve dans ses fonctions, la tutelle ne change-t-elle pas de caractère et ne devient-elle pas dative ? Ceci a un intérêt assez important : le tuteur datif, en effet, ne peut transférer ses pouvoirs par acte de dernière volonté. Nous pensons que la tutelle de la mère reste une tutelle légale, car la décision du conseil de famille n'a pas pour conséquence de créer un état de choses nouveau, mais bien de *maintenir* une situation préexistante, et de *conserver* à la veuve remariée les pouvoirs qu'elle tenait de la loi.

Mais la cotutelle du second mari est-elle légale ou dative ? Elle est évidemment légale. Son existence est bien subordonnée à une délibération du conseil de famille, mais cette délibération ne porte pas sur le point de savoir si le conjoint sera ou non nommé cotuteur. Il s'agit uniquement de décider si la tutelle sera maintenue à la mère, et lorsque la solution affirmative triomphe, le mari est *nécessairement, de plein droit* adjoint à sa femme à titre de cotuteur. C'est ce qui résulte pour nous du texte si clair et si catégorique de l'art. 396.

Voilà donc la femme remariée et son conjoint investis respectivement des qualités de tutrice et de cotuteur. Comment vont fonctionner les pouvoirs qui leur sont conférés? qui gèrera la tutelle? Sera-ce la mère, puisqu'il s'agit de ses enfants? Sera-ce le second mari, sous l'autorité duquel elle est placée? Certains auteurs ont soutenu que cette dernière idée devait prévaloir, mais ils ont introduit dans leur système une distinction fondée sur la nature du régime adopté par les conjoints (1) : toutes les fois que le contrat de mariage laisse au mari l'administration des biens de la femme, la tutelle serait gérée par lui; dans l'hypothèse contraire, par exemple, au cas de séparation de biens, la femme veillerait elle-même aux intérêts de ses enfants. Cette théorie nous paraît arbitraire; l'art. 396, siége de la matière, ne contient rien qui soit de nature à la faire accepter; il déclare même d'une façon très-générale que la mère sera *tutrice*, son mari *cotuteur*, c'est-à-dire tuteur *avec elle;* il ajoute qu'ils seront solidairement responsables. Aussi la plupart des jurisconsultes pensent-ils que la gestion des biens comme la responsabilité des gérants ne saurait être séparée : le mari et la femme agiront *ensemble* et *conjointement* (2). Ils s'assisteront l'un et l'autre dans toutes les opérations de la tutelle ; ils signeront tous deux les actes à passer, ou encore, pour plus de simplicité, la femme donnera au mari une procuration générale à l'effet de traiter avec les tiers (argument par analogie de l'art. 405, C. com.).

La gestion de la tutelle accomplie conjointement par la

(1) Magnin, t. I, n° 158.
(2) Demol., tut. I, n° 13; Aubry et Rau, I, p. 368.

femme et son second conjoint entraîne comme corollaire l'établissement d'une hypothèque légale qui sera accordée aux enfants du premier lit sur les biens de chacun d'eux (art. 2121).

Nous avons émis plus haut cette idée importante qu'au point de vue légal la tutrice et le cotuteur ne formaient qu'une seule personne, et que l'un ne pouvait rien être sans l'autre. Nous allons tirer de là diverses conséquences :

1° Tout événement qui met fin à la cotutelle du mari, par exemple son exclusion ou sa destitution, met fin à la tutelle de la femme. Cependant, la mort du nouveau mari produirait un résultat tout différent; elle replacerait, en effet, sa veuve dans la situation où elle se trouvait avant le second mariage. Quant à l'hypothèse de l'interdiction du cotuteur, on doit l'assimiler à celle du décès, et cela à cause de l'analogie frappante qui existe entre elles.

2° Réciproquement, tout événement qui met fin à la tutelle de la femme met fin à la cotutelle de son mari. Bien que cette proposition ait été contestée par Merlin, elle est aujourd'hui généralement admise, car elle résulte de la qualité de *cotuteur* que la loi donne au mari. Cette doctrine, d'ailleurs, n'a pas d'inconvénient, car rien ne s'oppose à ce que ce nouveau mari soit ensuite nommé tuteur par le conseil de famille; sa nomination sera même le plus souvent désirable dans l'intérêt des enfants; il aura déjà géré leurs affaires, et si la gestion a été bonne, il importera de la continuer.

Supposons maintenant qu'une séparation de corps soit prononcée entre la femme remariée et son conjoint. Quel sera l'effet de cette séparation relativement à la tutelle de la mère et à la cotutelle de son mari? Modifiera-t-elle, oui ou non, l'état de choses existant? La loi est malheureusement muette sur ce point; nous essaierons cependant de donner une

solution aussi conforme que possible aux principes de la
matière et en même temps aux intérêts des enfants qu'il
s'agit avant tout de sauvegarder. Tout d'abord, nous ne
saurions admettre que la tutelle de la femme et la cotutelle
de son mari survivront à la séparation de corps; les époux
seront éloignés l'un de l'autre, en mauvaise intelligence,
sans relations; la gestion tutélaire qui doit être accomplie en
commun, conjointement, n'est donc plus possible dans cés
conditions. Faut-il dire maintenant, avec certains auteurs,
M. Chardon (1) entre autres, que par le seul effet de la
séparation de corps la mère cessera de plein droit d'être
tutrice, de même que son nouveau mari cessera d'être
cotuteur? Mais cette solution serait arbitraire, car aucun
texte ne met ainsi fin de plein droit à leur pouvoir. Quel parti
convient-il donc de prendre? Le plus sage, suivant nous, est
d'adopter l'opinion professée par M. Demolombe (2) et de
décider que la lacune de la loi doit être comblée à l'aide de
la disposition contenue dans l'art. 444, en sorte que le
conseil de famille aura le droit de prononcer la destitution
pour cause d'inconduite notoire de celui des époux contre
lequel sera intervenue la sentence de séparation. Simple en
principe, cette doctrine présente néanmoins quelques difficultés d'application. Elle conduit en particulier à cette conséquence qu'il serait bien regrettable d'admettre, c'est qu'au
cas de séparation contre le mari et de destitution prononcée
contre lui, la femme perdrait de plein droit la gestion de la
tutelle, et quoique innocente, ne pourrait être renommée
tutrice, puisque cette qualité ne doit lui être conservée, au
cours du second mariage, qu'autant que son nouvel époux

(1) *De la Puiss. tutél.*, t. III, n° 24.
(2) Tit. I, n° 139 *bis.*

lui est adjoint comme cotuteur (art. 396). Mais cette déduction, si rigoureuse qu'elle soit, ne s'impose pas nécessairement à nous, car, comme l'a fait observer M. Demolombe, on ne saurait invoquer ici le texte absolu de l'art. 396, attendu que la règle de cet article a été faite en vue de la situation régulière et normale du mariage, et aucunement en prévision de l'hypothèse exceptionnelle d'une séparation de corps. En conséquence, le conseil de famille pourra même après la destitution du mari maintenir la mère seule dans ses fonctions de tutrice, et nous sommes persuadés qu'il prendra ce parti, comme le plus conforme au vœu de la loi et à l'intérêt des enfants, toutes les fois que la conduite de la mère aura été à l'abri du reproche. — Lorsque la destitution a été prononcée non plus contre le mari, mais contre la femme, la difficulté que nous venons de résoudre ne pourrait plus surgir, car si la cotutelle du second conjoint cesse de plein droit par suite de la déchéance qui atteint sa femme, il est incontestable, ainsi que nous l'établirons ultérieurement, que le conseil de famille a le droit de lui confier de nouveau les pouvoirs de tuteur.

B. — *Le conseil de famille retire la tutelle à la mère.* — Lorsque le conseil aura jugé convenable de ne pas conserver la tutelle à la mère, il ne sera pas forcé d'indiquer les motifs de sa décision. L'art. 447 porte, il est vrai, que toute délibération du conseil de famille, prononçant l'exclusion ou la destitution d'un tuteur, doit être motivée ; mais on décide généralement que ce texte n'est applicable qu'aux causes d'exclusion ou de destitution indiquées par les articles 442 et suiv. D'ailleurs, dans l'hypothèse qui nous occupe, l'assemblée des parents ne prononce à vrai dire ni une exclusion, ni une destitution ; la mère est écartée de la tutelle, mais elle n'est pas exclue, destituée dans le sens propre de ces deux mots.

Faut-il admettre maintenant que la décision du conseil qui enlève à la mère ses pouvoirs de tutrice est inattaquable devant les tribunaux ? L'art. 883, C. pr., permet au tuteur, au subrogé-tuteur, et même aux simples membres de l'assemblée des parents de se pourvoir contre toute délibération qui n'est pas prise à l'unanimité. Les termes de cet article sont tellement généraux qu'ils nous semblent devoir s'appliquer à toutes les délibérations sans exception du conseil de famille. Cette opinion a été combattue par certaines décisions judiciaires ; mais la jurisprudence est revenue sur sa manière de voir : témoins un arrêt de la Cour de Rouen, du 25 novembre 1868, et un jugement du tribunal d'Arbois, du 4 juillet 1868 (Cour d'Agen, 24 décembre 1860, dans le même sens).

La mère est définitivement écartée de la tutelle, le conseil de famille nommera aussitôt un nouveau tuteur. Pourra-t-il choisir le second mari ? En pratique, la question se présentera rarement ; il serait bizarre, en effet, que le conseil voulût confier la tutelle à celui-là même dont la présence a eu pour résultat de la faire enlever à la mère. *Quid* cependant en droit pur ? Il est incontestable pour nous qu'aucune clause d'exclusion ne frappe le second mari, le choix de la famille pourra donc porter sur lui. Ce choix peut d'ailleurs, dans certains cas, avoir une raison d'être sérieuse. Supposez que la mère soit faible d'esprit, dépourvue de toute capacité administrative ; qu'au contraire, son nouveau mari ait la réputation d'un homme intelligent, habitué au maniement des affaires. Il sera, dès lors, tout naturel d'enlever à la femme le soin de veiller aux intérêts de ses enfants pour remettre ses pouvoirs entre les mains de son époux. La position du mari, tuteur unique, sera du reste meilleure que la position de cotuteur, car il agira seul, sans avoir besoin de l'assistance de sa femme, et en outre il ne sera responsable que de ses propres actes.

Le second mariage de la femme peut entraîner sa déchéance comme tutrice, la dissolution de cette union par la mort du mari la relève-t-elle de cette déchéance? Le Code hollandais, qui est la reproduction à peu près exacte de notre Code civil, admet formellement l'affirmative (art. 406 : dans le cas où le second mariage serait dissous, la mère serait réintégrée de plein droit dans la tutelle). Mais il n'y a rien de semblable à cette disposition dans notre législation nationale, et il est aujourd'hui hors de doute que le tuteur nommé par le conseil de famille doit être maintenu jusqu'à nouvel ordre. Mais si la mère demande à être réintégrée dans la tutelle, si le tuteur mis à sa place réclame sa décharge, le conseil de famille peut-il faire droit à ces réclamations? Oui, suivant nous; l'assemblée des parents peut mettre fin à cette situation anomale, créée par la célébration du second mariage actuellement dissous; elle a du reste, ici, un pouvoir d'appréciation absolu. Notre opinion est basée : 1° sur ce qu'aucune prohibition n'existe à cet égard dans la loi; 2° sur la disposition de l'art. 431, dont l'hypothèse finale offre la plus grande analogie avec la nôtre, et qui est ainsi conçue : « Si à l'expiration de » ces fonctions, services ou missions, le nouveau tuteur » réclame sa décharge, ou que l'ancien redemande la » tutelle, elle pourra lui être rendue par le conseil de fa- » mille. »

C. — *Le conseil de famille peut conserver la tutelle à la mère remariée, il peut la lui retirer; mais a-t-il le droit de s'arrêter à une décision mixte, et de déclarer que, tout en lui laissant sa qualité de tutrice, il entend restreindre ses pouvoirs, et lui imposer, ainsi qu'au cotuteur, certaines conditions d'administration?* — On a soutenu l'affirmative : qui peut le plus peut le moins, a-t-on dit, le conseil de famille pouvait enlever à la femme la tutelle, *a fortiori*, il peut lui enlever certaines attributions, certains pouvoirs spéciaux, qui lui semblent dangereux entre ses mains. On s'est, en outre, appuyé sur le texte de l'art. 507, qui autorise le conseil à régler la forme et les conditions d'administration de la femme nommée tutrice de son mari interdit ; les raisons de décider sont ici les mêmes, la même solution doit donc être admise. Enfin, on a fait valoir l'intérêt des enfants du premier lit : les restrictions apportées au droit de la mère, la réglementation préalable de sa gestion sont des garanties excellentes pour les pupilles ; comment dès lors les repousser ? Nous les repoussons cependant, et cela non seulement au nom du droit et de la légalité, mais encore au nom de cet intérêt des enfants qui nous semble bien mal compris par nos adversaires. — Au nom du droit d'abord : il est défendu de déroger aux lois qui intéressent l'ordre public (art. 6) ; or, la tutelle a certainement ce caractère, *tutela est munus publicum.* Elle a été organisée soigneusement par le législateur, qui en a désigné les fonctionnaires, qui a réglé les droits et les attributions de chacun d'eux ; ces droits et ces attributions ne peuvent donc être modifiés. La loi, en particulier, ne reconnaît pas au conseil de famille la faculté de restreindre les pouvoirs du tuteur, le conseil ne peut s'arroger une prérogative qui ne lui appartient pas. La vérité absolue de cette déduction apparaît encore d'une façon plus évidente lorsqu'on se reporte à cet art. 507 dont le système contraire se fait une arme. Qu'est-ce, en effet, que cette disposition de l'art. 507, sinon une exception remarquable au principe que nous venons de poser ? Comprendrait-on, si le conseil de famille avait en thèse générale, et une fois pour toutes, le droit de modifier les pouvoirs du tuteur, que le législateur se fût donné la peine d'inscrire dans le Code une régle spéciale pour le cas où la tutelle du mari interdit est exercée par sa femme? — Au nom de l'intérêt des enfants, on ne saurait prendre, dit-on, trop de précautions dans le but de sauvegarder cet intérêt sacré. Soit, nous partageons cette opinion, mais nous n'entendons pas, comme nos contradicteurs, l'intérêt des enfants ; la loi non plus ne l'a pas entendu comme eux, elle n'a pas voulu s'en rapporter au conseil de famille du soin de pourvoir à la garantie des droits des mineurs ; c'est elle-même et elle seule qui se charge de ce soin. Elle a apprécié ce qui convenait le mieux à l'intérêt des enfants ; elle l'a apprécié souverainement, et nul ne saurait avoir le droit de se montrer plus sage et plus prévoyant qu'elle. Si elle veut qu'en général l'action du tuteur soit libre et à l'abri de toute entrave, c'est afin que les affaires du mineur marchent avec plus de célérité, c'est parce qu'elle pense qu'il y a avantage pour lui à ce qu'il en soit ainsi : le conseil de famille ne peut, en conséquence, gêner et ralentir en la restreignant, en la réglementant d'une façon quelconque, l'administration du tuteur.

Ceci bien établi, une question de détail va surgir. L'art. 454 permet au conseil de régler la somme à laquelle devra s'élever la dépense annuelle du mineur; l'art. 470 lui accorde la faculté d'indiquer certaines époques auxquelles le tuteur devra remettre au subrogé-tuteur des états de situation de sa gestion. Ces deux dispositions sont de droit commun; elles s'appliquent à toute tutelle, sauf pourtant à celle des père et mère. Les maintiendrons-nous pour la tutelle de la mère remariée et la cotutelle de son conjoint? En faveur de la négative, on peut se prévaloir du texte des articles précités. La tutelle de la mère, dira-t-on, est dispensée des formalités des art. 454 et 470 ; on ne peut donc les lui imposer, alors même que son second mari lui est adjoint en qualité de cotuteur. Nous préférons cependant la solution contraire : il est évident que le cas dont nous nous occupons n'a pas été prévu par la loi ; on ne peut donc invoquer ni dans un système, ni dans l'autre le texte de nos articles. Il faut, par suite, s'inspirer uniquement de l'esprit dans lequel sont conçues toutes les dispositions analogues du titre de la tutelle ; or, ces dispositions n'ont en vue que l'intérêt des mineurs ; c'est donc cet intérêt qui nous guidera, et comme en définitive, dans l'hypothèse de la cotutelle, il est sage d'admettre un contrôle plus sérieux de la part du conseil de famille, comme, d'un autre côté, il est vraisemblable de supposer que la plupart du temps ce sera le second mari de la mère qui administrera personnellement les affaires des enfants du premier lit, que dès lors on se trouvera en présence d'un tuteur ordinaire, nous pensons qu'il faudra lui appliquer les règles du droit commun et en particulier celles tracées par les art. 454 et 470.

Seconde hypothèse. — *La mère, avant de se remarier, n'a pas convoqué le conseil de famille.* — L'art. 395-2° statue sur ce point : « A défaut de cette convocation, elle » perdra la tutelle de plein droit, et son nouveau mari sera » solidairement responsable de toutes les suites de la tutelle » qu'elle aura indûment conservée. » Etudions séparément la situation de la veuve remariée et celle de son nouveau conjoint.

A. — *La mère perd la tutelle de plein droit.* — Cela veut dire que légalement elle ne saurait désormais exercer ses fonctions de tutrice ; mais en fait, elle peut, malgré sa déchéance, les continuer quelque temps, jusqu'au moment par exemple où le conseil de famille est informé de son second mariage. De cette situation à double face résultent des conséquences remarquables : 1° de ce que la mère n'est plus tutrice en droit, il suit qu'elle ne peut dorénavant engager le mineur vis-à-vis des tiers; que le paiement lui-même, fait par un débiteur entre ses mains, doit être déclaré nul, si le mineur n'en a pas profité ; — 2° de ce qu'elle est restée tutrice de fait, il suit qu'elle est tenue de faire tous les actes conservatoires, de renouveler les inscriptions, d'interrompre les prescriptions, etc. Il est même généralement admis que ses immeubles continuent d'être grevés de l'hypothèque légale de l'art. 2121. Toutefois ce dernier point a été sérieusement contesté. Puisque la mère remariée est déchue *ipso jure* de la tutelle, a-t-on dit, le principe de l'hypothèque fait défaut; en effet, c'est seulement sur les biens des tuteurs et tutrices que l'hypothèque au profit des mineurs peut porter; la tutelle cessant, l'hypothèque est éteinte. Nous ne le pensons pas, car la tutelle subsiste en fait, et cela suffit; il y a une base pour l'hypothèque. L'art. 395 vient d'ailleurs corroborer cette manière de voir. S'il prononce de plein droit la déchéance des fonctions de tutrice, il applique cependant la qualification de *tutelle* à la gestion conservée par la mère négligente. Dès lors il est naturel de penser qu'il entend aussi protéger cette tutelle de fait par l'hypothèque légale de l'art. 2121.

B. — *Le nouveau mari est déclaré solidairement responsable de toutes les suites de la tutelle indûment conservée.* — Cette disposition est fondée sur un double motif. D'abord le mari est complice de la mauvaise volonté ou de l'ignorance de sa femme, et il est juste dès lors qu'il soit puni avec elle. En second lieu, il aura été le plus souvent l'administrateur de la tutelle; il ne faut pas qu'il puisse mettre sa responsabilité à l'abri des conséquences d'une mauvaise gestion.

Mais quelle est l'étendue de cette responsabilité ?
Deux questions importantes se rattachent à cette idée.

PREMIÈRE QUESTION. — *Le nouveau mari est-il responsable des suites de la gestion, même antérieure au
mariage ?* — Si l'on pouvait, dans la discussion de ce point,
laisser de côté tous les éléments fournis par la tradition et
les textes, et écouter seulement la voix de la raison et de
l'équité, on déciderait inévitablement ici que le nouveau
conjoint n'a pas à répondre des conséquences de la tutelle
antérieure à son mariage. Comment, en effet, faire supporter
à quelqu'un les fautes d'une gestion à laquelle il est resté
complétement étranger ? Malheureusement la question devient
beaucoup plus délicate en face des précédents historiques et
du texte des art. 395 et 396. Le droit romain d'abord
déclare formellement que le mari est engagé, même à raison
de la gestion antérieure à l'union conjugale (Cod., l. 6, *in
quibus caus. pignus*). L'ancien droit émet la même
théorie ; Domat, Ferrière, Pothier sont tous d'accord sur ce
point. D'un autre côté, la rédaction comparée des art. 395 et
396 fournit une puissante raison de croire que les rédacteurs
du Code ont entendu maintenir les errements de notre
ancienne législation. En effet, tandis que dans l'hypothèse
de l'art. 396 la loi limite la responsabilité du mari *à la
gestion postérieure au mariage,* dans celle de l'art. 395
elle l'étend *à toutes les suites de la tutelle* indûment conservée par la mère, sans distinguer la gestion postérieure
de la gestion antérieure. Est-ce pourtant à cette solution
qu'il convient de s'arrêter ? Non, car les arguments tirés de
l'histoire et de la comparaison des art. 395 et 396 sont
anéantis par le simple examen des travaux préparatoires.
L'art. 12 du projet était ainsi conçu : « Si c'est la mère qui
» s'est remariée (sans avoir fait convoquer le conseil de

» famille)..... la tutelle ne peut lui être conservée, et son
» nouveau mari est solidairement responsable de la gestion,
» *à compter du jour de l'acte de mariage.* » Au Conseil
d'État, M. Berlier présenta une nouvelle rédaction en ces
termes, art. 8 (correspondant à l'art. 395) : « Si la
» mère veut se remarier, etc..... A défaut de cette convo-
» cation, elle perdra la tutelle de plein droit, et son nouveau
» mari sera solidairement responsable de l'indue gestion
» *qui aura eu lieu depuis le nouveau mariage.* » Sur
une observation du Tribunat, étrangère d'ailleurs au point
qui nous occupe, on proposa comme définitive la rédaction
suivante : « ..... Et son nouveau mari sera solidairement
» responsable avec elle, *depuis le nouveau mariage.* »
Comment se fait-il maintenant que nous ne trouvions pas
trace de ces derniers mots dans l'art. 395 actuel? Nous
l'ignorons. Mais ce qui est certain, c'est que les rédacteurs
du Code ont repoussé formellement la théorie de l'ancien
droit et ont entendu limiter la responsabilité du nouveau
mari à la gestion postérieure au mariage. Tout le monde
était d'accord à cet égard, et les auteurs du projet de loi
primitif, et le Conseil d'État et le Tribunat; au Corps législatif, aucune objection ne fut élevée; la pensée du législateur
reste donc intacte, et si le texte a subi quelque altération, il
faut l'attribuer à l'inadvertance du rédacteur de l'article ou
à l'étourderie d'un copiste. Enfin ce texte lui-même, cet
art. 395 est-il si opposé qu'on pourrait le croire à l'interprétation que nous lui donnons? Nullement; le mari
est tenu, porte-t-il, de toutes les suites *de la tutelle
indûment conservée.* Mais ceci ne comprend que la
gestion postérieure au mariage, puisque ce n'est qu'à partir
de la célébration du mariage que la tutelle est indûment
conservée. La loi est donc d'accord avec le bon sens et la

justice, quelques efforts que l'on ait fait pour démontrer le contraire (1).

Deuxième question. — *Les immeubles du nouveau mari sont-ils grevés de l'hypothèque légale établie par l'art. 2121?* — Nous n'hésitons pas à répondre affirmativement; cette solution n'est au reste que le corollaire naturel et forcé de celle que nous avons donnée à propos de la mère remariée. Si, en effet, l'hypothèque légale porte sur les immeubles de celle-ci, alors même qu'elle a été déchue de la tutelle, les immeubles du nouveau mari doivent également en être affectés, puisque la position de ces deux personnes est la même aux yeux de la loi. On a objecté, il est vrai, que pour être soumis à l'hypothèque légale il fallait être tuteur, et que le second mari n'avait pas cette qualité, puisque du jour du mariage la tutelle a dû cesser. Nous répondrons à l'aide de cette distinction, consacrée par l'art. 395 lui-même, entre la tutelle de droit et la tutelle de fait. La femme qui néglige de convoquer le conseil de famille perd sa tutelle en droit, mais elle la conserve en fait. Il en est de même pour le second mari; il est seulement cotuteur en fait, mais cela est suffisant pour que l'hypothèque légale existe sur ses immeubles au profit des mineurs.

Le second mari est cotuteur en fait, disons-nous; il en résulte que les art. 472 et 907 du Code civil lui sont applicables. En conséquence, il devra rendre les comptes qui sont imposés à tout tuteur, et tant que ces comptes n'auront pas été rendus, aucun traité valable ne pourra intervenir entre lui et le mineur devenu majeur; aucune donation, aucun legs ne pourront lui être faits par ce dernier; en un mot, il

(1) Demol., VII, n°° 126 et 127; Ducaurroy, I, n°° 594 et 595; Valette, explic. du livre I du Code civ.; Demante, t. II, n° 144 *bis*.

y aura lieu de prendre contre le second mari, à raison de sa gestion de fait, toutes les précautions que l'on prend vis-à-vis d'un tuteur régulièrement et légalement installé.

C. — *La mère remariée et déchue de la tutelle, pour n'avoir pas convoqué le conseil de famille avant son mariage, peut-elle être rétablie dans ses fonctions?* — L'affirmative est généralement admise, malgré l'objection tirée de l'art. 445. Ce texte porte que tout individu exclu et destitué d'une tutelle ne peut plus être membre du conseil de famille. On en conclut qu'il ne peut *a fortiori* être nommé tuteur, et on applique cette conclusion à la mère remariée. Mais la mère n'a été ni exclue, ni destituée; elle a simplement perdu sa qualité de tutrice, par suite d'une faute ou d'une négligence qui peut être très-excusable. Ce n'est donc point pour elle que sont faites les rigueurs de la loi et en particulier la disposition de l'art. 445. S'il apparaît aux parents que les intérêts des mineurs peuvent sans crainte lui être confiés de nouveau, on ne voit pas pourquoi le conseil de famille serait obligé de remettre à une autre personne la gestion de la tutelle. La question avait, du reste, été soulevée lors de la rédaction du Code; on avait proposé un article ainsi conçu : « Si la mère s'est remariée sans avoir » convoqué le conseil de famille, la tutelle ne peut lui être » conservée. » Mais cet article fut supprimé, et cette suppression indique suffisamment la pensée du législateur.

Le conseil de famille peut donc nommer tutrice la mère déchue de ses fonctions en vertu de l'art. 395; lorsqu'il prend ce parti, doit-il nécessairement lui adjoindre comme cotuteur le second mari? M. Marcadé a soutenu la négative, en s'appuyant sur l'art. 396 qui, d'après lui, ne vise que l'hypothèse où la mère a conservé la tutelle. Mais cette solution doit être repoussée, car si elle semble d'accord avec le texte, elle n'est nullement conforme à l'esprit de la loi. Lorsque le conseil de famille, dûment convoqué, conserve la tutelle à la mère, il faut de toute nécessité qu'il lui donne pour cotuteur son nouveau mari : l'intérêt des enfants du premier lit, l'intérêt de la mère l'exigent. Pourquoi donc en serait-il autrement dans une situation tout-à-fait semblable? Car peu importe en définitive que la mère ait été maintenue *a priori* dans ses fonctions ou qu'elle y ait été rétablie après en avoir été momentanément déchue, les mêmes personnes, les mêmes intérêts sont en présence. L'identité des motifs conduit donc à l'identité des solutions.

§ 2. — *De l'influence des seconds mariages sur le droit de choisir un tuteur.*

Le survivant des père et mère peut, dans son testament ou dans un acte authentique, désigner un tuteur à ses enfants. Le second mariage du père ne porte aucune atteinte à cette prérogative, mais celui de la mère modifie gravement le droit qui lui appartient à cet égard. D'abord, la mère remariée et non maintenue dans la tutelle de ses enfants du premier lit ne peut plus leur choisir un tuteur (art. 399). Il en est de même lorsqu'elle a conservé la tutelle en fait, mais qu'elle en a été déchue légalement pour avoir manqué de réunir le conseil de famille avant l'acte de mariage; l'art. 399 ne prévoit pas cette hypothèse, mais il y a une analogie si frappante entre les deux cas, que sa disposition doit évidemment s'appliquer au second comme au premier.

Si au contraire la mère remariée a été maintenue dans la tutelle, elle peut faire choix d'un tuteur aux enfants de son premier mariage, mais ce choix ne sera valable qu'autant qu'il aura été confirmé par le conseil de famille (art. 400).

La loi craint l'influence du second mari, c'est pour cela qu'elle impose cette formalité à la mère remariée. Mais aussitôt une objection va s'élever. Aux termes de l'art. 399, dira-t-on, la mère qui n'a pas été maintenue dans la tutelle ne peut plus, en mourant, désigner un tuteur à ses enfants; d'après l'art. 400, la mère conservée dans ses fonctions a bien ce droit, mais sa volonté est subordonnée à l'approbation du conseil de famille. N'y a-t-il pas dès lors identité entre les deux situations? Dans l'un et l'autre cas, c'est en définitive le conseil de famille qui nomme le tuteur. Non, il existe une différence très-sensible entre les deux hypothèses : si la mère fait un choix qu'elle n'a pas le droit de faire (art. 399), sa volonté est dépourvue de toute efficacité, et la tutelle passe alors, en vertu de l'art. 402, aux ascendants du mineur; si au contraire elle se trouve dans les conditions déterminées par la loi (art. 400), son choix produit toujours un certain effet. Le conseil est libre de le ratifier ou non, mais en tout cas les ascendants sont certainement exclus de la tutelle. En indiquant comme tuteur un tiers, la testatrice a manifesté la volonté d'écarter les aïeux du mineur; il faut respecter ses intentions, c'est pourquoi la tutelle dative sera seule possible.

On s'est demandé si la mère remariée pouvait choisir comme tuteur de ses enfants du premier lit son nouveau conjoint. L'affirmative est incontestable, car rien dans la loi ne s'oppose à ce choix, et il sera le plus souvent conforme à l'intérêt des enfants de conserver comme tuteur, après la mort de leur mère, celui qui, pendant sa vie, a déjà administré leurs biens en qualité de cotuteur.

On s'est demandé encore si les dispositions des art. 399 et 400 étaient applicables dans le cas où la mère serait redevenue veuve par la mort de son nouvel époux. Plusieurs auteurs ont décidé d'une façon générale que le décès de son second conjoint ne changeait rien à la situation de la mère (1). L'influence du mari lui survit, dit-on, quoique affaiblie. Nous ne partageons pas cette manière de voir; suivant nous, la question doit être tranchée à l'aide d'une distinction : ou bien le testament, l'acte contenant nomination d'un tuteur aux enfants du premier lit a été fait du vivant du second conjoint, ou il est postérieur à sa mort. Dans la première hypothèse, comme l'influence du mari a pu dicter à la mère son choix, nous appliquons les art. 399 et 400; dans la seconde, nous les laissons de côté, puisque l'influence redoutée par le législateur n'existe plus (2).

Enfin, dernière question sur cette matière : la mère remariée n'a pas convoqué le conseil de famille et a perdu la tutelle, mais plus tard le conseil consent à la lui rendre. Recouvrera-t-elle en même temps le droit de désigner par testament un tuteur à ses enfants, conformément à l'art. 400? M. Marcadé a énergiquement soutenu la négative (3). Suivant ce jurisconsulte, un tuteur datif ne peut jamais désigner son successeur, ce droit appartenant au conseil de famille dont il n'est que le délégué; or, dans l'hypothèse qui nous occupe, la mère est incontestablement investie d'une tutelle dative, donc elle ne peut choisir un tuteur à ses enfants. Cet argument est sérieux, est-il pourtant décisif? nous ne le pensons pas. Oui, en principe, le tuteur datif ne peut pourvoir pour le temps qui suivra sa mort à la tutelle de ses pupilles; oui, la mère est bien tutrice dative. Mais il s'agit précisément de savoir si cette règle ne doit pas ici souffrir

(1) Demol., VII, n° 170; Duranton, III, n° 436.
(2) Taulier, I, p. 22.
(3) Marcadé, art. 397.

une exception, si le droit que l'art. 397 accorde d'une façon générale à la mère survivante ne lui appartient pas plutôt en sa qualité de mère qu'en sa qualité de tutrice *légale*. Or, il nous semble que la qualité de mère l'emporte aux yeux du législateur, car les ascendants sont des tuteurs légaux, et cependant ils ne peuvent transmettre leurs pouvoirs par acte de dernière volonté. Dira-t-on que le titre de tutrice *légale* doit de toute nécessité être joint à celui de mère? Non ; dès lors que la mère est tutrice, cela suffit. Comment d'ailleurs ne pas assimiler l'hypothèse où la mère, après avoir perdu la tutelle, est ensuite nommée par les parents, à l'hypothèse de l'art. 400, où elle est simplement maintenue dans ses fonctions? Le conseil de famille ne témoigne-t-il pas toujours là même confiance vis-à-vis d'elle? Dès lors, quelle peut être l'influence d'une distinction subtile et purement théorique entre la tutelle légale et la tutelle dative? Enfin, il s'agit d'une déchéance, et il n'y a point de texte assez précis pour admettre celle que proposent nos adversaires (1).

SECTION IV.

DE L'INFLUENCE DES SECONDS MARIAGES SUR LA QUOTITÉ DISPONIBLE ENTRE ÉPOUX.

La liberté de disposer par donation entre-vifs ou par testament est soumise dans notre droit à d'importantes restrictions. Ces restrictions sont plus ou moins graves, suivant la qualité des personnes par lesquelles et au profit desquelles sont faites les libéralités. Entre époux, par exemple, la quotité disponible est en général moins étendue qu'entre étran-

(1) Demol., VII, n° 164.

gers, et entre époux remariés elle est plus faible qu'entre conjoints unis pour la première fois. C'est de la quotité disponible entre époux remariés que nous allons traiter maintenant. Cette dernière partie de notre travail contiendra l'explication des art. 1098-1100. Le sujet étant fort compliqué, il est indispensable de le diviser d'une façon méthodique ; en conséquence, nous adoptons le plan suivant :

§ 1er. — Des conditions d'application de l'art. 1098.

§ 2e. — Des libéralités sujettes à réduction.

§ 3e. — De l'action en réduction.

§ 1er. — *Des conditions d'application de l'art. 1098.*

L'art. 1098 est ainsi conçu : « L'homme ou la femme qui,
» ayant des enfants d'un autre lit, contractera un second
» ou subséquent mariage, ne pourra donner à son nouvel
» époux qu'une part d'enfant légitime le moins prenant, et
» sans que, dans aucun cas, ces donations puissent excéder
» le quart des biens. »

L'origine historique de ce texte est bien connue. Nous allons la rappeler en quelques mots. En droit romain deux lois célèbres, que nous avons étudiées dans notre première partie, les lois *feminæ* et *hac edictali* (Cod. Just., *de sec. nupt.*, l. 3 et 6), avaient imposé au droit des veufs et veuves certaines restrictions remarquables. Suivant la première, une veuve ne pouvait donner à son second mari et en général à d'autres qu'à ses enfants du premier lit les biens recueillis dans la succession de son conjoint décédé. D'après la loi *hac edictali*, le veuf ou la veuve qui convolait à de secondes noces ne pouvait donner à son nouvel époux qu'une part égale à celle de l'enfant le moins prenant. Plus tard ces deux règles furent admises dans tous les pays de droit écrit, et en 1560 l'Édit des Secondes Noces en étendit l'application à tout le territoire du royaume de France. En présence d'une tradition si constante, les rédacteurs du Code civil devaient, semble-t-il, enregistrer purement et simplement la doctrine de leurs devanciers. Ce n'est pourtant pas à cette idée qu'ils se sont arrêtés. Ils ont conservé la loi *hac edictali*, mais la loi *feminœ* n'a pas trouvé place dans leur œuvre. On proposa, il est vrai, de maintenir celle-ci dans le Code de 1804, mais cette proposition ne fut pas écoutée. Hâtons-nous d'ailleurs de le reconnaître, le législateur est ici à l'abri de tout reproche. La disposition contenue dans la loi *feminœ* était en contradiction avec les principes nouveaux de notre droit moderne, et cela sous plus d'un rapport : d'abord elle tenait compte de l'origine des biens pour en régler la dévolution; en l'admettant, on eût donc violé l'art. 732 ; en second lieu, elle grevait l'époux remarié d'une véritable substitution au profit des enfants du premier lit, ce qui eût été contraire à l'art. 896 ; enfin, elle créait des inégalités choquantes entre des enfants issus de différents mariages, mais se rattachant cependant à un auteur commun, ce que défendait de faire l'art. 745.

Malgré cela, certains auteurs (1) ont exprimé le regret d'avoir vu disparaître de nos Codes la règle de la loi *feminœ :* ils ont prétendu que rien désormais ne pourrait empêcher le conjoint remarié de dissiper, au préjudice des enfants du premier lit, les biens de leur auteur décédé. Mais cette objection n'est pas sans réponse. En effet, puisqu'il est à peu près unanimement admis par la jurisprudence que la condition de ne pas se remarier apposée à une libéralité est parfaitement valable, qui empêche le conjoint donateur d'im-

---

(1) Malleville, Poujol, s. l'art. 1098.

poser cette condition au donataire, dont il redouterait les tendances dissipatrices? Et puis, n'a-t-il pas un autre moyen à sa disposition? Qu'il laisse à son époux l'usufruit seulement des biens donnés et qu'il en assure la nu-propriété à ses enfants; de cette façon leurs droits seront sauvegardés pour toujours.

Reste donc la loi *hac edictali*, reproduite par l'art. 1098. C'est sur ce texte que vont désormais porter nos explications.

Mais avant d'entrer dans l'examen des questions de détail auxquelles il donne naissance, demandons-nous quel est au juste le caractère de la disposition qu'il renferme. Est-ce, comme l'a prétendu M. Coin-Delisle (art. 1098, n° 2), une règle de capacité, de statut personnel, ou bien une règle de disponibilité réelle? Remarquons d'abord les conséquences pratiques de l'un et l'autre système : 1° Si l'art. 1098 est une règle de disponibilité réelle, il s'appliquera à tous les biens situés en France, alors même qu'ils appartiendraient à des étrangers; il sera sans effet sur les biens situés à l'étranger et appartenant à des Français (art. 3). — 2° En cas d'excès de la quotité disponible, la donation ne sera pas frappée de nullité, comme un acte fait par une personne incapable; elle sera simplement réductible, conformément à l'art. 920. — 3° Pour apprécier le sort de la disposition faite en faveur du nouveau conjoint, il faudra se placer, non pas à l'époque de sa confection, mais à l'époque du décès du disposant. — Si l'art. 1098 est une règle de capacité, les conséquences sont diamétralement opposées.

Nous n'hésitons pas à reconnaître qu'il s'agit dans l'espèce d'une règle de disponibilité réelle. En effet, pour distinguer si une loi est réelle ou personnelle, il ne faut tenir compte ni de ses termes, ni de sa tournure de phrase; il faut uniquement rechercher, en allant au fond des choses, quel est le but définitif que s'est proposé le législateur. Or, il est incontestable qu'ici le législateur a simplement voulu veiller aux intérêts des enfants que le second mariage de leur auteur aurait pu compromettre; son intention n'a jamais été de frapper les nouveaux époux d'une peine, d'une incapacité personnelle, puisque, comme l'a dit si judicieusement M. Marcadé, en retirant les enfants du premier mariage, nous trouvons les époux capables de se donner plus qu'à des étrangers, et qu'en retirant tous les héritiers à réserve, nous les trouvons capables de se donner tous leurs biens. Objectera-t-on maintenant la formule de l'art. 1098? Dira-t-on qu'il est conçu *in personam* (l'homme ou la femme ne pourra, etc.), tandis que les art. 913 et 915 sont conçus *in rem* (les libéralités ne pourront excéder, etc.)? Mais encore une fois, la façon dont s'exprime la loi est indifférente. D'ailleurs, l'art. 908 dit aussi lui : les enfants naturels ne pourront recevoir... et pourtant tous reconnaissent que ce texte contient une règle de disponibilité. Nous maintenons donc notre affirmation : il s'agit dans l'art. 1098 d'une règle de quotité disponible, non de capacité; il s'agit de créer une réserve pour les enfants du premier lit, et non de frapper d'une peine ceux qui convolent à de secondes unions (1).

Ceci posé, voyons dans quels cas l'art. 1098 est applicable. Il faut en premier lieu que l'homme ou la femme qui se remarie ait, ou plutôt laisse à son décès des enfants d'un autre lit. Autrement la disposition de l'art. 1098 est hors de cause, et nous retombons dans le droit commun (art. 913, 915 et 1094). Mais de quels enfants entend parler la loi? d'enfants légitimes ou légitimés; cela est évident, puisqu'on

---

(1) Marcadé, art. 1098, n° 353; Demol., *Donat.*, VI, n° 552.

les suppose issus d'un précédent mariage; il n'y a donc aucun compte à tenir des enfants naturels. — Quant aux petits-enfants ou arrière-petits-enfants, ils doivent être compris dans la qualification générale d'*enfants*. L'Edit de 1560 les visait textuellement, et si le Code n'a pas été aussi explicite, c'est qu'il a pensé qu'aucun doute ne pouvait s'élever à cet égard. Toutefois, il faut ajouter qu'ils ne seront comptés dans la fixation de la réserve que pour l'enfant qu'ils représentent dans la succession du disposant (art. 914). — Enfin, par application de la maxime : *infans pro nato habetur quoties de ipsius commodis agitur*, nous pensons que l'enfant simplement conçu à l'époque de la célébration du second mariage pourra dans la suite invoquer à son profit la disposition de l'art. 1098.

Tous ces points sont à l'abri de la discussion. Mais *quid* des enfants adoptifs ? On a soutenu qu'il fallait les assimiler aux enfants légitimes. L'art. 350, a-t-on dit, leur donne sur la succession de l'adoptant les mêmes droits que ceux qu'y aurait l'enfant né en mariage ; or c'est à raison de leurs droits successoraux, c'est afin de les sauvegarder que l'art. 1098 crée une réserve en faveur des enfants légitimes du veuf ou de la veuve remarié, cette réserve doit donc aussi exister pour protéger les intérêts des enfants adoptifs. Telle n'est pourtant pas notre opinion. En présence des termes employés par l'art. 1098 : l'homme ou la femme qui, ayant des *enfants d'un autre lit*, contractera *un second ou subséquent mariage*....., nous pensons que la disposition de notre texte ne pourra s'appliquer à des enfants simplement adoptifs. S'il en était ainsi, l'adoption serait un obstacle au mariage, puisque l'adoptant ne pourrait plus traiter son conjoint aussi favorablement après qu'avant l'adoption (1).

(1) Aubry et Rau, IV, p. 651, et V, p. 620 ; Troplong, *Donat.*, n° 2,701.

Remarquons en terminant sur ce point que l'art. 1098 peut être invoqué non seulement par les enfants d'un premier lit, mais encore par ceux d'un second ou d'un troisième lit, lorsque leur auteur vient à contracter une troisième ou quatrième union. La loi parle, en effet, des seconds ou *subséquents* mariages ; sa protection est d'ailleurs aussi nécessaire pour les uns que pour les autres.

Il ne suffit pas que l'époux donateur ait des enfants de son premier mariage, il faut encore que ces enfants existent à l'époque de son décès. Nous avons, en effet, établi précédemment que la disposition de l'art. 1098 créait une réserve en leur faveur ; or, la réserve ne peut jamais être réclamée qu'après la mort du donateur. Donc, avant cette époque, les enfants du premier lit n'auront aucune action en raison des libéralités excessives qui auraient pu être faites par leur auteur à son nouvel époux. Quelques jurisconsultes (1) leur reconnaissent cependant le droit de prendre des mesures conservatoires en vue de l'exercice éventuel de leur action en réduction, mais ce droit leur est généralement refusé, parce que du vivant de leur auteur, ils n'ont qu'une vocation conditionnelle, une simple espérance ; parce qu'en un mot leur droit à l'hérédité et à la réserve n'est pas encore né.

Ce n'est pas tout : pour que les enfants du premier lit puissent invoquer l'art. 1098, il faut qu'ils se portent héritiers. D'où la conséquence que s'ils renoncent à la succession de leur auteur ou s'ils en sont déclarés indignes, ils perdent par là même le droit de faire réduire les libéralités excessives faites au nouvel époux. Ce point ne saurait être contesté : l'art. 1098, nous l'avons démontré, établit une réserve au profit des enfants du premier lit ; d'autre

____

(1) Troplong, *Don.*, II, n° 935. — *Secus* Demol., VI, n° 563.

part, il est admis aujourd'hui par tous les auteurs que la réserve est, non plus comme en droit romain, une portion du patrimoine laissé par le *de cujus*, mais une partie de l'hérédité ; que par suite, nul n'a droit à cette partie de l'hérédité, s'il n'est héritier lui-même : *non habet legitimam nisi qui heres est.* Les enfants du premier lit renonçants ou indignes perdent donc tout droit à la réserve de l'art. 1098. M. Troplong, cependant, a soutenu la doctrine contraire, en se fondant sur les précédents historiques et en particulier sur l'autorité de Ricard et de Pothier ; pour lui, l'action en réduction compète aux enfants du premier lit, non pas à titre d'héritiers, mais *jure sanguinis, jure naturali*, à titre d'enfants. Cette opinion est universellement repoussée. Peu importe aujourd'hui la solution de l'ancien droit, peu importe la manière de voir des jurisconsultes du XVIIe siècle, la théorie du Code est certaine, et elle contredit celle de la législation antérieure. Comment, d'ailleurs, soutenir que les enfants du premier lit ont droit à leur réserve en *qualité d'enfants?* Est-ce donc là une manière d'acquérir sous l'empire de notre Code? Mais qu'on se reporte aux art 711 et suivants, on n'y trouvera rien qui soit de nature à justifier cette prétention. La propriété des biens s'acquiert par *succession*, par donation, etc..... (art. 711), mais jamais, comme l'affirme Troplong, *jure sanguinis.*

Nous venons de dire quand et à quelles conditions l'art. 1098 est applicable ; voyons maintenant de quelle façon il doit être appliqué.

La loi permet de donner au nouvel époux une part d'enfant le moins prenant, pourvu d'ailleurs que la donation ne dépasse pas le quart des biens.

Une part d'enfant le moins prenant, tel est donc le maximum de la quotité disponible entre conjoints ayant des enfants d'un précédent mariage. Mais que faut-il entendre au juste par cette disposition de l'art. 1098? S'agit-il de la part que l'enfant recueille en fait ou de celle qui lui revient en droit? On comprend, en effet, qu'une différence peut exister à ce point de vue. Supposons, par exemple, qu'un père ait constitué en dot à sa fille une somme inférieure à sa réserve, et que celle-ci ne réclame pas le surplus au décès de son auteur, elle touchera moins en fait que la portion du patrimoine paternel à laquelle elle a droit. Calculera-t-on la part du nouvel époux, en prenant pour base la dot de la fille? Pothier, dans son *Traité du contrat de mariage* (n° 561), répondait négativement, et nous pensons qu'aujourd'hui la même solution doit être admise. Il ne saurait, en effet, dépendre de la volonté des enfants de réduire la libéralité faite au nouveau conjoint, ce qui aurait pourtant lieu dans le système contraire, et ce qui aurait lieu généralement par suite d'une collusion frauduleuse, d'une entente préalable entre les intéressés. Il faut de toute nécessité prévenir ce résultat.

On comprend du reste que la portion de biens que l'art. 1098 déclare disponible en faveur du nouvel époux peut lui être attribuée soit par donation, soit par testament, soit à titre universel, soit à titre particulier, soit par une donation de biens présents, soit par une donation de biens à venir. Des termes de notre texte, l'homme ou la femme *ne pourra donner* à son nouvel époux qu'une part d'enfant le moins prenant, on eût peut-être été tenté de conclure que le nouvel époux ne peut recevoir que sous la forme d'une donation de biens à venir. Mais cette conclusion aurait été erronée, car l'art. 1098 n'a point pour but d'indiquer sous quelle forme

la libéralité doit intervenir, mais uniquement d'en déterminer la mesure et d'en marquer la limite.

L'époux avantagé ne peut recevoir qu'une part d'enfant
moins prenant. Cela est-il toujours exact? Si le donateur ne
laisse que un ou deux enfants, le donataire, d'après notre
règle, aurait droit à la moitié ou au tiers de sa fortune.
Pourra-t-il cependant recueillir cette moitié ou ce tiers?
Nullement; en aucune hypothèse, il ne peut prendre que le
quart de tous les biens. C'est là une seconde restriction
apportée à sa capacité. Ajoutons qu'elle est de droit nouveau;
nous ne la rencontrons, en effet, ni dans la législation romaine,
ni dans les coutumes; elle n'avait même pas pris place dans
le projet primitif du Code. Elle fut introduite seulement sur
la demande de M. Berlier. Elle est, comme on le voit, toute
favorable aux enfants du disposant, et elle indique clairement
de la part du législateur l'intention de restreindre plutôt que
d'étendre la quotité disponible en faveur des nouveaux époux.

Nous arrivons aux questions de détail. Comment, en fait,
déterminer la part qui doit revenir au nouvel époux ? Et
d'abord dans le calcul faudra-t-il compter avec les enfants
du premier lit ceux du second mariage ? L'affirmative est
certaine, car l'art. 1098 ne fait aucune distinction entre ces
deux classes d'enfants. Et cela devait être, puisque tous ces
enfants ont une part dans la succession du donateur, leur
auteur commun. — S'il existe des enfants naturels, on peut
dire qu'il y a lieu de les compter aussi, en ce sens qu'il faut
commencer par prélever sur la masse la part que leur attribue l'art. 757, afin que cette part soit supportée proportionnellement par les enfants légitimes et le conjoint donataire. — Il faut d'ailleurs observer que les descendants d'un
enfant prédécédé ne sont jamais comptés, quel que soit leur
nombre, que pour une tête ; et cela est rationnel, puisqu'ils

n'obtiennent à eux tous qu'une seule part, qu'ils viennent de leur chef ou par représentation (art. 914). — Enfin, on ne tiendra compte dans le calcul que des enfants qui sont effectivement héritiers, de sorte qu'il faut laisser de côté les enfants renonçants ou indignes.

Il résulte de cette dernière règle que si tous les enfants issus du premier mariage du donateur sont prédécédés, renonçants ou indignes, il n'y a plus lieu d'appliquer l'art. 1098. Nous retombons alors dans l'hypothèse de l'art. 1094, qui fixe la quotité disponible ordinaire entre époux.

Le calcul se fait sans embarras lorsque l'objet de la donation est un corps certain ou une quantité précise. Mais *quid* si le disposant a laissé à son conjoint *une part d'enfant* sans autre indication ? Il meurt sans postérité. Quel sera le droit du nouvel époux ? Nos anciens auteurs s'étaient posé cette question et la résolvaient diversement. Les uns voulaient que le nouvel époux eût toute la succession, s'il n'existait pas d'héritiers à réserve; les autres qu'il n'en eût rien; une troisième opinion, soutenue par Pothier (n° 598), décidait que la moitié de la succession lui serait attribuée; elle s'appuyait sur un axiôme de droit romain, formulé par Ulpien (Dig., l. 16, § 1, *de verb. signif.*): *Partis appellatio; non adjecta quota, dimidia intelligitur.* Aujourd'hui les deux derniers systèmes sont complétement abandonnés : le premier est reproduit par un seul auteur, M. Vazeille (sur l'art. 1098). En définitive, la doctrine et la jurisprudence décident généralement que, dans notre hypothèse, le nouvel époux n'aura droit qu'au *quart* des biens, c'est-à-dire au maximum fixé par l'art. 1098. En laissant à son conjoint une part d'enfant, le donateur a, suivant de grandes probabilités, entendu se reporter à la disposition de ce texte ; il faut donc l'appliquer. Toutefois, si la preuve d'une autre volonté résultait des termes de l'acte et des autres circonstances de fait, le juge devrait en tenir compte, et rendre une décision conforme à l'intention présumée du disposant, car il y a ici avant tout une question d'interprétation (1).

La solution qui précède est applicable alors même que le conjoint donataire se trouve en concours avec les enfants du second mariage.

Examinons maintenant les principales hypothèses qui peuvent se présenter relativement à l'application de l'article 1098, et indiquons le mode de calcul qui sera employé dans chacune d'elles.

A. — *Lorsque l'époux donateur n'a fait aucune libéralité, soit au profit de personnes étrangères, soit au profit de ses enfants.* — Nulle difficulté ne peut surgir. Le conjoint donataire sera compté comme un enfant de plus ; on partagera la succession en autant de parts qu'il y aura d'enfants, *plus une*, et il prendra une de ces parts ; les autres seront attribuées aux enfants.

B. — *Le donateur a fait des libéralités au profit de l'un ou de plusieurs de ses enfants.* — La règle générale qu'il convient de suivre alors est déjà connue : en aucun cas, l'époux donataire ne peut réclamer qu'une part égale à celle de l'enfant *moins prenant* (c'est même pour cette hypothèse que l'art. 1098 a été fait, car il suppose évidemment que les enfants prennent des parts inégales). Mais comment procéder pour déterminer cette part ? Distinguons si la libéralité a été faite ou non par préciput.

____

(1) Demol., VI, n° 590 ; Marcadé, art. 1098 ; Troplong, IV, n° 2719 ; Aubry et Rau, VI, p. 623.

1° *Par préciput.* — On commence par défalquer le préciput pour le mettre à l'actif des enfants à qui il est attribué, puis on partage le reste de l'hérédité entre tous les descendants et le conjoint. Cette solution est incontestable lorsque la donation préciputaire est antérieure à celle que reçoit l'époux, ou encore lorsqu'elle l'accompagne. Mais elle est vivement controversée dans l'hypothèse où la donation en faveur de l'époux précède la libéralité préciputaire. S'il fallait admettre ce mode de procéder, dit-on, on arriverait à transgresser la règle de l'irrévocabilité des donations. Supposez, en effet, que Primus resté veuf avec cinq enfants se soit remarié, et par contrat de mariage ait donné à sa seconde femme une valeur de 10,000 fr. Il meurt laissant un patrimoine de 60,000 fr. Si, dans la suite, il n'a fait aucune libéralité à ses enfants, les 10,000 fr. donnés à la femme lui resteront définitivement, car 10,000 est le 1/6 de 60,000. Mais, si par testament il a légué 5,000 fr. à l'un de ses enfants, en déduisant cette somme pour là mettre à l'actif du légataire, il restera 55,000 fr. à partager entre six, soit 9,166 fr. et une fraction pour chacun. La femme perdra 833 fr. et une fraction. Sa donation aura donc été révoquée pour cette somme ; il y aura donc là violation de la règle *donner et retenir ne vaut.* — Au point de vue des principes, cette objection est sans réponse. Il n'en est pas moins vrai qu'il est indispensable de procéder comme nous l'avons dit pour fixer la part du nouvel époux. Car, avec tout autre mode, nous arriverions à donner à ce dernier plus qu'une part d'enfant moins prenant, ce qui serait contraire à l'art. 1098. En définitive, un conflit se déclare ici entre la disposition de cet article et la règle de l'irrévocabilité des donations. C'est celle-ci qui doit fléchir de l'avis de tous les auteurs. D'ailleurs, comme l'a fait remarquer M. Colmet de

Santerre, le principe de l'irrévocabilité est observé moins rigoureusement dans les donations par contrat de mariage, qui admettent des conditions potestatives de la part du donateur (1).

La difficulté que nous venons de rencontrer ne surgirait pas au cas où la donation aurait été faite pendant le mariage, car alors elle serait révocable (art. 1096).

2° *Sans préciput.* — Dans cette hypothèse, on ne déduira pas de la masse la libéralité faite à l'enfant; on calculera la part du nouvel époux en prenant pour base la totalité des biens existants, auxquels on joindra la libéralité en question. Objectera-t-on que, d'après l'art. 857, le rapport n'est dû que par le cohéritier à son cohéritier et jamais au donataire ou au légataire; que par conséquent il n'y a pas lieu ici d'effectuer le rapport qui ne profiterait qu'à l'époux? L'objection serait fondée si cet époux demandait un rapport *réel,* en prétendant qu'ayant droit à une part d'enfant, il doit être considéré lui-même comme un cohéritier, car cette qualité ne saurait, dans l'espèce, lui appartenir. Mais il ne demande pas un rapport *réel,* mais bien un rapport *fictif,* à l'aide duquel on puisse déterminer la part incertaine qui doit lui revenir. Une fixation, et non une augmentation de part, tel est en effet le résultat poursuivi et obtenu par le second conjoint. Vis-à-vis de lui, l'enfant avantagé reste nanti de sa donation. — Cependant, s'il résultait des dispositions du donateur qu'il a entendu que le calcul fût fait sur la masse des biens existants, sans rapport fictif des biens donnés, sa volonté devrait être respectée; il était libre de restreindre l'étendue de sa libéralité, puis-

(1) Colmet de Santerre, IV, n° 278 *bis;* Aubry et Rau, V, p. 627; Troplong, IV, n° 2,711; Demol., VI, n° 569.

qu'il était libre de ne pas la faire (Cour de Douai, 30 décembre 1843).

C. — *Le donateur a fait des libéralités au profit de personnes étrangères.* — La règle sera la même ici qu'au cas où une donation par préciput a été faite à l'un des enfants, car le bien donné est dans les deux hypothèses définitivement mis en dehors du patrimoine du donateur. Toutefois, pour qu'il en soit ainsi, il faut que la quotité disponible n'ait pas été dépassée. Comment procédera-t-on dans le cas contraire? Si les enfants font eux-mêmes réduire la libéralité excessive, l'excédant figurera dans le calcul. Mais s'ils négligent d'intenter l'action en réduction, le nouvel époux peut-il demander la réunion fictive à la masse de cet excédant? Nous croyons qu'il a ce droit. On objectera encore que d'après l'art. 921, les légataires et donataires ne peuvent ni demander la réduction, ni en profiter. Nous répondrons, comme à propos de l'art. 857, que le nouvel époux ne demande pas la réduction; il ne prétend pas qu'une portion quelconque des biens donnés arrive dans ses mains pour composer la libéralité qui lui a été faite. Il soutient seulement qu'il ne doit pas, *lui*, subir de réduction; que son droit ne doit pas être modifié par suite du mauvais vouloir des enfants : il n'attaque pas, suivant l'expression de M. Demolombe (n° 597), il se borne à se défendre; il réclame l'application stricte de l'art. 1098, pas autre chose (1).

D. — *Le donateur a fait une libéralité excessive en faveur du nouvel époux.* — Ceci ne peut se présenter lorsqu'il lui a donné une part d'enfant; cette part ne saurait être excessive, puisqu'elle n'est pas déterminée. Nous supposons donc que la donation consiste en un corps certain, ou en

(1) Contra : Troplong, IV, n°° 2,700 et 2,707 ; Grenier, II, n° 708.

une somme d'argent fixée à l'avance. Pour savoir de combien elle dépasse la quotité disponible de l'art. 1098, il faudra se reporter aux prescriptions de l'art. 922, le seul texte qui indique le mode de procéder à cet effet. En conséquence, on formera une masse dè tous les biens existants, on y réunira fictivement les biens donnés, et on calculera sur tous ces biens quelle est, eu égard au nombre des enfants, eu égard aussi à la qualité de la personne avantagée, la quotité dont le donateur a pu disposer. Cette quotité une fois connue, on la retranchera du montant de la donation ; la différence sera précisément l'excédant recherché. Soit un patrimoine de 60,000 fr. et une libéralité de 20,000 fr. en faveur du second conjoint. On ajoute ces deux sommes, ce qui donne un total de 80,000 fr. Si maintenant nous supposons que le donateur est mort laissant quatre enfants d'une précédente union, la quotité disponible à l'égard du nouvel époux sera du 1/5 de 80,000 fr., puisqu'elle doit être égale à une part d'enfant le moins prenant, et que cette part se détermine dans l'espèce en divisant la succession en autant de portions qu'il y a d'enfants plus une. Le 1/5 de 80,000 est de 16,000. Or, 20,000 — 16,000 = 4,000. L'excédant est donc de 4,000 fr.

La disposition de l'art. 1098 donne lieu, comme on le voit, à de nombreuses difficultés. Celles qui nous restent à résoudre ne sont pas les moindres. C'est en effet un point très-délicat et très-controversé que de savoir comment doit s'entendre la règle de notre texte quand il y a plusieurs convols successifs de l'époux ayant des enfants d'un premier lit. Trois systèmes sont aujourd'hui en présence. Le premier est dû à M. Duranton ; il enseigne que chacun des conjoints peut obtenir une part d'enfant, pourvu que leur part à tous

ne dépasse pas la quotité disponible ordinaire (art. 913).
D'après le deuxième système, professé par MM. Bugnet,
Demante et Colmet de Santerre, chaque époux aurait également droit à une part d'enfant; seulement la réunion de
toutes ces parts ne devrait jamais excéder le quart du patrimoine entier. Enfin, la troisième opinion, qui a pour elle la
majorité des auteurs (1), estime que les conjoints de la
personne remariée ne peuvent à eux tous recevoir qu'une
part d'enfant le moins prenant.

Dans l'ancien droit, toutes les donations réunies ne pouvaient dépasser la part de l'enfant le moins prenant. Pothier
était très-explicite à cet égard : « l'Edit ne porte pas, disait-
» il, que les femmes veuves ne pourront donner à *chacun*
» de leurs nouveaux maris plus qu'à un de leurs enfants ;
» il porte qu'elles ne pourront donner *à leurs nouveaux*
» *maris*, etc... Ce qui signifie qu'elles ne peuvent donner
» à tous leurs nouveaux maris plus que l'équivalent
» de la part de l'enfant le moins prenant. » En face
de ce précédent historique, M. Duranton raisonne
ainsi : l'art. 1098 ne dit pas, comme l'Edit de 1560,
à leurs nouveaux maris collectivement, au pluriel,
mais il dit au contraire à *son nouvel époux*, au singulier et individuellement. Notre texte entend donc
accorder au conjoint remarié plusieurs fois le droit de
donner à chacun de ses nouveaux époux une part d'enfant
moins prenant, et tant qu'il n'aura pas dépassé le disponible
de l'art. 913, ses libéralités seront inattaquables. — Le
second système se fonde aussi lui sur l'argument tiré de la
rédaction comparée de l'Edit des Secondes Noces et de

(1) Demol., VI, n° 572; Marcadé, art. 1098, n° 350 et s.; Valette, II,
p. 447; Aubry et Rau, VI, p. 632; Troplong, VI, n° 2,720.

l'art. 1098, et il en conclut comme le premier que les nouveaux époux peuvent recevoir une part d'enfant moins prenant, mais il limite ces donations au quart des biens du conjoint remarié, par application de la disposition finale de notre article.

Ces deux doctrines sont généralement repoussées. On les réfute d'ailleurs sans peine. D'abord, quant à l'argument de texte commun aux deux systèmes, il n'est pas concluant : le législateur moderne, il est vrai, n'a point adopté la formule de l'Edit, mais la modification apportée à cette formule est sans influence au point de vue qui nous occupe. Peu importe le pluriel ou le singulier ; dans notre langue, le singulier est aussi souvent collectif que le pluriel. Le Code lui-même emploie indifféremment l'un pour l'autre, témoin l'art. 757 : Le droit *de l'enfant naturel* sur la succession de ses père et mère est réglé, etc..., pour : le droit *des enfants naturels,* etc.... Du reste, s'il avait été dans la pensée des rédacteurs de changer la règle de l'ancien droit, ils auraient assurément eu recours à la formule indiquée par Pothier, et au lieu de dire : le conjoint remarié ne pourra donner *à son nouvel époux...,* ils auraient dit : *à chacun de ses nouveaux époux ;* car cette expression était la seule qui traduisît exactement et sans équivoque l'idée à laquelle nous faisons allusion. Il n'y a donc rien à conclure du texte de la loi. Maintenant, comment admettre avec le premier système que l'époux remarié pourra donner à son conjoint tout le disponible ordinaire ? N'est-ce pas impossible, en présence de l'art. 1098, qui crée un disponible spécial pour le cas où il existe des enfants d'une précédente union ? — Quant à la limite indiquée par la seconde opinion, elle nous semble fort arbitraire. De ce que la loi veut que les donations ne puissent jamais excéder le quart des biens, on conclut qu'en cas de plusieurs convols successifs, ce quart pourra toujours être abandonné aux nouveaux conjoints. Mais cette conclusion est mauvaise, car dans l'hypothèse d'un seul convol, nous savons que le nouvel époux ne pourra pas toujours recevoir le quart, il n'a droit en définitive qu'à une part d'enfant moins prenant ; or, cette part peut être d'un cinquième, d'un sixième, etc. Pourquoi en serait-il autrement lorsque le donateur est remarié en troisièmes ou quatrièmes noces ? L'art. 1098 n'est-il pas conçu d'une façon générale ? On a soutenu, il est vrai, que la disposition finale de cet article avait été introduite en vue de l'hypothèse de plusieurs unions successives ; mais il suffit d'interroger les travaux préparatoires pour avoir la preuve du contraire. Elle fut insérée, en effet, sur la demande de M. Berlier, dans le but unique de restreindre la part du nouvel époux qui, en présence d'un seul ou de deux enfants, aurait pu toucher la moitié ou le tiers de la succession.

Reste donc la troisième opinion, qui est la reproduction de la doctrine de Pothier. Nous venons de démontrer que rien, soit dans le texte du Code, soit dans les travaux préparatoires, n'indique chez le législateur l'intention de la répudier. Nous pouvons même ajouter qu'il fut déclaré dans l'Exposé des motifs, présenté par Bigot de Préameneu, que l'on a entendu *maintenir* la règle de l'ancien droit. Enfin, si l'on recherche la pensée intime de la loi, l'esprit dans lequel est conçu l'art. 1098, on arrive forcément à cette idée que loin d'élargir l'ancien disponible de l'Édit, on a voulu, en 1804, le restreindre dans de notables proportions. Nous concluons par suite que tous les nouveaux époux ne peuvent recevoir ensemble qu'une part d'enfant, et que si cette part a été donnée en entier au second conjoint, le troisième n'aura plus droit à aucune libéralité, si faible qu'elle puisse être.

L'art. 1098 ne restreint la faculté de disposer qu'à l'égard du nouvel époux ; il en résulte que le veuf ou la veuve remarié et ayant enfants d'un précédent mariage, conserve le droit de disposer, jusqu'à concurrence du disponible ordinaire, soit en faveur d'un étranger, soit en faveur des enfants du premier lit, soit même en faveur des enfants issus de la nouvelle union. Ceci nous amène à étudier la question que soulève la combinaison des art. 913 et 1098, autrement dit le concours de la quotité disponible spéciale avec la quotité disponible ordinaire.

Tout d'abord il est certain que ces deux disponibles ne peuvent être cumulés, c'est-à-dire qu'une personne remariée ne peut les épuiser à la fois l'un et l'autre, par suite de libéralités faites à des tiers et à son nouvel époux. Pour démontrer l'impossibilité du cumul, il suffit de remarquer qu'il aboutirait à une diminution toujours sensible, parfois considérable, de la réserve des enfants, résultat qui serait essentiellement contraire au vœu de la loi. D'ailleurs, la quotité disponible de l'art. 1098 est, de tous points, la même, sauf seulement la mesure, que la quotité disponible de l'art. 913 ; or, il est évident que l'on ne peut disposer deux fois de la même chose.

Mais si le cumul est impossible, le concours des deux quotités peut se produire ; comment alors répartir les biens donnés entre les tiers et le nouvel époux ? Il est admis qu'il faudra appliquer ici les règles ordinaires en matière de réduction, telles qu'elles sont indiquées dans les art. 923 et suivants, en tenant compte, bien entendu, de la différence qui existe dans la mesure du disponible ordinaire et du disponible spécial. Ces règles varient, du reste, suivant qu'il s'agit de dispositions testamentaires ou entre-vifs : les legs, en effet, sont réductibles en masse et proportionnellement,

les donations suivant l'ordre dans lequel elles sont intervenues, les plus anciennes survivant aux plus récentes.

Supposons, en premier lieu, que le veuf ou la veuve
remarié ait fait par testament, au profit de son nouvel
époux et au profit de personnes étrangères, des libéralités
qui dépassent la quotité disponible ordinaire. Il faudra
d'abord se demander si le legs attribué au conjoint n'excède
pas le disponible spécial de l'art. 1098, et, en cas d'excès,
on le réduira jusqu'à concurrence de ce disponible; puis, par
application de l'art. 926, on fera subir une réduction proportionnelle à toutes les dispositions testamentaires, jusqu'à
ce que la totalité de ces dispositions soit devenue égale à la
quotité disponible ordinaire.

Si le veuf ou la veuve a disposé par donations entre-vifs,
on devra appliquer l'art. 923. Toutefois, cette hypothèse
est moins simple que la précédente, car elle présente certaines complications que le Code n'a pas prévues. Il faut, en
effet, distinguer si la donation faite en faveur de l'étranger
est antérieure ou postérieure à la donation au profit de
l'époux, ou bien si les deux donations sont concomitantes.
Les solutions varieront suivant les cas; nous les déduirons
toutes cependant de deux règles universellement admises en
matière de concours de disponibles, et que nous formulerons
ainsi : — 1° Le montant cumulé des dispositions faites par
l'époux, soit en faveur de son conjoint, soit en faveur d'un
étranger, ne peut excéder la quotité disponible la plus forte
(celle de l'art. 913 ici); — 2° Le donataire ou légataire
étranger comme l'époux, et l'époux comme l'étranger, ne
sauraient recevoir chacun au-delà de la quotité disponible
qui leur est spéciale.

Ces principes posés, faisons-en l'application :

PREMIÈRE HYPOTHÈSE. — *La donation faite à l'étranger*

est la première en date. — Il faut rechercher quel est le montant de cette donation. A-t-elle épuisé le disponible ordinaire, le nouvel époux ne pourra plus rien recevoir. A-t-elle pris seulement une partie de ce disponible, la donation en faveur du nouveau conjoint sera exécutée jusqu'à concurrence du surplus, pourvu bien entendu qu'elle soit renfermée dans les limites de l'art. 1098.

Deuxième hypothèse. — *La donation faite à l'étranger est postérieure.* — Le nouvel époux pourra dès lors recueillir la sienne, mais la totalité des biens donnés ne lui reviendra pas toujours. De deux choses l'une, en effet : ou la donation qui lui a été faite dépasse le disponible spécial de l'art. 1098, ou elle ne le dépasse pas. Si elle ne le dépasse pas, le conjoint prend tout ce qui lui a été donné, et l'étranger a droit seulement à la différence entre le disponible spécial et le disponible ordinaire. Mais s'il y a excès, l'époux donataire touchera seulement la quotité qui lui est accordée par la loi ; car l'étranger peut réclamer aux héritiers l'excédant du disponible ordinaire sur le disponible spécial, et les hér. tiers, après s'être acquittés vis-à-vis de celui-ci, intenteront sans aucun doute l'action en réduction contre le conjoint avantagé.

Troisième hypothèse. — *Les deux donations sont concomitantes, c'est-à-dire contenues dans le même acte.* — Cette hypothèse semble avoir été négligée par la plupart des auteurs ; nous croyons cependant devoir présenter quelques observations à son sujet. Il est d'abord bien évident que si la quotité disponible ordinaire n'est pas dépassée, les deux donations sont valables en principe. Si maintenant le conjoint est avantagé au-delà des limites indiquées par l'art. 1098, il y aura lieu de réduire la donation qui le concerne. Mais *quid* lorsque chacune des donations, considérée séparément, n'excède pas le disponible propre qui lui est assigné, mais que, réunies, les deux donations dépassent la quotité disponible fixée par l'art. 913? Il faudra évidemment les réduire l'une et l'autre, puisqu'elles sont contenues dans le même acte et qu'il n'y a aucune raison de préférer celle-ci à celle-là. Mais d'après quel mode se fera la réduction? Procédera-t-on par une opération unique, en réduisant toutes les dispositions simultanément, d'après la quotité disponible la plus forte, ou bien faudra-t-il faire plusieurs opérations, de telle sorte que la libéralité du conjoint et celle de l'étranger soient réduites chacune d'après sa quotité respective? C'est là une question fort importante et en même temps fort délicate.

Toullier enseigne qu'on devra toujours faire une seule opération, en réduisant les deux libéralités au marc le franc et d'après le disponible le plus fort. Ainsi, un homme ayant un enfant d'un premier lit, donne à sa seconde femme un quart et à un étranger la moitié de son patrimoine. En supposant 48,000 fr. de fortune, la première donation est de 12,000 fr. et la seconde de 24,000 fr. D'après Toullier, on dira que la masse des donations étant de 36,000 fr. et le disponible le plus élevé de 24,000 fr., il faut réduire chaque libéralité d'un tiers, en sorte que la femme obtiendra 8,000 fr. et l'étranger 16,000 fr. Mais ce système est inadmissible, car il fait profiter du disponible le plus fort celui qui n'a droit qu'au disponible le plus faible; le nouvel époux ne peut recevoir qu'un quart, et cependant la réduction a lieu comme s'il pouvait recevoir une moitié.

Une autre doctrine, professée par Delvincourt, estime que la réduction des deux donations excessives doit être faite proportionnellement au disponible commun, c'est-à-dire le plus faible, celui de l'art. 1098 par conséquent, et que l'excédant du disponible le plus fort sur le disponible le plus faible appartient au donataire le plus favorisé par la loi. Dans notre espèce, par exemple, le disponible commun est du quart, soit 12,000 fr. En faisant la réduction d'après ce disponible, l'opération donnera 4,000 fr. à la femme et 8,000 fr. à l'étranger; on ajoutera aux 8,000 fr. que prend ce dernier la différence entre les deux disponibles, soit 12,000 fr., et on trouvera qu'en définitive il recevra 20,000 fr. Ce procédé est assurément préférable à celui de Toullier; il est pourtant sujet à de vives critiques. Car, si Toullier donne trop à l'époux, Delvincourt lui donne trop peu. Il a le tort d'avantager deux fois l'étranger, alors qu'il ne doit l'être qu'une seule fois : non content, en effet, de le faire concourir sur le disponible commun, et cela à raison du montant total de la disposition à lui faite, il lui attribue en outre exclusivement l'excédant du disponible le plus fort sur le moins élevé. Cela ne doit pas être, et pour prévenir un semblable résultat, M. Marcadé a proposé d'adopter le système suivant, qui n'est, à vrai dire, qu'un correctif de la théorie de Delvincourt.

On prendra toujours pour base du calcul le disponible le plus faible, et on réduira les deux libéralités d'après ce disponible, mais, ajoute l'auteur de cette doctrine, puisqu'on suppose pour un instant que les deux libéralités ont un même disponible, il faut faire subir à la donation en faveur de l'étranger une réduction proportionnelle à celle qu'on fait subir à son disponible; après cela on lui attribuera la différence, l'excédant du disponible le plus fort sur le plus faible. Raisonnons sur notre espèce : le disponible commun est du quart; nous réduirons les deux donations d'après cette base; mais, puisque nous admettons provisoirement que le disponible de l'étranger est du quart au lieu de la moitié, il faut aussi admettre (toujours à titre provisoire) que sa donation est du quart au lieu de la moitié, de 12,000 fr. au lieu de 24,000 fr. Nous serons dès lors en présence de deux libéralités de 12,000 fr. chacune; nous réduirons l'une et l'autre de moitié, ce qui fera 6,000 fr. pour chaque donataire; puis nous donnerons à l'étranger la différence des deux disponibles, de sorte qu'en définitive la femme recevra 6,000 fr. et l'étranger 18,000 fr.

Tel est le système de M. Marcadé. A notre sens, il répond fort bien au vœu de la loi, car il répartit la quotité disponible entre les intéressés d'une façon équitable et conforme aux textes. En réduisant d'abord la donation faite à l'étranger dans la même proportion que son disponible, il ne l'avantage pas une première fois, comme cela a lieu en suivant la méthode de Delvincourt. D'un autre côté, en lui restituant après coup l'excédant du disponible le plus fort sur le plus faible, il lui rend l'avantage que le législateur lui a accordé. Les droits de chacun sont donc respectés, et nul ne saurait se plaindre (1).

§ 2. — *Des libéralités soumises à la réduction.*

La libéralité faite au nouvel époux peut affecter divers aspects. Tantôt elle se présente sous forme d'avantage direct, tantôt sous forme d'avantage indirect, tantôt enfin elle est déguisée sous l'apparence d'un contrat à titre onéreux, ou faite à l'aide de personnes interposées. En toute hypothèse, y a-t-il lieu à réduction?

I. — *La libéralité se présente sous la forme d'un*

______

(1) Le même mode de procéder sera employé pour la réduction des legs, car l'art. 926 n'est applicable qu'au cas où tous les légataires sont des étrangers.

avantage direct. — Elle peut résulter d'un acte entre-vifs ou d'un testament; elle peut être faite par contrat de mariage ou pendant la durée du mariage. L'art. 1098 est applicable dans tous ces cas. Mais doit-on l'appliquer également aux donations faites antérieurement au mariage? Au premier abord, il semble bien que la négative soit la seule solution admissible; notre texte est, en effet, compris dans le chap. IX du titre II, chapitre dont la rubrique ne vise que les dispositions entre époux, soit *par contrat de mariage*, soit *pendant le mariage*. Cependant Pothier et après lui nos auteurs modernes résolvent la question à l'aide d'une distinction. De deux choses l'une, disent-ils, ou la donation est intervenue en vue du mariage déjà projeté à l'époque de sa confection, et dans ce cas, elle est réductible, car sans cela, affirme Pothier, il y aurait une voie ouverte pour éluder l'Edit (Contr. de mar., n° 548) ; ou bien la donation a été faite à une époque où il ne pouvait être question du mariage, et alors nous rentrons dans le droit commun; l'art. 1098 est hors de cause. Mais comment en fait savoir si le mariage était ou non projeté au moment de la confection de l'acte entre-vifs? C'est là un point qui doit être abandonné à l'appréciation des magistrats et qu'ils décideront d'après les circonstances. — Au reste, il ne faut pas oublier que la présomption est toujours en faveur de la bonne foi (art. 1116 et 2268); ce sera donc le demandeur en réduction qui devra prouver que la libéralité a été faite en vue de l'union conjugale, et tant que cette preuve n'aura pas été fournie, tant que la mauvaise foi n'aura pas été démontrée, l'art. 1098 devra être laissé de côté, comme étranger à toute donation qui n'est pas intervenue en considération du mariage.

Il n'y a point à distinguer, au point de vue qui nous occupe, entre les donations simples et réciproques, avec ou sans charges rémunératoires ou autrement ; toutes les fois que la quotité disponible de l'art. 1098 est dépassée, il y a lieu à réduction. Il est vrai qu'en ce qui concerne les donations avec charges et rémunératoires, le calcul de la réserve pourra donner lieu à certaines complications particulières à ces sortes de libéralités. Mais ce n'est là qu'un point de détail sur lequel il nous semble inutile d'insister, car le principe reste le même partout.

II. — *La libéralité est indirecte.* — Par exemple, et c'est l'hypothèse que nous allons examiner, elle découle des conventions matrimoniales intervenues entre le veuf ou la veuve et son nouveau conjoint. — En thèse générale, les avantages résultant de ces conventions ne sont pas considérés comme des libéralités sujettes à réduction ; ainsi ils ne s'imputent jamais sur la quotité disponible ordinaire. Mais la règle change relativement aux conventions matrimoniales d'un veuf ou d'une veuve qui convole en secondes noces, et lorsque, par suite des clauses insérées dans le contrat de mariage, le nouvel époux se trouve avantagé au-delà de la mesure indiquée par l'art. 1098, il y a lieu d'opérer la réduction jusqu'à concurrence de cette mesure. Ainsi le veulent les art. 1496 et 1527.

Mais pourquoi cette exception au droit commun ? Il est facile de la motiver. Tout d'abord, si les conventions matrimoniales n'ont pas en principe le caractère de libéralités, c'est que les avantages qui en résultent pour les conjoints ne sont d'ordinaire que les conséquences du jeu régulier d'un acte à titre onéreux. Il est en effet peu vraisemblable que deux époux, unis en premières noces, et qui espèrent des enfants, rédigent leur contrat dans le but de les spolier au profit exclusif de l'un d'eux. Mais cette présomption perd une grande partie de sa force dans l'hypothèse d'un second mariage ; il est alors naturel de supposer que le convolant a voulu réellement avantager son second conjoint, et cela au détriment des enfants du premier lit. D'un autre côté, au cas de premier mariage, il serait superflu de soumettre les conventions matrimoniales au régime des libéralités proprement dites et de les frapper de réduction, lorsqu'elles engendreraient un avantage excessif; car les héritiers des époux sont presque toujours leurs propres enfants, et ce qui se trouvera en moins dans la succession de l'un de leurs auteurs, les descendants le trouveront en plus dans le patrimoine de l'autre. Mais, lorsqu'un veuf ou une veuve a convolé à de secondes noces, la situation est entièrement changée : les enfants du premier lit perdent alors définitivement tout ce qui passe du patrimoine de leur père ou mère remarié dans celui du nouvel époux; on comprend donc l'utilité de la réduction dans cette hypothèse. — En définitive, les dispositions des art. 1496 et 1527 ne sont que la conséquence forcée, le complément indispensable de la règle contenue dans l'art. 1098. Le législateur ne pouvait, en effet, permettre qu'on arrivât par une voie indirecte à un résultat qu'il défendait de poursuivre directement; il ne pouvait, dans le titre du *contrat de mariage,* retirer aux enfants du premier lit la protection dont il n'avait cessé de les couvrir dans les autres parties de son œuvre.

Les art. 1496 et 1527 sont ainsi conçus :

Art. 1496 : «... Si toutefois la confusion du mobilier et
» des dettes opérait, au profit de l'un des époux, un avantage
» supérieur à celui qui est autorisé par l'art. 1098, les en-
» fants du premier lit de l'autre époux auront l'action en
» retranchement. »

Art. 1527 : »... Néanmoins, dans le cas où il y aurait
» des enfants d'un précédent mariage, toute convention qui

» tendrait dans ses effets à donner à l'un des époux au
» delà de la portion réglée par l'art. 1098, sera sans effet
» pour tout l'excédant de cette portion... »

Comme on le voit, l'art. 1496 se rapporte à la communauté légale, et l'art. 1527 à la communauté conventionnelle. En présence de ce fait surgit tout d'abord la question suivante : pourquoi la loi n'a-t-elle pas édicté de dispositions analogues pour l'hypothèse où les conjoints ont adopté soit le régime sans communauté, soit le régime de séparation de biens, soit le régime dotal ? La réponse est facile : c'est que la confusion qui existe sous les régimes de communauté entre les intérêts et les biens des époux ne peut se produire sous les trois autres régimes, où les deux patrimoines sont toujours isolés l'un de l'autre. Dès lors, il n'y a pas lieu de redouter que le veuf ou la veuve remarié ne compromette les droits des enfants de sa première union, à l'aide d'une libéralité indirecte, puisque ce mode de procéder est manifestement impossible.

Ceci posé, voyons en quoi consiste cette confusion que nous venons de signaler, et démontrons par un aperçu rapide que les craintes de la loi, qui eussent été chimériques en face de tout autre régime, sont parfaitement fondées lorsque les conjoints sont mariés sous un régime de communauté. Sous le régime de la communauté légale d'abord, la réunion ou, si l'on veut, l'assimilation des deux patrimoines est d'ordinaire plus complète. Tombent en effet dans la communauté tout le mobilier présent et à venir des époux et les revenus de tous leurs biens (nous laissons de côté les biens acquis en commun pendant le mariage, puisqu'ils font l'objet d'une règle exceptionnelle insérée dans l'art. 1527, ainsi que nous le verrons bientôt). Dès lors, le résultat suivant peut se produire. Supposez que le conjoint remarié apporte une fortune mobilière de 100,000 fr., la communauté s'en empare; à dater du mariage, l'autre époux aura donc droit à la moitié de cette somme, soit 50,000 fr. Supposez maintenant que ce dernier ait un passif qui se monte à 50,000 fr., il pourra acquitter (sur-le-champ si c'est le mari, à la dissolution si c'est la femme) toutes ses dettes avec les biens de son conjoint. En réalité, il aura reçu un véritable avantage, une véritable donation, et les héritiers du donateur seront frustrés d'une portion de la fortune qui aurait dû leur revenir. Lorsqu'il s'agit d'héritiers ordinaires, le législateur tolère ce résultat ; mais en présence des enfants d'une précédente union, il était de son devoir de le prévenir : c'est là le but poursuivi et atteint par l'article 1496.— Sous le régime de la communauté conventionnelle, la confusion des deux patrimoines peut être moindre, mais elle peut aussi être plus considérable qu'au cas de communauté légale. Il en sera ainsi notamment lorsque les conjoints auront adopté le régime de la communauté universelle, ou bien lorsque l'époux remarié aura ameubli tout ou partie de ses immeubles. Le nouveau conjoint profitera de ces extensions de la communauté ordinaire. D'importants avantages résulteront encore pour lui de l'insertion dans le contrat de mariage d'une clause de préciput, de la faculté qui peut lui être accordée (ceci est propre à la femme) de reprendre son apport franc et quitte de toutes charges. Or, tous ces avantages constituent de véritables libéralités attentatoires aux droits des enfants du premier lit. Il était par suite indispensable, pour sauvegarder les intérêts de ceux-ci, de leur permettre d'agir en retranchement, lorsque leur réserve serait atteinte. C'est ce qu'a fait l'art. 1527.

La loi veille donc avec la plus grande sollicitude au maintien des droits des enfants du premier lit. Quelques auteurs ont même soutenu qu'elle était allée trop loin dans cette voie, qu'elle avait trop fait en faveur de ses protégés. Suivant eux, quand les conjoints ont adopté expressément le régime de la communauté légale, ou encore quand ils ont donné à ce régime certaines extensions conventionnelles, on peut dire qu'ils ont entendu s'avantager; mais lorsqu'ils n'ont pas fait de contrat de mariage, lorsqu'ils ont laissé à la loi le soin de régler elle-même leurs droits respectifs, on ne saurait les accuser d'avoir voulu faire fraude aux enfants du premier lit. L'action en retranchement manque donc de base dans cette hypothèse, et il est étrange que le législateur l'ait accordée aux enfants sans aucune réserve, sans la moindre restriction. Mais il est aisé de répondre à cette objection spécieuse. La différence que l'on essaie d'établir entre le cas où la communauté légale résulte d'un contrat et celui où elle dérive de la volonté législative (art. 1393) n'est pas fondée. Dans l'une et l'autre hypothèse, la cause immédiate qui produit la communauté légale est toujours une convention, expresse dans le premier cas, tacite dans le second. Le véritable nom de la communauté légale, disait Denizart, serait *communauté conventionnelle tacite*. L'époux qui se remarie est toujours libre de prendre des précautions pour garantir les intérêts de ses enfants; s'il n'en prend aucune, il leur cause préjudice, que ce soit par ignorance ou à dessein, peu importe; il y a toujours des droits lésés ou tout au moins exposés à l'être dans la suite. Pourquoi donc reprocher au législateur d'avoir, en toute circonstance, sauvegardé ces droits, en accordant aux enfants une action destinée à les faire respecter? La critique qu'on lui adresse sous ce rapport n'est nullement justifiée.

L'action en retranchement appartient donc toujours aux

enfants du premier lit, qui pourront ainsi faire réduire les libéralités excessives provenant des conventions matrimoniales de leur parent remarié. Toutefois, cette règle générale comporte une importante restriction, contenue dans l'article 1527, in fine : « Les simples bénéfices résultant des » travaux communs et des économies faites sur les revenus » respectifs, quoique inégaux, des deux époux, ne sont pas » considérés comme un avantage fait au préjudice des enfants » du premier lit. » Le motif de cette exception se comprend de lui-même. Que le retranchement soit opéré en ce qui concerne les apports en capitaux ou en immeubles, cela se conçoit sans peine, puisque ces apports constituent une portion du patrimoine propre du conjoint remarié et en même temps, sans doute, une portion de la réserve des descendants ; cette réserve ne peut être exposée à passer aux mains du nouvel époux ; les enfants ne peuvent en être frustrés ; elle leur appartient de droit. Mais on ne saurait en dire autant des bénéfices et des économies réalisés pendant la communauté : les bénéfices en général sont le produit du travail commun ; il est donc juste qu'ils soient partagés entre les époux ; les économies peuvent être faites, il est vrai, en grande partie ou même en totalité, sur les revenus d'un seul ; mais qu'importe? elles sont dues à l'un aussi bien qu'à l'autre, chacun a modéré, réduit ses dépenses. Et d'ailleurs, les enfants peuvent-ils légitimement compter sur les revenus? Non, puisqu'en admettant que les revenus soient complétement absorbés, ils ne sauraient élever aucune réclamation à cet égard.

Il suit de la disposition exceptionnelle de l'art. 1527 qu'au cas de communauté réduite aux acquêts, l'action en retranchement n'est jamais ouverte aux enfants du premier lit. En effet, sous ce régime, aucune confusion n'est à craindre entre le mobilier et les dettes des deux conjoints, puisque ni le mobilier, ni les dettes ne tombent en communauté; puisque le patrimoine commun se compose uniquement des acquêts réalisés durant le mariage, et provenant tant de l'industrie commune que des économies faites sur les fruits et les revenus des biens des deux époux (art. 1498).

Nous avons supposé jusqu'ici, et c'est l'hypothèse la plus commune, que les avantages au profit du nouvel époux résultaient de l'inégalité des apports au moment de la célébration du nouveau mariage, mais cette inégalité peut provenir de successions ou de donations mobilières échues depuis la célébration au conjoint qui a convolé. La question est de savoir si ces successions ou donations, qui vont augmenter l'actif de la communauté et par conséquent profiter au nouvel époux, constituent des avantages sujets à retranchement. Nos anciens auteurs, et notamment Pothier, dans son *Traité du contrat de mariage* (n° 553), tenaient pour la négative. Les successions étant incertaines, disaient-ils, l'époux qui les a recueillies ne doit pas être censé avoir voulu, en ne se les réservant pas, faire une libéralité à son second conjoint. Cette doctrine est encore soutenue aujourd'hui par Toullier et M. Bertaud. Nous ne la croyons cependant conforme ni à la lettre, ni à l'esprit du Code. Car l'art. 1496 n'établit aucune distinction entre le mobilier et les dettes existants lors du mariage et le mobilier et les dettes futurs. L'art. 1527 porte que toute convention qui tendrait *dans ses effets* à donner à l'un des époux au-delà de la portion réglée par l'art. 1098 sera sans effet pour tout. l'excédant. *Dans ses effets*, cette expression est générale; elle embrasse le présent et l'avenir; elle s'applique à tous les avantages excessifs, quelle que soit leur origine. Enfin ne voit-on pas que le législateur, dans toute cette matière, n'a ou qu'un but, qu'une pensée : empêcher l'époux qui se remarie de porter atteinte aux droits de ses enfants et particulièrement à la réserve spéciale qui leur est accordée par l'art. 1098? Or, nous le demandons, cette réserve ne serait-elle pas diminuée dans le système contraire? Assurément, puisqu'on retrancherait du patrimoine de leur auteur la moitié des biens mobiliers qui lui seraient échus durant le mariage, par succession ou par donation. Ce résultat est donc impossible, comme contraire au vœu de la loi (1).

Maintenant, à quelle époque et comment se fait le retranchement auquel donne lieu l'application des art. 1496 et 1527? — A quelle époque? Au moment de la liquidation de la communauté et par conséquent après la mort de l'un des époux, ou après la dissolution venue à la suite de la séparation de biens. — Comment? c'est-à-dire quel est le mode de calcul usité? Il est fort simple : on compare les patrimoines des deux conjoints; on voit quels ont été pour chacun d'eux les avantages résultant du régime sous lequel ils ont vécu. Lorsque ces avantages se balancent, tout est dit; mais lorsqu'ils sont inégaux et que la différence en plus existe au profit du nouvel époux, il y a lieu de rechercher si cette différence excède la limite tracée par l'art. 1098; en cas d'excès, l'action en retranchement est ouverte à qui de droit.

III. — *La libéralité est déguisée sous l'apparence d'un contrat à titre onéreux, ou faite à l'aide de personnes interposées.* — Cette hypothèse a été prévue et réglementée par les art. 1099 et 1100. A vrai dire, ces deux textes constituent une sanction énergique de l'art. 1098. Comme les art. 1496 et 1527, bien que dans un ordre d'idées

(1) Aubry et Rau, V. p. 621 : Marcadé, art. 1496 ; Duranton, IX, n° 807.

différent, ils sont une application de ce principe, que la loi
ne permet pas d'arriver par un moyen détourné à un but
qu'elle défend d'atteindre directement.

L'art. 1099 s'exprime dans les termes suivants : « Les
» époux ne pourront se donner indirectement au-delà de ce
» qui leur est permis par les dispositions ci-dessus (ar-
» ticle 1098). — Toute donation ou déguisée, ou faite
» à personnes interposées, sera nulle. » Tout d'abord une
difficulté considérable s'est élevée sur ce texte, relativement
au point de savoir quelle est sa signification véritable.
L'art. 1099 a-t-il entendu mettre sur la même ligne et les
donations indirectes et les donations dissimulées ? Sont-elles
toutes réductibles ou toutes nulles ? ou bien les premières
sont-elles seules sujettes à retranchement, tandis que les
secondes sont frappées de nullité ? Tel est le point en litige.
Examinons les différentes solutions qui ont été proposées
par la doctrine et la jurisprudence; elles sont au nombre
de quatre.

Le premier système enseigne que les donations indirectes,
déguisées ou faites à personnes interposées, doivent être
soumises à la même règle, et qu'elles sont toutes réductibles
quand elles excèdent la quotité disponible. Pour appuyer
cette manière de voir, on invoque d'abord l'autorité de
l'ancien droit. L'Edit des Secondes Noces, dit-on, ne frappait
point de nullité les donations déguisées ou faites à personnes
interposées; si les rédacteurs du Code avaient voulu se
montrer plus rigoureux, ils auraient évidemment manifesté
leur intention à cet égard. Or, il est impossible de découvrir
cette intention dans les travaux préparatoires, muets sur le
point qui nous occupe. Quant à l'art. 1099, on ne saurait,
ajoutent les partisans du premier système, nous l'opposer
avec succès. Le premier alinéa pose en principe que les

donations indirectes sont réductibles. Or, qu'est-ce qu'une donation déguisée, sinon une donation indirecte ? Qu'est-ce qu'une donation faite à personne interposée, sinon encore une donation indirecte ? Si l'on reconnaissait que les donations déguisées et faites par interposition sont nulles, il y aurait donc contradiction entre les deux paragraphes de l'art. 1099. Il est vrai que le dernier alinéa de ce texte porte que toute donation ou déguisée, ou faite à personne interposée sera *nulle*. Mais cette disposition n'a pas la signification qu'on serait tenté de lui donner au premier abord. Il est facile de le démontrer en rapprochant l'article 1099 de l'art. 911. L'art. 911, en effet, déclare, lui aussi, *nulle* toute donation au profit d'un incapable, soit qu'on la déguise sous la forme d'un contrat à titre onéreux, soit qu'on la fasse sous le nom de personnes interposées ; et cependant il est admis par tous que les donations dissimulées, lorsqu'elles s'adressent à un incapable, par exemple à un enfant naturel, sont valables jusqu'à concurrence de la portion que cet incapable peut recevoir, et par suite *simplement réductibles* pour tout ce qui dépasse cette portion. Or, l'art. 1099 statue dans une hypothèse tout-à-fait semblable ; il doit donc être entendu dans le même sens que l'art. 911.

Le second système professé par M. Troplong (*Don.*, IV, n° 2,744) n'assimile plus les donations dissimulées aux donations indirectes : d'après lui, celles-ci sont soumises à la réductibilité (art. 1099-1°) ; celles-là sont valables si elles n'excèdent pas le disponible, nulles pour le tout si elles le dépassent (art. 1099-2°). Quand la donation n'est pas excessive, dit M. Troplong, la loi ne se préoccupe pas du point de savoir dans quelle forme elle est intervenue ; peu lui importe que la libéralité soit faite à l'aide d'un contrat qualifié faussement onéreux ou d'une interposition de personnes ; tant que l'art. 1098 n'est pas transgressé, elle reste indifférente ; tant qu'il n'y a pas violation d'une disposition législative, la sanction destinée à la faire respecter est inapplicable. Quand, au contraire, la libéralité dépasse le disponible, la nullité est encourue et la donation est anéantie pour le tout, parce qu'alors la volonté du législateur n'est plus respectée, parce qu'à la mauvaise foi du disposant, qui se rencontre déjà dans la première hypothèse, vient s'ajouter la violation réelle, effective, d'un texte du Code.

La troisième opinion propose une distinction nouvelle : la donation indirecte sera toujours réductible ; quant à la donation dissimulée, son sort dépendra de la volonté probable du donateur : a-t-il eu l'intention de dépasser la quotité disponible, la libéralité sera nulle ; dans le cas contraire, elle ser. seulement réductible (Aubry et Rau, V, p. 624 et 625). A la différence du système précédent, qui ne s'attache qu'au résultat *(eventus)*, celui-ci ne considère que l'intention *(consilium)*. L'intention coupable suffit, disent MM. Aubry et Rau ; peu importe le fait ; du moment qu'un donateur a voulu, par une dissimulation quelconque, par un détour frauduleux, dépasser le disponible de l'art. 1098 et transgresser ainsi la loi, celle-ci doit sévir et prononcer la nullité de la donation.

Enfin, le quatrième système décide que les donations indirectes sont seules réductibles, et que les autres sont toujours frappées de nullité. Cette opinion s'appuie sur le texte même de l'art. 1099. Que porte-t-il ? 1° que les conjoints ne peuvent se donner indirectement au-delà de ce qui leur est permis par la loi, ce qui signifie que quand les libéralités dépassent cette mesure, elles sont simplement soumises à la réduction ; 2° que toute donation déguisée ou faite à personne interposée est nulle, c'est-à-dire qu'en toute hypothèse la donation dissimulée est invalidée pour le tout, le texte est formel et n'admet aucune distinction. Cette différence que crée le législateur entre les libéralités indirectes et les libéralités déguisées se justifie d'ailleurs parfaitement. Une libéralité indirecte n'est pas nécessairement condamnable. *Exempli gratia*, voici deux époux appelés à recueillir un même legs, l'un à défaut de l'autre, par l'effet d'une substitution vulgaire. Le légataire institué en première ligne refuse le legs afin d'en faire profiter son conjoint. Il n'y a rien dans ce fait de répréhensible. Il suffit donc, pour l'observation de la loi, que l'avantage soit soumis à réduction. Lorsqu'au contraire les conjoints ont recours à un déguisement ou à une interposition de personnes, il semble bien que leur intention est d'éluder la loi. La donation respire la fraude, et par suite appelle une répression ; mais cette répression, pour être efficace, doit être énergique; la donation sera donc totalement anéantie. Ce système a l'avantage d'expliquer d'une façon très-plausible les deux alinéas de l'art. 1099, et cela sans qu'il soit besoin d'accuser le législateur soit de redondance, soit de contradiction. Il est admis par la grande majorité des auteurs et des tribunaux (1), et nous n'hésitons pas pour notre compte à lui donner la préférence.

Le second et le troisième système ont un défaut commun, celui d'interpréter arbitrairement la double disposition de l'art. 1099. En droit pur, la doctrine de MM. Aubry et Rau serait peut-être assez rationnelle ; mais ces auteurs ont le tort immense de se placer en dehors des termes du Code, leur théorie est toute fantaisiste. Quant à celle de M. Trop-

(1) Demol., VI., n° 614 ; Colmet de Santerre, IV, n° 279 *bis* ; Marcadé, art. 1099, n° 357.—Cassat., 11 mars 1862 ; Grenoble, 29 novembre 1862, etc.

long, elle repose sur un raisonnement si singulier qu'elle ne peut soutenir un examen sérieux. N'aboutit-elle pas, en effet, à reconnaître la fraude innocente tant qu'elle n'a pas pour résultat effectif de violer la loi, et à la déclarer profondément coupable, quand par hasard il se trouve que le chiffre posé comme limite au droit du disposant a été dépassé? Elle n'est, au reste, confirmée que par un seul arrêt de la Cour de cassation (7 février 1849).

Il en est autrement de la première opinion, qui a pour elle un nombre assez considérable d'auteurs et de décisions judiciaires (1), et cette importance qui la distingue nous oblige à réfuter les principaux arguments qu'elle invoque. En premier lieu, elle s'appuie sur l'autorité de l'ancien droit et en particulier sur la doctrine exposée par Pothier dans son *Commentaire de l'Édit de 1560*. Mais la doctrine de Pothier ou, si l'on veut, celle de l'Édit constituait une innovation ; car le droit romain faisait entre les donations indirectes et les donations déguisées la distinction que nous rencontrons dans l'art. 1099, témoin un fragment de Pomponius, contenu dans la loi 5, § 5, *de donat. inter vir. et uxor.*, Dig.; témoin la citation suivante, que nous empruntons à Pothier lui-même et qui est tirée de son *Traité des donations entre mari et femme* (n° 78) : « D'après les jurisconsultes romains, les avantages qui étaient simulés et qui n'étaient faits que pour couvrir et déguiser une donation que l'un des conjoints voulait faire à l'autre étaient déclarés nuls; les autres, qui n'étaient qu'indirects, étaient valables ; on réformait seulement l'avantage prohibé qu'ils renfermaient. » Il est dès lors fort probable que le Code

___

(1) Durauton, IX, n° 831 ; Coin-Delisle, art. 1099, n° 11 ; Zachariæ, IV, § 161. — Lyon, 18 nov. 1862 ; Orléans, 10 fév. 1865, etc.

a entendu écarter la théorie de l'ancien droit et revenir à la
solution romaine. — On cherche ensuite à se prévaloir de
l'antinomie qui existerait entre les deux paragraphes de
l'art. 1099, si l'on admettait que les donations déguisées et
faites par interposition sont réellement nulles. Les donations
dissimulées, dit-on, sont des donations indirectes; or, les
donations indirectes sont simplement réductibles (art. 1099-
1°). Soit, les avantages déguisés sont nécessairement des
avantages indirects; mais la réciproque n'est pas vraie, les
avantages indirects peuvent n'être empreints d'aucune
fraude. Nous avons cité l'exemple de cet époux légataire en
premier ordre et qui refuse le legs au profit de son conjoint
institué en second ordre; nous pourrions encore indiquer les
hypothèses prévues par les art. 1496 et 1527, où il s'agit
incontestablement d'avantages indirects, mais exempts de
déguisement et de fraude. Donc, il n'y a pas contradiction
entre les deux alinéas de l'art. 1099; il est même impossible de les expliquer sans admettre que chacun d'eux prévoit et réglemente une situation différente, car autrement
on ne comprendrait pas que le législateur exprimât deux
fois la même idée, et surtout l'exprimât la seconde fois d'une
façon si incorrecte et si contraire à sa pensée. — Quant
à l'argument tiré du rapprochement des art. 1099 et 911,
il est dépourvu de toute valeur. On comprend, en effet, fort
bien que l'art. 911 parle de dispositions *nulles,* puisqu'il
ne vise que les dispositions faites au profit de personnes
incapables, et que c'est seulement dans des cas exceptionnels qu'on fait fléchir le sens rigoureux des mots, et que l'on
substitue la réduction à la nullité; mais dans l'art. 1099, qui
n'a trait, d'après le premier système, qu'à des donations *réductibles,* comment expliquer que le législateur se soit servi
du mot *nulle?* Il est absurde de dire qu'une disposition sera

nulle quand on entend qu'elle soit réductible. C'est pourtant à la constatation de cette absurdité qu'on aboutit fatalement, en suivant le premier système. Pour nous, ce résultat nous confirme davantage dans notre manière de voir : il nous répugnerait, d'ailleurs, de reconnaître que le législateur a commis une faute de rédaction aussi monstrueuse que celle que nous venons de signaler, et cela sans nécessité aucune, puisque notre texte admet une autre explication, parfaitement raisonnable et très-conforme aux principes de la matière.

Les donations entre époux, lorsqu'elles sont faites à l'aide d'une dissimulation, sont donc entachées de nullité. Qui pourra se prévaloir de cette nullité et faire tomber la donation ? En d'autres termes, la nullité est-elle absolue ou relative ? Si elle est absolue, elle pourra être proposée non seulement par les héritiers réservataires et leurs ayant cause, mais par tous les intéressés, par le donateur, par ses héritiers et même par ses créanciers soit antérieurs, soit postérieurs à la donation (art. 1166); si elle est relative, l'action des réservataires sera seule recevable. Un certain nombre d'auteurs, et en particulier ceux-là qui ont soutenu que les donations déguisées ne sont nulles que quand elles excèdent la quotité disponible, pensent que la nullité est simplement relative; pour eux, en effet, l'action en nullité n'est qu'une aggravation pénale de l'action en réduction et ne doit appartenir qu'à ceux qui peuvent intenter cette dernière; c'est donc l'art. 921 qui est applicable (1). Nous repoussons cette doctrine, car elle est la conséquence d'un système faux à notre point de vue : nous avons dit, en effet, que l'art. 1099-2° édictait une nullité; l'action qui la sanctionne ne peut donc

---

(1) Troplong, IV, nos 2,745 et 2,746; Aubry et Rau, V, p. 512 et 628. — Cassat., 2 mai 1855.

se confondre avec l'action en réduction et être soumise aux règles de celle-ci ; c'est une action en nullité. Et cette nullité, nous la croyons absolue pour deux raisons : d'abord, elle a pour cause un vice de forme, puisque les donations qui se présentent sous la forme d'un contrat onéreux ou d'une libéralité faite à personne interposée sont interdites entre époux ; en second lieu, elle a pour but de prévenir des dangers considérables, d'empêcher l'exhérédation par voie détournée des enfants du premier lit ; elle repose donc sur des considérations d'ordre public. Or, toute nullité fondée soit sur un défaut de forme, soit sur des motifs d'intérêt général, est une nullité absolue. Ce système a d'ailleurs été approuvé par un arrêt de la Cour de cassation en date du 16 avril 1850. Il est vrai que cet arrêt visait l'hypothèse d'une donation intervenue pendant le mariage entre époux unis en premières noces (art. 1096); mais ceci est sans importance, car l'art. 1099 renferme une disposition générale qui embrasse dans ses termes les dispositions contenues dans les art. 1094, 1096 et 1098 (1).

A côté des questions de droit que nous venons d'étudier se place une question de fait très-importante. La sanction prononcée par l'art. 1099 ne peut être appliquée que quand la loi a été violée, quand la fraude est manifeste. Or, ce point peut être l'objet d'une contestation. Qui devra administrer la preuve ? En principe, la dissimulation ne se présume pas, et la donation déguisée ou faite à personne interposée est réputée sincère ; ce sera donc à celui qui alléguera la mauvaise foi à l'établir. Au reste, toutes les voies lui seront ouvertes. L'héritier réservataire qui attaquera la donation pourra démontrer l'existence de la fraude soit par

(1) Demolombe, VI, n° 615; Colmet de Santerre, IV, n° 279 *bis*.

des écrits, soit par des témoins, soit même à l'aide de simples présomptions. Le droit commun en matière de preuve est applicable ici. Toutefois, une exception remarquable a été introduite par l'art. 1000. La loi répute interposées certaines personnes, à raison des liens qui les unissent au conjoint donataire, de sorte que vis-à-vis de ces personnes les réservataires n'ont aucune preuve à fournir; la libéralité est annulée de plein droit; il leur suffit, pour obtenir ce résultat, de produire l'acte constatant la donation. L'art. 1100 crée, en effet, en leur faveur une présomption légale invincible *(juris et de jure);* le défendeur ne pourrait pas même être admis à faire la preuve contraire; car, aux termes de l'art. 1352, nulle preuve n'est admise contre la présomption de la loi, lorsque, sur le fondement de cette présomption, elle annulle certains actes passés en fraude des règles législatives.

Mais les présomptions légales, à raison même de leur force probante, sont de droit étroit, et il importe de les renfermer dans leurs véritables limites. Aussi l'art. 1100 indique-t-il minutieusenent quelles donations sont réputées faites à personnes interposées. Ce sont : 1° les donations de l'un des époux aux enfants ou à l'un des enfants de l'autre époux issus d'un précédent mariage; 2° celles faites par le donateur aux parents dont l'autre époux est héritier présomptif au jour de la donation, encore que ce dernier n'ait point survécu à son parent donataire.

1° *Donations faites par un conjoint aux enfants de son conjoint issus d'un autre mariage.* — Donner aux enfants d'un époux, c'est, en effet, donner à cet époux lui-même. *Privigno ut donet noverca, maritalis affectio facit, non certe novercalis,* disait Cujas. La disposition de la loi sur ce point est donc fort sage, mais il ne faut pas l'étendre au-delà de ses termes. Ainsi on ne doit pas considérer comme personnes interposées les enfants communs aux deux époux, car les qualités respectives du donateur et du donataire justifient la donation et sont une garantie suffisante de sa sincérité; aussi Cujas ajoutait-il : *Ut det mater filio affectio materna facit.* — Mais *quid* des enfants naturels ou adoptifs du conjoint de l'époux donateur? A n'envisager que le texte de l'art. 1100 : enfants de l'autre époux issus d'un *autre mariage*, il semble difficile de les ranger dans la catégorie des personnes interposées. C'est cependant ce que font la plupart des auteurs : pour eux, en mentionnant les enfants issus d'un *autre mariage*, les rédacteurs ont simplement entendu parler des enfants qui ne sont pas nés du mariage actuel, qui n'appartiennent pas en commun aux deux époux; mais ils n'ont pas eu la pensée d'exiger la qualité d'enfant légitime. Il n'existe, en effet, aucune raison pour ne pas présumer l'interposition tout aussi bien quand elle s'adresse à un enfant naturel que quand elle est faite à un enfant issu du mariage. D'ailleurs l'art. 911, qui renferme une règle analogue à celle de l'art. 1100, n'indique comme donataires interposés que les *enfants et descendants*; néanmoins il est admis sans conteste que dans ces termes si généraux la loi embrasse tous les enfants : légitimes, naturels et adoptifs; il y a donc lieu de penser que l'art. 1100 doit être interprété dans le même sens (1). — Nous inspirant toujours de l'esprit de la loi plutôt que de sa lettre, nous appliquerons la qualification de personnes interposées à tous les descendants, de quelque degré qu'ils soient, issus d'un précédent mariage du conjoint donataire.

(1) Demol., VI, n° 618; Marcadé, art. 1100; Troplong, IV, n° 2754.

2° *Donations faites aux parents dont l'époux est héritier présomptif.* — C'est toujours la même idée qui dicte la décision législative : on a voulu empêcher que l'époux ne retrouvât dans la succession de son parent les objets donnés à celui-ci. Au reste, il faut bien se pénétrer de l'esprit de l'art. 1100 pour en faire une sage application dans la pratique. Le texte exige que l'époux soit héritier présomptif du donataire *au jour même de la donation;* il ne considère donc que l'intention du disposant, intention qui se manifeste au moment précis où intervient la libéralité et qui ne saurait dépendre des événements ultérieurs. D'où les deux conséquences suivantes, dont la première est indiquée par notre article lui-même : 1° Lorsque la qualité d'héritier présomptif se rencontre chez l'époux au jour de la donation, cela est suffisant ; peu importe par suite qu'il décède avant son parent donataire, cette circonstance ne peut avoir aucune influence sur le sort de la libéralité ; elle est nulle dès le principe, par application de l'art. 1099-2°, et rien ne saurait la faire revivre. — 2° Lorsqu'à l'époque indiquée l'époux ne se trouve pas en rang utile pour recueillir l'hérédité du donataire, la donation est définitivement valable, car elle n'a pas été faite à une personne interposée. Si plus tard l'époux devient héritier présomptif de son parent avantagé, cet événement est sans portée; car dans la pensée du donateur il n'y a pas eu intention de frauder la loi ; or, il n'y a ici qu'une question d'intention, le fait est indifférent.

Quelques auteurs ont pourtant contesté l'exactitude absolue de cette dernière déduction (1). Quand un conjoint, ont-ils dit, fait une libéralité au grand-père de sa femme,

---

(1) Toullier, t. III, n° 903; Grenier, t. IV, n° 687.

alors que son père existe encore, il y a en réalité interposition de personnes. C'était d'ailleurs la solution de l'ancien droit : suivant Pothier, la qualification de *parent* s'appliquait non seulement au père, mais encore à l'aïeul, au bisaïeul, etc., de même que l'expression d'*enfant* comprenait le fils, le petit-fils, l'arrière-petit-fils, etc. En un mot, tous les ascendants et tous les descendants étaient des personnes interposées. Aujourd'hui, il est incontestable qu'il faut considérer comme tels tous les descendants, à quelque degré que ce soit ; pourquoi ne pas étendre cette règle à tous les ascendants ? Pourquoi ne pas les comprendre dans la presomption légale d'interposition ? Voici notre réponse : Il eût peut-être été fort rationnel de maintenir la théorie de Pothier, mais il est hors de doute qu'elle n'a pas été maintenue par le Code en ce qui concerne les ascendants. L'art. 1100 ne répute en effet personne interposée que l'ascendant du premier degré, ou tout au moins du degré le plus rapproché ; c'est ce qui résulte des termes mêmes dont il se sert, puisqu'il exige chez le conjoint la qualité d'héritier présomptif du donataire. Or, on n'est pas héritier présomptif de son grand-père, quand le père vit encore ; le père est donc seul personne interposée, et la donation faite au grand-père est valable. Cette solution est très-conforme au texte de l'art. 1100 ; nous ajoutons qu'elle s'impose forcément à l'interprète, puisque les présomptions légales sont de droit étroit, et qu'on ne saurait sous aucun prétexte les étendre à des faits auxquels la loi ne les applique pas spécialement (1).

L'art. 1100 régit les donations, mais *quid* des libéralités

(1) Demol., t. VI, n° 623 ; Delvincourt, t. II, p. 416 ; Duranton, t. IX, n° 832.

testamentaires? M. Coin-Delisle enseigne que, pour les testaments, il faut s'attacher non à l'époque de la confection, mais à l'époque du décès du testateur, parce que, dit-il, les testaments n'ont d'effet que par la mort, et il en conclut que si l'époux du disposant se trouve à cet instant héritier présomptif du légataire, la règle de l'art. 1100 doit être appliquée et le legs annulé. Mais cette doctrine est universellement repoussée comme incompatible avec l'idée qui domine la matière, à savoir que la loi n'a considéré que l'intention du donateur au moment où intervient la disposition. Or, cette intention pour le legs, comme pour la libéralité entre-vifs, se révèle lors de la confection de l'acte. Le texte, à la vérité, ne parle que des donations; mais ce terme est évidemment pris dans un sens général, c'est-à-dire qu'il comprend toute sorte de libéralité.

§ 3. — *De l'action en réduction.*

Nous aurons à examiner dans ce § 3 deux questions importantes : à qui appartient l'action en réduction? et quels sont les effets de cette action?

I. — *A qui appartient l'action en réduction.* — La réponse est assez simple. En faveur de qui la loi a-t-elle imposé une limite aux libéralités de l'époux remarié? En faveur des enfants du précédent mariage. Donc, en principe, c'est à ces enfants seuls qu'appartient le droit d'agir en réduction. Et de là résulte une conséquence bien certaine, c'est qu'aucune action ne peut être intentée contre l'époux donataire lorsque les enfants du premier lit sont tous prédécédés, ou renonçants, ou encore exclus de la succession pour cause d'indignité. Mais, si nous supposons qu'ils ont survécu à leur auteur et accepté sa succession, la solution n'est plus aussi facile à donner. Le bénéfice de la réduction doit-il leur être réservé exclusivement, ou, au contraire, doivent-ils le partager avec les enfants communs? D'autre part, au cas où les enfants issus d'un précédent mariage, après s'être portés héritiers, négligent de faire opérer la réduction, les enfants communs peuvent-ils, exerçant le droit de leurs demi-frères, attaquer les libéralités excessives? Trois systèmes ont été émis sur ce point par les auteurs.

Le premier enseigne que les enfants communs ne doivent jamais profiter de la réduction, et à *fortiori* leur refuse le droit de poursuivre les donataires en cas d'inaction des enfants du premier lit. Les partisans de cette opinion s'appuient sur ce principe contenu dans l'art. 921, à savoir que la réduction ne peut profiter qu'à ceux en faveur desquels la loi fait la réserve, et ils affirment que l'on doit suivre rigoureusement la lettre de ce texte (1).

La seconde opinion admet les enfants communs à profiter de la réduction une fois opérée, mais elle ne leur reconnaît pas le droit de la faire prononcer lorsque les enfants du premier lit négligent de la demander eux-mêmes (2). — Enfin, le troisième système pense que les enfants communs peuvent non seulement prendre leur part dans les libéralités réduites, mais encore qu'ils ont le droit d'exercer l'action en réduction que leurs frères consanguins ou utérins ne mettent pas en mouvement (3).

Comme on le voit, ces deux doctrines s'accordent à repousser la conclusion beaucoup trop absolue de la première,

---

(1) Proudhon, *de l'Usufruit*, t. I, n° 347.

(2) Marcadé, art. 1008; Dalloz, *Dispos. entre-vifs*, n° 901.

(3) Demol., VI, n° 602; Aubry et Rau, V, p. 631; Colmet de Santerre, IV, n° 278 *bis*; Troplong, IV, n° 2723, etc.

puisqu'elles décident l'une et l'autre que les enfants communs participeront toujours au bénéfice de la réduction demandée et obtenue par les enfants du premier lit. Hâtons-nous d'ailleurs de le dire, cette solution est commandée par un texte bien précis. L'art. 475 porte, en effet, que tous les enfants, bien qu'ils soient issus de différents mariages, doivent recueillir des parts égales dans la succession de leur auteur commun ; or, l'excédant des libéralités réduites retombe nécessairement dans cette succession ; donc il doit profiter à tous les héritiers. Il est vrai que l'art. 921, invoqué par le premier système, semble contraire à cette déduction ; mais l'art. 921 statue *de eo quod plerumque fit*, et la disposition de ce texte ne saurait infirmer en rien la règle si formelle de l'art. 745.

Au reste, si l'accord existe sur ce point entre la deuxième et la troisième opinion, une vive controverse surgit sur la question de savoir si, en cas d'inaction de leurs demi-frères, les enfants communs peuvent agir en réduction. Pour nous, bien que la majorité des auteurs se rallie au troisième système, nous croyons cependant que le second renferme seul l'expression de la vérité juridique ; car seul il est en harmonie avec les principes de la matière, seul il reflète exactement la pensée législative. Mais laissons la parole à M. Marcadé. Le savant auteur a, suivant nous, envisagé la question à son véritable point de vue, et son raisonnement est si serré et si logique qu'il nous semble impossible de lui répondre victorieusement. Voici en quels termes il s'exprime : « De ce que les enfants du nouveau mariage, en leur qualité » d'héritiers, ont droit de prendre leur part des biens » d'abord donnés, quand ces biens sont réunis dans la » succession, il ne s'en suit nullement qu'ils aient le droit » de les y faire mettre. Pour faire rentrer ces biens dans la

» succession, il faut faire opérer le retranchement de la
» donation ; pour faire opérer ce retranchement, il faut
» attaquer la donation comme excessive ; mais pour critiquer
» une libéralité comme excédant telles limites, il est clair
» qu'*il faut être du nombre de ceux au profit desquels*
» *ces limites ont été posées* » (art. 921). Or (le raisonnement s'achève de lui-même), l'art. 1098 n'a établi une
réserve spéciale qu'en faveur des enfants du premier lit ;
donc eux seuls ont le droit de réclamer cette réserve et de
faire réduire les libéralités qui lui portent atteinte. Cela est
si vrai que, dans l'art. 1496, la loi dit en termes formels
que *les enfants du premier lit* auront l'action en retranchement ; elle ne parle pas des enfants communs, c'est donc
qu'elle ne leur accorde pas le même privilége.

Cette démonstration, qui repose uniquement sur des principes de droit et sur des principes incontestables, nous paraît
bien concluante. On lui a cependant opposé de nombreuses
objections, fondées soit sur des raisons de droit, soit sur des
considérations pratiques. « Et d'abord, a dit M. Demolombe,
» si les enfants du second mariage profitent du bénéfice de
» l'action en réduction une fois exercée, c'est évidemment
» que *cette action elle-même est dans la succession ;*
» car le bénéfice de l'action ne peut tomber dans la succes-
» sion que parce que l'action elle-même y était ; et si l'action
» est dans la succession, l'exercice, aussi bien que le bénéfice,
» en appartient à tous les enfants sans distinction, puisque
» tous les enfants ont un droit égal à toutes les valeurs hé-
» réditaires. » Mais est-il bien exact de dire que l'action
en réduction se trouve dans la succession du donateur ? Nous
ne le pensons pas, car que comprend la succession de toute
personne décédée ? L'art. 724 répond : les biens, droits et
actions du défunt ; or, il est évident que l'action en réduction

n'appartient pas au *de cujus*, au disposant, puisqu'elle ne peut être intentée qu'après sa mort ; donc elle ne se trouve pas dans sa succession. Elle s'y trouve, affirme M. Demolombe ; car le bénéfice de l'action ne peut tomber dans la succession que parce que l'action elle-même y était. Grave erreur ! le bénéfice de l'action tombe dans la succession, parce que l'excédant de toute libéralité réduite retourne nécessairement à la masse héréditaire, pour être partagé entre les ayant droit ; voilà la seule raison. L'argument de notre savant contradicteur est donc sans force ; à proprement parler, il constitue une véritable pétition de principe, puisqu'il s'agit précisément de démontrer que l'action existe dans la succession, parce que le bénéfice de l'action y tombe. En résumé, ce qui est vrai seulement, c'est que l'action naît dans la personne des enfants du premier lit, et qu'eux seuls ont le droit de l'intenter, parce que seuls ils peuvent se prévaloir de la disposition de l'art. 1098 et réclamer leur réserve spéciale.

Quant aux considérations d'utilité pratique que l'on invoque en faveur du troisième système, elle n'ont pas plus de valeur que les arguments de droit. Il ne doit pas dépendre, dit-on, des enfants du premier lit d'anéantir les droits des autres en renonçant à l'action. Nous répondrons qu'on peut toujours renoncer à un droit personnel ; et, en ce qui concerne les prétendus droits des enfants communs, la renonciation ne les anéantit pas, puisqu'ils n'existent pas, puisqu'ils ne prennent naissance qu'une fois le retranchement accompli. Mais, ajoute-t-on, la fraude n'est-elle pas à craindre ? La connivence n'est-elle pas trop facile entre les enfants du premier lit et le second époux ? Soit, une entente peut s'établir aisément entre ces diverses personnes ; mais est-ce là une hypothèse bien vraisemblable ? On voit souvent une marâtre conspirer contre les intérêts des enfants d'une précédente union, mais il est heureusement fort rare de trouver une mère qui travaille elle-même à la ruine de ses propres enfants. D'ailleurs, comme l'a dit M. Marcadé, les principes du droit ne peuvent pas se briser devant la possibilité de la fraude; tout au plus doivent-ils fléchir devant la fraude établie. Nous reconnaissons cependant que dans ce dernier cas, le juge, après avoir interrogé les circonstances et apprécié les faits, pourra autoriser les enfants du second lit à agir, car l'adage latin : *fraus omnia corrumpit* est applicable en toute matière. Qu'il use cependant avec réserve de cette faculté que la doctrine lui reconnaît, car l'exception ne doit pas emporter la règle, et la règle est que les enfants du premier lit peuvent seuls demander la réduction.

Puisque telle est ici la rigueur des principes, il est incontestable que le conjoint donateur ne saurait être admis à demander la réduction de la libéralité faite à son époux; d'ailleurs, comment pourrait-il être question de retranchement de la part du disposant, puisque le retranchement ne doit jamais être opéré qu'après sa mort (art. 920)? On ne comprend donc pas que la Cour de Bordeaux, dans un arrêt du 5 juillet 1824, ait donné gain de cause à la solution contraire. Il est vrai que certains passages de nos anciens auteurs, de Ricard en particulier, étaient de nature à jeter sur ce point quelques incertitudes, notamment en ce qui concerne l'effet des conventions matrimoniales entre la femme remariée et son nouvel époux; mais, sous l'empire du Code, le doute n'est plus possible, et l'arrêt de Bordeaux constitue une erreur regrettable, une entorse aux vrais principes.

II. — *Quels sont les effets de l'action en réduction.*

— L'action en réduction, qui appartient aux enfants du premier lit, produit les mêmes effets que l'action en réduction instituée pour les héritiers à réserve ordinaires. Ainsi, elle est héréditairement transmissible; elle se prescrit par trente ans; de plus, elle est réelle, c'est-à-dire que les enfants peuvent exercer la réduction des libéralités excessives non seulement contre l'époux donataire, mais encore contre ses ayant-cause à titre universel et particulier, contre les détenteurs des biens donnés, contre un premier, un second acquéreur, etc.; que les immeubles recouvrés par suite de la réduction rentrent dans leurs mains libres de toutes charges consenties par le donataire. L'art. 930, qui indique l'ordre des poursuites à exercer contre les tiers et les formalités à accomplir dans cette hypothèse, est également applicable. On ne doit pas non plus mettre en doute que la réduction une fois obtenue ne profite ni aux créanciers, ni aux légataires et donataires du défunt (art. 921). — Enfin, nous croyons, bien que cette opinion ne soit pas admise par tous, que l'art. 917 est applicable à notre matière, et que, par conséquent, au cas de constitution d'un usufruit ou d'une rente viagère, dont la valeur excède le disponible, les enfants du premier lit ont le choix entre l'exécution pure et simple de la libéralité et l'abandon en pleine propriété de la quotité disponible. Quelle est, en effet, la raison d'être de l'art. 917? En édictant ce texte, le législateur a voulu éviter les difficultés inhérentes à l'évaluation d'un droit aléatoire, comme le droit d'usufruit et la rente viagère. Or, ces difficultés se rencontrent dans notre matière comme dans le droit commun, en présence des réservataires de l'art. 1098, comme en présence des réservataires des art. 913 et 915. Il est vrai que l'art. 917 n'est pas applicable lorsqu'il s'agit de libéralités entre époux n'ayant pas d'enfants de précédentes unions ; mais c'est qu'alors la loi, en même temps qu'elle fait connaître la mesure du disponible en propriété, indique une valeur en usufruit qu'il est impossible de dépasser (art. 1094). Comme l'art. 1098 ne contient aucune indication analogue, il y a lieu, pensons-nous, de se reporter aux règles ordinaires du droit, lorsque l'hypothèse prévue par cet article vient à se réaliser.

L'application de l'art. 917 au cas de second mariage du conjoint donateur étant admise en principe, surgit une question de détail assez importante. Supposons que l'époux remarié ait donné à son conjoint la totalité de ses biens en usufruit : les enfants, en présence de cette disposition, devront-ils nécessairement opter entre les deux alternatives de l'art. 917, ou bien acquitter l'usufruit de la totalité, ou bien abandonner en pleine propriété une part d'enfant le moins prenant ? Ne pourront-ils pas, au contraire, invoquer l'art. 1094 qui régit toutes les donations entre époux, et faire réduire préalablement la libéralité jusqu'à concurrence de la moitié de l'usufruit, puis opter entre l'exécution de cette libéralité ainsi réduite et l'abandon de la propriété du disponible ? Nous croyons que le droit de prendre ce dernier parti doit leur être accordé, car, étant donné le silence absolu des textes sur le point en litige, le meilleur, suivant nous, est de se laisser guider par les règles de l'équité ; or, l'équité veut que le conjoint donataire ne soit pas mieux traité quand il y a des enfants du premier lit que quand il n'en existe pas. C'est cependant ce qui aurait lieu, si l'on repoussait l'application de l'art. 1094, puisqu'alors il aurait droit à la totalité de l'usufruit. Remarquons en outre que le second conjoint ne peut jamais recevoir une donation excédant le quart des biens ; or, il est difficile d'admettre que la totalité de l'usufruit ne soit pas supérieure à cette valeur, tandis qu'on considère en général la moitié de l'usufruit comme équivalant au quart de la pleine propriété.

APPENDICE AU CHAPITRE II.

De la disposition contenue dans l'art. 1555.

Les seconds mariages ont d'ordinaire pour résultat de restreindre la capacité de la veuve remariée, nous en avons trouvé la preuve dans plus d'un texte; il est cependant un cas dans lequel cette capacité, au lieu d'être diminuée, reçoit une certaine extension (art. 1555). La disposition de cet article est relative à l'emploi des biens dotaux. En principe, une femme ne peut aliéner les immeubles qu'elle s'est constituée en dot; l'art. 1555 lève cette prohibition pour l'hypothèse où la veuve remariée donne ses biens dotaux aux enfants qu'elle a eus d'une précédente union, afin de leur fournir les ressources nécessaires pour leur établissement. — Mais, dira-t-on, ceci ne constitue pas un effet propre aux seconds mariages, car l'art. 1556 dispose d'une façon générale que toute femme peut donner ses biens dotaux pour l'établissement des enfants communs. Nous répondrons qu'il existe cependant une différence remarquable entre les deux hypothèses prévues par chacun des textes précités. En effet, au cas de l'art. 1555 et pour l'enfant d'un précédent mariage, l'autorisation du mari peut être suppléée par l'autorisation de justice, tandis que pour un enfant commun (art. 1556), rien ne pourra remplacer le consentement du mari. Cette différence se justifie d'ailleurs sans peine : l'affection du père pour son enfant ne saurait être mise en doute un seul instant; si donc il s'oppose à un sacrifice, c'est qu'il a de bonnes raisons pour le faire; au contraire, la résistance du beau-père à la volonté de sa femme peut être inspirée par des calculs d'intérêt personnel; il importe dès lors que la justice soit appelée à donner un avis impartial, et qu'elle puisse permettre l'aliénation lorsqu'elle en aura reconnu l'opportunité. — Ajoutons que dans l'hypothèse où l'aliénation n'est autorisée que par la justice, la femme doit réserver à son mari la jouissance des biens aliénés, car rien ne saurait enlever à celui-ci le droit qu'il tient de la loi de percevoir, pendant toute la durée du mariage, les revenus des biens dotaux.

En parlant de l'établissement des enfants, le législateur n'a pas entendu se référer uniquement à l'établissement par mariage, mais à toute sorte d'établissement. Ainsi, l'enfant du premier lit veut-il acheter un fonds de commerce, devenir cessionnaire d'un office ministériel, sa mère pourra aliéner en sa faveur ses immeubles dotaux; de même, s'il désire entreprendre des études de droit ou de médecine, et acquérir un diplôme dont l'obtention doit lui ouvrir la porte d'une carrière. Les tribunaux décidaient même autrefois que le prix du remplacement militaire pouvait être rangé parmi les frais d'établissement. Aujourd'hui le remplacement n'existe plus, mais la loi du 27 juillet 1872 sur le recrutement, exige des volontaires d'un an le versement préalable d'une certaine somme destinée à couvrir les frais d'équipement et d'entretien pendant l'année de service; nous pensons qu'en présence de cette disposition nouvelle, la mère remariée pourrait invoquer la règle exceptionnelle de l'art. 1555, afin de se procurer les fonds suffisants pour satisfaire aux exigences du ministre de la guerre. En effet, sur quoi se fondait jadis la solution des tribunaux? Sur cette considération que le remplacement militaire était le préliminaire obligé de tout établissement. Or, une raison analogue n'existe-t-elle pas en ce qui concerne le volontariat d'un an? Sans aucun doute, puisque cette institution de création récente tient aujourd'hui lieu de remplacement pour quiconque veut s'affranchir d'un service prolongé et ne pas apporter de retard à l'exécution de ses projets d'avenir, puisqu'on peut dire d'elle ce que la jurisprudence disait du remplacement militaire, à savoir qu'elle est la base et la condition première de tout établissement. Donc, *ubi eadem ratio, ibi idem jus esse debet.*

QUESTIONS CONTROVERSÉES.

DROIT ROMAIN.

I. — La constitution de Constantin, qui abolit les peines du célibat et de l'*orbitas*, a-t-elle eu pour conséquence de supprimer le privilége de la paternité dans la vendication des dispositions caduques ou quasi-caduques ? — Non.

II. — Une fille de famille pubère est-elle capable de s'obliger ? — Non, du moins à l'époque classique.

III. — La femme est-elle copropriétaire des immeubles dotaux ? — Non.

IV. — Le fisc a-t-il une hypothèque privilégiée sur les biens à venir ? — Non.

V. — Comment expliquer que dans la loi 13, *de pignerat act.*, Ulpien accorde au débiteur le droit de revendiquer la chose donnée en gage contre le tiers-acquéreur qui refuse d'obéir au pacte de *retrovendendo*, passé entre lui et le créancier gagiste ? — Par l'effet de la condition résolutoire accomplie.

DROIT FRANÇAIS.

Code civil.

I. — Le ministère public peut-il poursuivre l'annulation d'un mariage entaché de bigamie après la mort du conjoint au préjudice duquel ce mariage avait été contracté ? — Oui.

II. — Un enfant, né dans les trois cents jours du décès du mari, peut-il être reconnu par un autre individu comme son enfant naturel, puis légitimé par le mariage subséquent de sa mère avec cet individu? — Non.

III. — L'hypothèque légale du mineur sur les biens du second mari cotuteur prime-t-elle l'hypothèque légale de la femme sur ces mêmes biens? — Oui.

IV. — L'action en réduction de l'art. 1098 peut-elle être exercée par les enfants communs, au cas d'inaction des enfants du premier lit? — Non.

V. — L'auteur d'une reconnaissance d'enfant naturel librement consentie est-il recevable à en demander la nullité? — Non.

VI. — Les actes d'aliénation passés par l'héritier apparent sont-ils opposables au véritable héritier? — Non.

VII. — La nullité de l'institution faite par une personne au profit du médecin de la dernière maladie, ou par un mineur au profit de son tuteur, entraîne-t-elle nécessairement la nullité de la révocation d'un testament antérieur, contenue dans le même testament? — Oui.

VIII. — Le cautionnement d'une libéralité est-il lui-même une libéralité, dans les rapports de la caution et du donataire? — Non.

IX. — La femme étrangère a-t-elle une hypothèque légale sur les biens de son mari situés en France? — Non.

DROIT PÉNAL.

I. — L'action publique en adultère est-elle éteinte par le décès du mari survenu avant la condamnation? — Non.

II. — Le droit de poursuivre les maires et les préfets sans autorisation du Conseil d'État, reconnu aux particuliers par

le décret du 19 septembre 1870, peut-il se trouver paralysé
par l'inaction du procureur général, seul investi, d'après
l'art. 479 du Code d'instruction criminelle, du droit de citation devant la Cour d'appel? — Non.

DROIT COMMERCIAL.

I. — L'art. 1657 du Code civil est-il applicable en matière
de vente commerciale?— Non.

DROIT ADMINISTRATIF.

I. — Par qui est dû le presbytère ou logement du curé?
Est-ce par la fabrique ou par la commune? — Par la commune.

II. — L'abandon suffit-il pour rendre prescriptibles les
choses du domaine public, ou faut-il un arrêté de déclasse-
ment? — Une distinction est nécessaire.

E. ROUSSEAU.

Vu : *le Doyen,*   Vu et permis d'imprimer :

Ed. BODIN.   POUR LE RECTEUR,

L'Inspecteur d'Académie délégué,

E. CARRIOT.

TABLE DES MATIÈRES.

                                                                 Pages

INTRODUCTION   5

PREMIÈRE PARTIE. — Droit Romain.

CHAPITRE I. — Ancien Droit Romain   9
  Section I. — Du cas où le premier mariage a été dissous
    par la mort   10
  Section II. — Du cas où le premier mariage a été dissous
    par le divorce   14
  Section III. — Du cas où le premier mariage a été dissous
    par la captivité   19
CHAPITRE II. — Législation d'Auguste   23
CHAPITRE III. — Législation des Empereurs chrétiens ...   35
  § 1er. — De l'abrogation des lois caducaires   36
  § 2. — Des délais des secondes noces   38
  § 3. — De certaines déchéances qui atteignent les veuves
    remariées   42
  § 4. — Des mesures prises pour sauvegarder les intérêts
    des enfants issus d'une précédente union   44
  I. — Loi feminæ (Cod., *de sec. nupt.*, l. 3)   45
  II. — Loi hac edictali (Cod., *de sec. nupt.*, l. 6)   52

DEUXIÈME PARTIE. — Ancien Droit Français.

CHAPITRE I. — Lois Barbares   59
CHAPITRE II. — Droit Féodal. — Droit Canonique   65
CHAPITRE III. — Droit Coutumier   67
CHAPITRE IV. — *Édit des Secondes Noces*   70
APPENDICE. — Législation intermédiaire (1789-1804)   75

TROISIÈME PARTIE. — Code Civil.

	Pages
CHAPITRE I. — Des conditions requises pour la célébration des seconds mariages	78
Section I. — Des règles communes à l'homme et à la femme.	79
§ 1. — Dans quels cas les seconds mariages sont permis par la loi.	79
§ 2. — De la sanction de la loi.	87
§ 3. — De l'hypothèse de l'absence de l'un des conjoints.	108
Section II. — De la condition spéciale à la femme	117
APPENDICE AU CHAPITRE I. — De la liquidation de la double communauté qui a pu exister entre le bigame et ses deux conjoints successifs	128
CHAPITRE II. — Des effets des seconds mariages	131
Section I. — De l'influence des seconds mariages sur la dette alimentaire	132
Section II. — De l'influence des seconds mariages sur la puissance paternelle	131
§ 1. — Du droit de correction	135
§ 2. — Du droit de jouissance	139
Section III. — De l'influence des seconds mariages sur la tutelle	144
§ 1. — De l'influence des seconds mariages sur la tutelle légitime de la mère	144
§ 2. — De l'influence des seconds mariages sur le droit de choisir un tuteur	161
Section IV. — De l'influence des seconds mariages sur la quotité disponible entre époux	164
§ 1. — Des conditions d'application de l'art. 1098	165
§ 2. — Des libéralités soumises à la réduction	188
§ 3. — De l'action en réduction	210
APPENDICE AU CHAPITRE II. — De la disposition contenue dans l'art. 1555	218
QUESTIONS CONTROVERSÉES	221

Typ. Oberthur et fils, à Rennes, imp. de l'Académie.

www.ingramcontent.com/pod-product-compliance
Lightning Source LLC
LaVergne TN
LVHW020126060726
842526LV00004B/1287